现代职业教育体系建设系列教材

编委会名单（排名不分先后）

主　任　李海东

副主任　杜怡萍　邓文辉

委　员　漆　军　卓良福　郭海龙　邱志华

　　　　余明辉　许凤萍　王　龙　丁立刚

　　　　王树勋　林良颖　郭盛晖　黄　珩

　　　　王明刚　黄及新　孟军齐　徐　馥

　　　　张　凯　张立波　林　晓　张　莉

　　　　魏　敏

现代职业教育体系建设系列教材

模|具|设|计|与|制|造|专|业|系|列

NX SHUKONG JIAGONG BIANCHENG
JISHU YU YINGYONG

NX数控加工编程技术与应用

主　编　李　维　王　龙
副主编　何镜奎　林良颖
主　审　王树勋　刘其荣

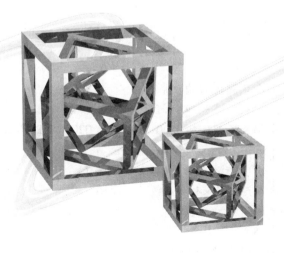

广东高等教育出版社
Guangdong Higher Education Press

·广州·

图书在版编目（CIP）数据

NX 数控加工编程技术与应用/李维，王龙主编 . —广州：广东高等教育出版社，2017.2

（现代职业教育体系建设系列教材·模具设计与制造专业）

ISBN 978 - 7 - 5361 - 5796 - 5

Ⅰ.①N…　Ⅱ.①李…②王…　Ⅲ.①数控机床 - 加工 - 计算机辅助设计 - 应用软件　Ⅳ.① TG659 - 39

中国版本图书馆 CIP 数据核字（2016）第 301548 号

出版发行	广东高等教育出版社 地址：广州市天河区林和西横路 邮政编码：510500　电话：（020）85250745 http://www.gdgjs.com.cn
印　　刷	佛山市浩文彩色印刷有限公司
开　　本	787 毫米 × 1 092 毫米　1/16
印　　张	19.75
字　　数	450 千
版　　次	2017 年 2 月第 1 版
印　　次	2017 年 2 月第 1 次印刷
定　　价	45.00 元

出 版 说 明

自 2014 年全国职业教育工作会议召开以来，职业教育改革发展进入了新的发展阶段。各地围绕推进职业教育领域综合改革，大力发展现代职业教育。在新一轮的改革创新浪潮中，广东省将科学建立现代职业教育系列标准，推动现代职业教育课程教材改革作为深化职业教育改革的重要内容。《广东省人民政府关于创建现代职业教育综合改革试点省的意见》中明确要求："建立中职—专科高职—应用本科衔接互通的标准框架体系及专业课程教学标准，开发相关的示范课程及教学资源库，研制现代职业教育体系规划教材。"《广东省现代职业教育体系建设规划（2015—2020 年)》也明确提出："到 2020年，在 50 个专业试点中高职衔接专业标准和课程标准，开发 500 门中高职衔接的示范课程及资源库，编写 1 000 本现代职业教育体系规划教材。"

为贯彻落实省政府加快发展广东现代职业教育的工作部署，2013 年以来，广东省教育厅陆续启动了 74 个专业教学标准和课程标准研制项目，取得了一批重要的研究成果，包括现代职业教育标准体系建设系列丛书，一批专业的教学标准以及 1 100 多门专业核心课程标准。广东省教育厅十分重视标准研制成果的推广和应用，连续两年下发通知（粤教职函〔2015〕77 号、粤教职函〔2016〕58 号），明确各地、各中等职业学校要特别围绕已经完成的专业教学标准和课程标准开发教材。广东省教育研究院聚焦标准成果的转化，组织参与标准研制的专家学者和一线教学经验丰富的专业教师，研发出目前呈现在读者面前的系列教材。

本系列教材以专业教学标准和课程标准为依据，呈现出三大特点：一是系统性。专业教学标准和课程标准的研制始终坚持"能力核心、系统培养"的指导思想，通过岗位分层实现职业能力分级，基于职业能力分级实现中职、高职、本科的教育分层。教材的研发与标准研制一脉相承，体现教育属性和职业属性的有机结合，既能满足专业教学及升学的需要，也能满足就业的需求。二是创新性。标准研制成果明确地将职业能力点有机地融入课程之中，建立了以职业能力为核心、中高职分级培养的课程体系。教材通过行动导向、项目引领、任务驱动等模块化教学，增强了"做中学、做中教"的教学双向互动，让职业能力培养有效地体现在教学过程当中。三是实用性。教材内容的研发基于工作过程及职业情境，对准由行业企业专家提出的真实用人要求和职业活动，让学生切实掌握就业岗位工作内容，达到职业能力及职业道德要求，实现学有所指、学有所用的目的。

系列教材的研发得到了广东省教育厅高中职处、高教处等领导的关心和指导，也得到省内有关职业院校、行业企业的大力支持和积极参与，在出版期间尤其得到了广东高等教育出版社的大力支持，在此特别致以衷心的感谢！

系列教材的出版是我们为了实施和推广专业教学标准和课程标准所做的一项探索性工作，由于水平有限，难免存在不尽如人意之处和谬漏，恳请广大专家、读者和一线教师提出宝贵意见，帮助我们把这项工作做得更好。

现代职业教育体系建设系列教材编委会
2016 年 7 月

前　言

　　NX（原名 UG）软件是德国 Siemens PLM Software 公司开发的高度集成产品设计、工程与制造于一体的 CAD/CAM/CAE（计算机辅助设计/计算机辅助制造/计算机辅助工程）完整解决方案，它广泛应用于机械、汽车、航空航天、家电、电子以及化工各个行业的产品设计和制造等领域，可为企业减少浪费、提高质量、缩短产品上市周期和提供更富创新性的产品。NX 为机床数控加工编程提供了一套经过验证的完整解决方案，它可以改善 NC 编程和加工过程，充分发挥机床的先进性能，从而极大地减少浪费和提高生产力。

　　本教材为校企合作共同开发，充分体现了工学结合的高职教育特色，教材内容以完成具体任务为目标，任务的设置具有实践性，能够以作业中的实际要求为具体案例进行课堂教学。本教材通过将 NX 数控编程技术进行归纳、总结，采用项目化结构编写，注重知识的实用性，内容丰富，条理清晰，有利于高职学生的理解和吸收。

　　本教材按照"以职业活动的工作为依据，以项目与任务作为能力训练的课题，以'教、学、做一体化'为训练模式，用任务达成度来考核技能掌握程度"的基本思路，在对行业实际情况和岗位调查的基础上，并在行业技术专家指导下制定本教材的多个项目，明确各项任务的具体要求等。本教材将任务驱动、项目导向贯穿在教学之中，融"教、学、做"为一体，注重学生实际应用能力的培养，以岗位职业能力为依据，同时结合学生的认知特点和教学规律，把教材内容分为底座加工编程、箱体加工编程、动模板加工编程、底壳型腔镶件加工编程、面板型芯镶件加工编程、轮毂下模镶件加工编程、电极零件加工编程七大项目。本教材的特点如下：

　　1. 采用项目流程结构。本教材的项目内容既独立又具有其明确的教学目标，并针对各项目教学目标的要求展开相关知识的介绍和项目实施。教材内容的组织方式符合学生的认知规律，易于激发学生的学习兴趣，同时有利于学生掌握相关的技能。

2. 案例工艺源于企业。本教材的项目案例都来源于企业，加工工艺符合企业实际作业流程和经验，针对性和应用性极强，学以致用，能快速帮助读者掌握实际技能。

3. 最先进的加工技术。本教材应用软件版本为最新版本 NX 10.0，融合了最新的刀轨编程功能，与时俱进，让读者能学到最先进的数控加工编程技术。

4. 最佳应用经验传教。本教材的主编具有 20 年的 NX 应用经验，一直从事企业现场 NX 技术实施服务，精通 NX 软件 CAD/CAM 一体化应用技术，并熟悉企业设计制造流程。

本书由广州市云捷信息科技有限公司的李维、中山火炬职业技术学院的王龙主编，参加编写的人员有中山火炬职业技术学院的魏文强、中山市建斌中等职业技术学校的林良颖和广东创新科技职业学院的何镜奎老师。本书由 Siemens PLM Software 中国公司渠道技术经理刘其荣先生、广东创新科技职业学院王树勋老师审校，在此表示衷心感谢。

本书可作为高职高专模具设计与制造专业理论及实训教材，也可供从事模具设计与制造相关技术工作的工程技术人员参考使用。

在本书编写过程中，参阅了许多专家的论著、文献和资料，在此真诚致谢。

由于编者水平和经验有限，书中难免有疏漏及错误之处，敬请广大读者批评指正。

编 者

2016 年 12 月

目　　录

项目 1
底座加工编程

1.1　底座的加工项目

1.1.1　底座的加工任务

图 1 – 1 是一个底座零件三维模型，零件材料为 45 号钢材，零件各表面已加工到图纸设计尺寸，现要加工零件中的各种孔，包括直孔、沉头孔和螺纹孔。表 1 – 1 是底座零件的加工条件。请分析底座零件的形状结构，并根据零件的加工条件，制定合理的加工工艺，然后使用 NX（原名 UG）软件编写此零件的数控加工 NC 程序。

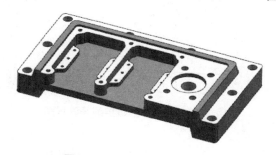

图 1 – 1　底座零件三维模型

表 1 – 1　底座零件的加工条件

零件名称	生产批量	材料	坯料
底座	单件	45 号钢	底座零件各表面已精加工到图纸设计尺寸，见图 1 – 1 所示

应用 NX 软件进行数控编程时，通常应遵循一定的流程。图 1 – 2 所示为一个常规的流程图，它显示了从准备模型到生成机床可执行 NC 程序的编程步骤，一般包括以下九个步骤。

1. 准备工件模型

数控编程所使用工件模型既可以是 NX 系统生成的，也可以是由其他第三方 CAD 系统生成的。如果工件模型是其他 CAD 系统生成的，则先通过格式转换导入到 NX 系统中，并进行必要的处理。基于实体模型计算刀具加工轨迹具有许多优点，因此应尽量将工件模型转化为实体。工件模型可以是单个部件的模型，也可以是包含工件和夹具等部件的装配部件模型。

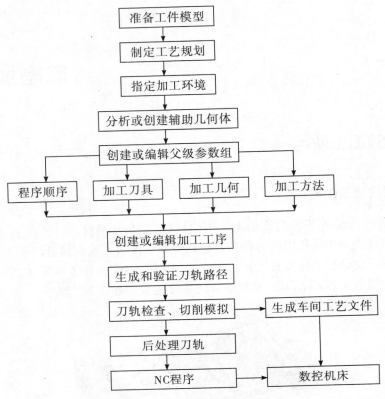

图 1-2 NX 加工的数控编程流程图

2．制定工艺规划

在应用 NX 数控加工编程前，编程员需要根据工件形状、工件材料、刀具材料和工件装夹等因素，制定符合生产条件和生产标准的加工工艺和加工路线图。加工工艺规划一般包括加工区域规划、加工路线规划和加工方式规划。

3．指定加工环境

为满足不同用户的需求，NX 加工提供了通用和专用的加工配置。选择不同的加工配置，将决定使用什么样的模板来编写刀轨。编程员应根据工件模型的特点和加工工艺要求，选择合适的 CAM 配置和 CAM 设置。

4．分析或创建辅助几何体

对于复杂的工件，例如具有许多孔、缺口和凹槽等的模型，应根据加工工艺的需要，创建一些辅助的几何体，例如点、线、面和实体，并指定为部件、修剪、检查和毛坯几何体，以生成最优的刀具运动轨迹，减少刀具空切时间，防止发生刀具碰撞现象。

5．创建或编辑参数组

编程员应根据实际情况，建立新的父级参数组，或者在默认的父级组中，设定合适的机床坐标系和安全平面高度，以及工件余量和进给速率等工艺参数，使得这些参数传递给下一级的组和工序，以减小重复设置，提高编程效率。

6．创建或编辑加工工序

根据工件或切削区域的形状和加工工艺要求，以及工件材料、刀具材料和实际加工工况等因素，创建合适的工序类型，确定合理的切削方式、进刀方式，并设定合理的切削量、加工余量、加工精度、刀具转速和进给率等加工参数。

7．生成和验证刀轨路径

由于数控加工设备价格昂贵，工件材料和刀具材料的成本高，为了避免因刀轨路径出错而带来严重后果，通常在对刀轨进行后处理成为在机床可执行的 NC 程序之前，都要对刀轨进行虚拟切削和过切检查，如有错误则及时纠正。另外，通过虚拟切削仿真，可以验证所编写的加工工序的工艺参数、切削路线和工序执行顺序是否合理。

8．后处理刀轨

刀轨是由一系列的刀具定位点数据和机床命令组成的，俗称内部刀具路径，而机床无法直接读取内部刀轨数据并执行加工，因此，需要使用特定机床的后处理器，把内部刀轨数据翻译成 NC 指令后，才能被机床和控制系统读取和执行加工程序。

9．制作加工工艺卡

一般地，数控编程和操作机床不是由同一个人来完成的，为有效进行沟通，减小出错率和提高效率，需要编写数控加工工艺卡。数控加工工艺卡，既可以由编程员手工制作，也可以由系统自动生成。

1.1.2　项目实施：导入底座的几何模型

首先，启动 NX 10.0 软件程序。在电脑桌面的左下角选择【开始→所有程序→Siemens NX 10.0→NX 10.0】，如图 1-3 所示。此时，系统将启动 NX 10.0 程序。当 NX 10.0 完成启动后，将会显示 NX 软件程序的主界面。

然后，打开底座工件模型。如图 1-4 所示，从主界面的"主页"选项卡中单击打开图标　，将弹出"打开"对话框，如图 1-5 所示。在"打开"对

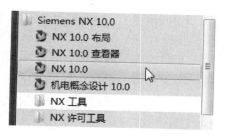

图 1-3　在电脑桌面启动 NX 10.0
软件程序

话框中，先从"…\mill_parts\start\"中选择文件名为"prj_1_start. prt"，再单击"OK"就打开了底座工件模型图形窗口。本项目将编写此模型的数控加工 NC 程序。

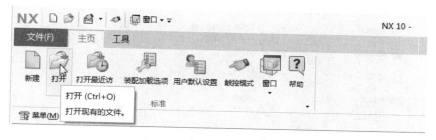

图 1-4　选择"打开"工具

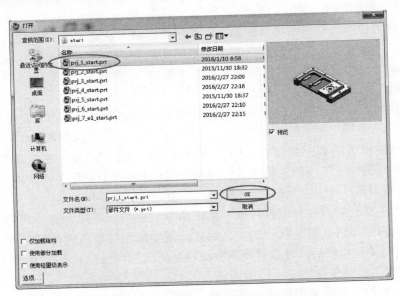

图 1-5　在指定目录中选择底座模型部件并打开

　　最后，另存底座工件模型。如图 1-6 所示，从 NX 软件程序主界面的主菜单条中选择【文件→保存→另存为】，将弹出"另存为"对话框，如图 1-7 所示。在"另存为"对话框先将文件存放目录修改为 "…\mill_parts\finish\"，然后输入新文件名为 "***_prj_1_finish.prt"（其中 "***" 表示学生学号，例如 "20161001"），再按 "OK" 就将底座模型保存到另一个目录中。从 NX 10.0 版本起，NX 支持中文的存放目录和部件名称。

　　在数控加工编程时，有些加工参数是基于工作坐标系（WCS）而设定的，为方便查看，需要在图形窗口中显示 WCS。如果在图形窗口中没有显示 WCS，则可以从 NX 软件程序主界面的上边框条中选择【 **☰ 菜单(M)▾** →格式→WCS→显示】，如图 1-8（a）所示。此时，在工件模型的左下角（绝对坐标系的原点位置）就会显示以 XC、YC、ZC 表示的工作坐标系（WCS）[见图 1-8（b）]。

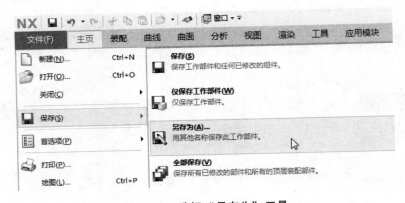

图 1-6　选择"另存为"工具

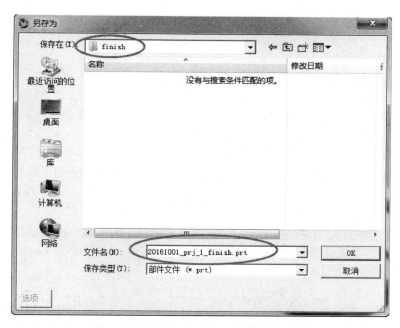

图 1-7 在指定目录中另存底座模型为新的部件

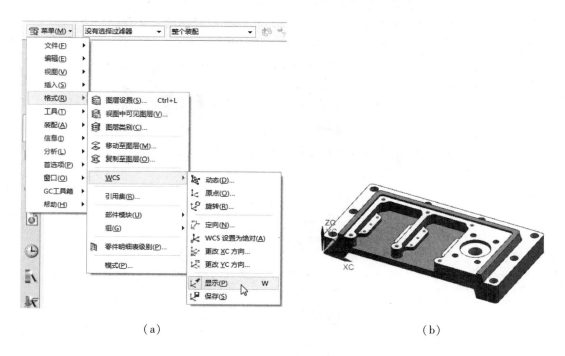

（a）　　　　　　　　　　　　　　　　（b）

图 1-8 显示工作坐标系

1.2 底座的加工工艺

1.2.1 底座的图样分析

在加工前，需要对底座零件进行分析，了解零件模型的结构和几何信息，包括零件的长宽高尺寸、孔的类型和尺寸，以及台阶的高度、孔与侧壁的距离等。这些信息用来确定加工工艺的各种参数，尤其是确定刀具尺寸参数。

底座零件主要由平面构成，属于典型的平面类工件，有以下各种形状和位置的孔：

（1）如图 1-9（a）所示，在零件左右两侧和后侧的台阶平面上，有 8 个沉头通孔，沉头直径为 14.00 mm、深度为 9.00 mm、通孔直径为 9.00 mm。

（2）如图 1-9（b）所示，在零件的右侧有 1 个直径为 22.50 mm 的通孔，其周边均布有 4 个 M8 的螺栓通孔，通孔直径为 9.00 mm、倒斜角尺寸为 0.60 mm。通孔的深度为 30.40 mm。

（3）如图 1-9（c）所示，在零件第二高度的平面上，有 6 个螺纹孔，螺纹的螺距为 1.00 mm、长度为 9.00 mm，螺纹底孔的直径为 5.00 mm、深度为 12.00 mm。

（4）如图 1-9（d）所示，在零件中部的 4 个台阶平面上，有 12 个 M4 螺纹孔，螺纹的螺距为 0.70 mm、螺纹长度为 6.00 mm，螺纹底孔的直径（小径）为 3.242 mm、深度为 10.00 mm。螺纹孔与侧壁的距离为 8.00 mm。钻螺纹底孔的钻头直径应为 3.30 mm。

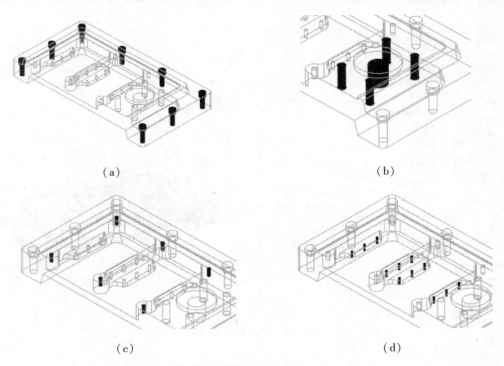

（a）　　　　　　　　　　　　　　（b）

（c）　　　　　　　　　　　　　　（d）

图 1-9　底座零件的各种孔

1.2.2 项目实施：分析底座的几何信息

1. 指定加工环境

首先，需要进入 NX 加工应用模块。如图 1-10 所示，从 NX 软件程序主界面的主菜单中单击【应用模块→ （加工图标）】，就会进入加工应用模块，此时会弹出"加工环境"对话框（见图 1-11）。

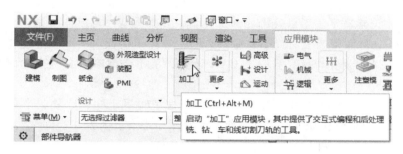

图 1-10 切换到"加工"应用模块

然后，根据当前零件的加工类型，选择一个 CAM 配置和 CAM 设置进行加工环境的初始化。如图 1-11 所示，从"加工环境"对话框的"CAM 会话配置"列表中选择"cam_general"，从"要创建的 CAM 设置"列表中选择"drill"，然后单击 确定 就进入 NX 加工应用模块，完成了加工环境的初始化。

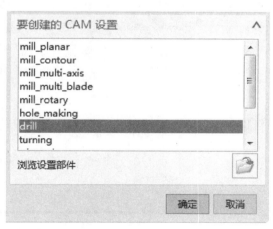

图 1-11 指定"加工环境"

知识点

◆CAM 会话配置

在"CAM 会话配置"的列表中列出了多种 CAM 会话配置，它用来定义可用的 CAM

设置部件（模板），不同的 CAM 会话配置适合于不同的加工需求。在一个部件中，只能应用和保存一种 CAM 会话配置，当需要应用另一种 CAM 会话配置时，就必须先删除当前的 CAM 会话配置，再重新指定另一种 CAM 会话配置。如果删除了 CAM 会话配置，也将删除该配置下所有已生成的加工对象和加工数据。

默认情况下的 CAM 会话配置为 cam_general，它提供通用的车削、三轴和多轴铣削、钻削、电火花线切割的加工编程功能。

◆ CAM 设置

一个 CAM 设置确定了可以使用的加工类型、刀具类型、几何体类型、加工方法和工序顺序。一个 CAM 设置就是一个 NX 部件文件，常称为模板。当加工环境初始化后，系统允许从一个 CAM 设置切换到另一个 CAM 设置，但不会删除原先所生成的加工对象和加工数据。

"drill" 包括了机床坐标系（MCS）、工件、程序和用于钻、粗铣、半精铣和精铣的方法，并提供了一系列孔加工的工序模板，主要用于各种孔类加工。

◆ NX 软件程序主界面

当进入 NX 加工应用模块后，NX 将会激活加工应用的菜单和工具图标，如图 1-12 所示。NX 软件程序主界面主要由六大部分构成：快速访问工具条、主菜单功能区、上边框条、资源条、提示行和图形窗口。加工编程员应熟悉这些组成部分的功能，以便在编程工作中快速找到需要的工具功能，提高工作效率。表 1-2 是这六个组成部分的简单说明。

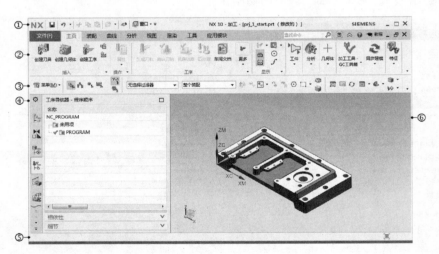

图 1-12　NX 软件程序主界面

表 1-2　NX 软件程序主界面组成部分说明

编号	编号名称	说　明
①	快速访问工具条	该工具条提供了常用命令图标，例如 ![] （保存）、![] （撤销）和 ![] 窗口 （窗口）等

续上表

编号	编号名称	说　明
②	主菜单功能区	该部分列出了加工应用模块下的常用菜单，并在每个菜单中，将工具图标命令组织为选项卡和组。主菜单有一个"主页"选项卡，它根据不同的功能，将各种工具图标组合成为不同的选项组。 对于加工应用模块，"主页"选项卡提供了"插入""操作""工序""显示""工件""分析""几何体"和"同步建模"等工具选项组。每一个工具选项组都提供了多个工具图标
③	上边框条	上边框条主要列出了菜单、选择组、视图组和实用工具组的常用命令。 对于加工应用模块，上边框条的左侧列出了工序导航器的四个视图图标，分别是 （程序顺序视图）、（机床视图）、（几何视图）和 （加工方法视图），如图 1-13 所示，单击各个视图图标，可以快速切换到工序导航器的相应视图 图 1-13　工序导航器的四个视图图标
④	资源条	资源条列出了"装配导航器""部件导航器"和"工序导航器"等各种导航器和资源板的图标。对于加工应用模块，"工序导航器"图标就列出于资源条中，见图 1-30 所示
⑤	提示行	当执行某个工具命令时，提示行会提示下一个动作，并显示结果信息
⑥	图形窗口	图形窗口用于显示部件模型的几何对象和分析结果

　　NX 软件提供了丰富的编程功能和辅助编程功能，大部分常用和重要的功能都可以在"主页"选项卡中找到相应的工具图标来实现，但有些功能需要使用菜单命令选项才能实现。有些功能既可以在功能区找到工具图标来实现，也可以使用菜单选项来实现，其所获得的结果是相同的，使用何种方式，取决于用户的个人习惯。

　　在如图 1-13 所示的上边框条左侧有一个菜单图标)，它使用下拉方式管理全部菜单选项，包括"文件""编辑""视图""插入""格式"和"工具"等等。随着应用模块的不同，在这些菜单名称下将会提供各自不同的功能选项。在实际编程时，有时需要使用这些菜单功能来完成某些编程任务。

　　从上边框条中选择【)→插入】，如图 1-14 所示，它提供了创建辅助加工几何体和加工对象的菜单功能，"在任务环境中绘制草图"包括创建工序、程序、刀具、几何体和加工方法。如果在编程时需要创建辅助的线、面或者实体，则可以从"插入"菜单下选择相应的功能。在菜单功能区中的"曲线"选项卡中也有相同功能的图标工具。

从上边框条中选择【 菜单(M)▾ →工具】，如图 1-15 所示，在下拉菜单列表提供了加工应用模块的菜单选项，包括"工序导航器""刀轨显示""后处理配置器""部件材料""编辑加工数据库"等。在这些级联菜单下，还具有大量用于管理和定制加工对象的功能。

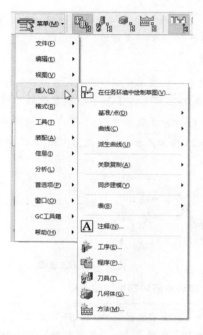

图 1-14　加工应用模块下的"插入"级联下拉菜单

图 1-15　加工应用模块下的"工具"级联下拉菜单

从上边框条中选择【 菜单(M)▾ →首选项】，将弹出"加工首选项"对话框，如图 1-16 所示。它提供了七个选项卡，分别是"选择""可视化""输出""配置""用户界面""工序"和"几何体"，允许用户对各种加工参数、加工几何体和刀轨可视化进行预设置，还可设定配置文件和模板文件的存放位置，以及控制 IPW 的使用。

2. 模型几何分析

步骤 1　测量底座模型的外形尺寸

如图 1-17 所示，从 NX 软件程序主界面菜单功能区"分析"选项卡的"测量"工具组中，单击简单距离图标 ，将弹出"简单距离"对话框。

图 1-16　"加工首选项"对话框

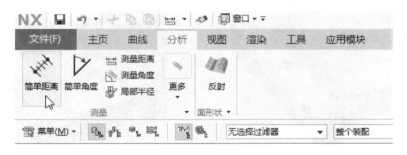

图 1-17　选择"简单距离"工具

如图 1-18 所示，先在图形窗口中选择底座模型左侧面定义起点，再选择右侧面定义终点，此时可查看到底座的长度为 324.80 mm。

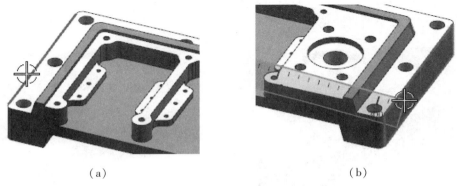

（a）　　　　　　　　　　　　　　　　　　　　（b）

图 1-18　测量底座模型的长度尺寸

再在"简单距离"对话框的右上角处，单击重置图标 ↻，此时"起点"选项组中的"选择点或对象"项为高亮显示。如图 1-19 所示，在图形窗口中选择底座模型前侧面定义起点，选择后侧面定义终点，此时可查看到底座的宽度为 175.00 mm。

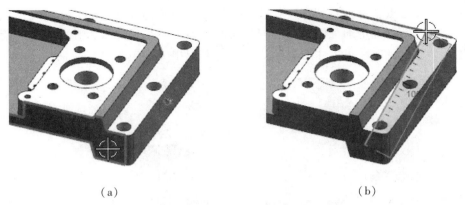

（a）　　　　　　　　　　　　　　　　　　　　（b）

图 1-19　测量底座模型的宽度尺寸

按同样的操作重置对话框。如图 1-20 所示，先选择底座模型底平面边缘定义起点，再选择最高平面定义终点，此时可查看到底座的高度为 50.50 mm。

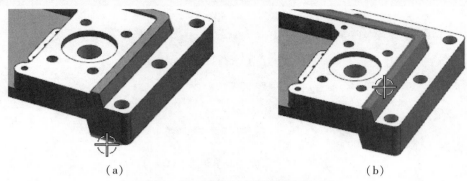

（a）　　　　　　　　　　　　　（b）

图 1 - 20　测量底座模型的高度尺寸

按同样的操作重置对话框。如图 1 - 21 所示，先选择底座模型底平面边缘定义起点，再选择上部平面边缘定义终点，此时可查看到两平面之间的高度为 50. 50 mm。测量板厚尺寸，可以帮助确定刀具的长度。

（a）　　　　　　　　　　　　　（b）

图 1 - 21　测量板厚尺寸

按同样的操作重置对话框。如图 1 - 22 所示，先选择侧平面边缘定义起点，再选择螺纹孔圆心定义终点，可查看到螺纹孔圆心到侧壁的距离为 8. 00 mm。测量孔与侧壁的距离尺寸，可以帮助确定加工倒斜角的刀具尺寸，如果刀具尺寸太大，则刀具可能会与工件发生干涉。已完成距离尺寸的测量，单击 取消 退出"简单距离"对话框。

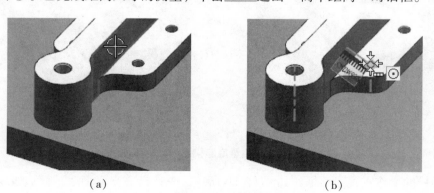

（a）　　　　　　　　　　　　　（b）

图 1 - 22　测量螺纹孔与侧壁的距离尺寸

知识点

◆ 简单距离

"简单距离"命令用以计算两个对象之间的最短距离。测量对象可以是点、曲线/边缘、基准轴/平面、面、实体和组件，也可以是一个圆柱面的中心线。

当单击该命令图标 ✎ 时，将会弹出如图 1-23 所示的"简单距离"对话框。测量距离时，先在"起点"选项组中选择一个对象，然后在"终点"选项组中选择第二个对象，则此时会在图形窗口中显示所测量对象之间的距离。

图 1-23　"简单距离"对话框

步骤 2　测量底座模型中各种孔的直径尺寸

如图 1-24 所示，从 NX 软件程序主界面菜单功能区"分析"选项卡的"测量"工具组中，单击【更多→ ⊖ 简单直径　（简单直径图标）】，将弹出"简单直径"对话框。如没有显示"更多"选项图标，则单击"测量"工具组右侧的倒三角形"▼"符号→更多库，单击"更多库"选项使其打钩号"✓"。

图 1-24　选择"简单直径"工具

如图 1-25 所示，分别选择底座模型台阶面上任意一个沉头孔的两个圆弧，可测量得到沉头直径为 14.00 mm、孔直径为 9.00 mm。测量孔径尺寸，可以帮助确定刀具的直径尺寸。

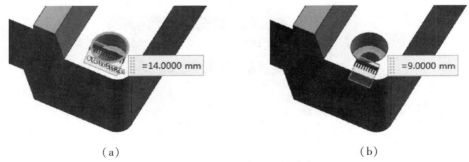

（a）　　　　　　　　　　　　　（b）

图 1-25　测量沉头孔的直径

如图 1 – 26 所示，先选择模型右侧的直径较大圆弧，测量得到圆孔直径为
22.50 mm。再选择其周围的任意一个小圆圆弧，测量得到圆孔直径为 9.00 mm。

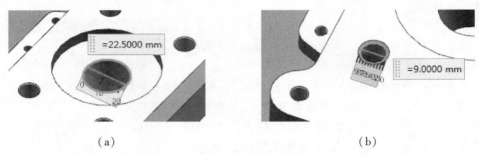

（a）　　　　　　　　　　　　　　　　（b）

图 1 –26　测量通孔的直径

如图 1 –27 所示，分别选择模型中部较高平面和中部台阶面的任意一个螺纹底孔圆
弧，可测量得到螺纹底孔的直径分别为 5.00 mm 和 3.30 mm。

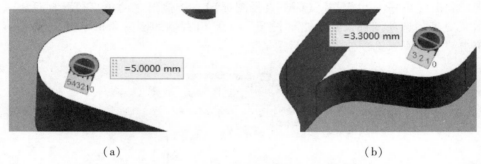

（a）　　　　　　　　　　　　　　　　（b）

图 1 –27　测量螺纹底孔的直径

在如图 1 –28 所示的部件导航树中，分别双击"螺纹孔（21）"和"螺纹孔（24）"，
将会弹出该特征的参数对话框，可以查看到 M6 和 M4 的螺纹信息。图 1 –29（a）是 M6
螺纹孔的特征参数，可以查到：螺纹螺距为 1.00 mm、深度为螺纹直径的 1.5 倍即是
9.00 mm。图 1 –29（b）是 M4 螺纹孔的特征参数，可以查到：螺纹螺距为 0.70 mm、
深度为螺纹直径的 1.5 倍即是 6.00 mm。螺纹深度尺寸用于帮助确定攻丝的加工深度。

图 1 –28　底座模型的特征导航树

（a）　　　　　　　　　　　（b）

图 1-29　查看螺纹孔的特征参数

知识点

◆ **简单直径**

"简单直径"命令用以计算圆形对象的直径。测量对象可以是圆弧曲线、圆弧边缘、圆柱面。

当单击该命令图标 ⊖ 简单直径 时，将会弹出如图 1-30 所示的"简单直径"对话框。测量直径时，选择要测量的对象，则此时会在图形窗口中显示所选测量对象之间的距离（如图 1-25 至图 1-27 所示）。

图 1-30　"简单直径"对话框

1.2.3　底座的加工方法

本项目任务是加工底座零件中的各种孔，包括螺纹过孔、螺纹孔和轴孔。在加工时，应确保孔的加工精度和表面粗糙度，以及钻头在合理使用寿命的前提下使生产率最高。

确定孔加工钻削用量的基本原则是：在允许范围内，尽量先选择较大的进给量，当受到表面粗糙度和钻头刚性的限制时，再考虑选择较大的切削速度。孔较深时，则取较小的切削速度。孔加工一般使用循环啄钻方式，每次钻入量不应超过钻头直径的一半。

对于位置精度要求较高的孔，可先用中心钻钻出一个中心引导孔，再用钻头加工到位。对于孔的尺寸精度和表面粗糙度要求较高时，可先进行粗加工，再进行精加工，同时应选择较小的进给量。由于在粗加工和精加工时刀具的坐标位置是相同的，粗加工时的径向余量是通过使用较小尺寸的刀具来获得，故不需要设定加工余量。

底座中需要加工的各个孔中，尺寸精度要求最高的是直径为 22.5 mm 的轴孔，因此需进行粗加工和精加工，粗加工时先用较小尺寸钻刀进行预转，再使用镗刀进行精加工。其他各孔仅一次加工到位，不必进行粗加工。

底座的工件材料为 45 号钢，硬度在 HB179 ~ HB229 之间，其硬度不高。经查资料可知，当使用高速钢钻刀加工 45 号钢时，切削速度为 15 ~ 25 mpm，每齿进给量为 0.04 ~ 0.08 mmpz，则钻刀的转速可由以下公式求得：

$$v = n \times \pi \times D$$

式中，v 为切削速度（mpm）、n 为主轴转速（rpm）、π 为圆周率、D 为钻刀直径（mm）。钻刀的进给率可由以下公式求得：

$$F = F_z \times Z \times n$$

式中，F 为进给率（mmpm）、F_z 为每齿进给量（mmpz）、Z 为钻刀齿数、n 为主轴转速（rpm）。

实际的刀具转速和进给率需要考虑机床刚性、刀具直径、刀具材料、工件材料和刀具品牌等诸多因素而选择经验值。

1.2.4　项目实施：设定底座的加工方法参数

步骤 1　将工序导航器切换到加工方法视图

如图 1 – 31 所示，在 NX 软件程序主界面上边框条单击加工方法视图图标 $\blacksquare$，就可将工序导航器切换到加工方法视图。

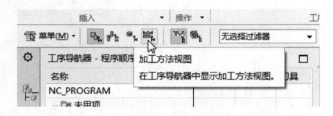

图 1 – 31　将工序导航器切换到加工方法视图

知识点

◆ 工序导航器

工序导航器是一个图形用户交互界面，用来管理当前部件所生成的工序、刀具等加工对象。如图 1 – 32 所示，在 NX 软件程序主界面资源条中单击工序导航器图标 $\blacksquare$，就会在资源条的右侧显示工序导航器窗口。

图 1 – 32　工序导航器窗口

图 1 – 33　资源条选项窗口

单击资源条顶部的资源条选项图标 ⚙，将弹出如图 1-33 所示的选项窗口。单击"销住"选项显示检查符"✓"，则工序导航器窗口将锚定在资源条的边上，此时即使进行其他命令操作，工序导航器窗口也不会消失；当单击"销住"选项关闭检查符"✓"，则移动鼠标进行其他命令操作时，工序导航器窗口将消失。单击"显示在左侧"选项开启检查符"✓"，则资源条位于图形窗口的左侧，相应地，工序导航器也随之位于图形窗口的左侧；当单击"显示在右侧"选项开启检查符"✓"，则资源条位于图形窗口的右侧，相应地，工序导航器也随之位于图形窗口的右侧。

双击资源条中的工序导航器图标 🗂，工序导航器将会脱离资源条并浮动在图形窗口中，此时，使用鼠标左键按住工序导航器的标题栏，可以将它自由拖动到任意位置。当把工序导航器拖动到图形窗口之外时，工序导航器窗口将锚定在图形窗口的上部（或下部或左部或右部）边框。在浮动状态下，当单击工序导航器窗口标题栏右侧的图标 ❌（见图 1-34），则工序导航器窗口将被收回到资源条中。当再次双击工序导航器图标 🗂 时，工序导航器窗口将恢复到前一次的位置。

工序导航器使用树形结构来说明加工对象之间的关系，如图 1-34 所示，每个加工对象的位置就是树形结构的一个节点。基于在导航器的位置关系，参数可以从组到组，或从组到工序之间向下传递。通过改变工序或组的位置，从而可以改变参数的继承关系。

工序导航器有四个视图：🗂（程序顺序视图）、🗂（机床视图）、🗂（几何视图）和 🗂（加工方法视图），但每次只能显示其中一个视图。每个视图根据不同的主题，组织相同的一系列加工对象。在每个视图中，工序与父级组之间的关系都是由视图确定的。

用户可以使用两种方法切换视图：一是在如图 1-13 所示的上边框条中单击目标视图图标，可以从一个视图切换到另一个视图；二是在如图 1-35 所示的资源条工序导航器窗口内的空白处单击鼠标右键，弹出快捷菜单，然后选择目标视图名称，也可以从一个视图切换到另一个视图。

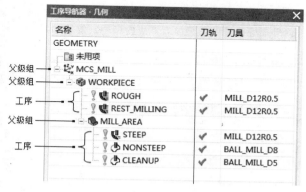

图 1-34　工序导航器的树形结构

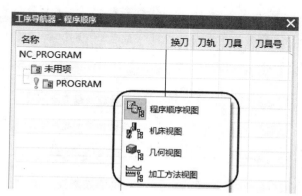

图 1-35　使用鼠标右键快捷菜单切换视图

◆加工方法视图

加工方法视图 🗂 用于组织工序分享相同的参数，例如部件余量、公差、进给率等。默认情况下，如图 1-36 所示，"加工方法视图"的最高节点名称为"METHOD"组，在它之下有五个节点："未用项" "MILL_ROUGH" "MILL_SEMI_FINISH" "MILL_FINISH" "DRILL_METHOD"，表 1 – 3 是各节点的用途说明。一般情况下，不会将工序组织到节点组"未用项"。

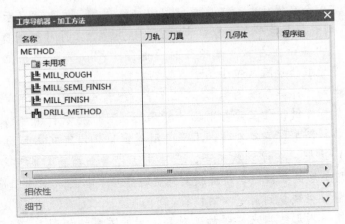

图 1 – 36　加工方法视图的六个节点

表 1 – 3　加工方法视图的六个节点说明

节点名称	说　明
METHOD	系统默认的加工方法根节点，用来组织工件的所有加工方法及各自参数，不能被修改或删除
未用项	系统默认的节点，用来组织一些不需要的加工方法或工序，不能被修改或删除
MILL_ROUGH	系统自动创建的加工方法组，用来组织属于粗加工方法的工序，能够对其进行编辑、重命名或删除
MILL_SEMI_FINISH	系统自动创建的加工方法组，用来组织属于半精加工方法的工序，能够对其进行编辑、重命名或删除
MILL_FINISH	系统自动创建的加工方法组，用来组织属于精加工方法的工序，能够对其进行编辑、重命名或删除
DRILL_METHOD	系统自动创建的加工方法组，用来组织属于钻加工方法的工序，能够对其进行编辑、重命名或删除

　　将工序组织到一个加工方法中，既可以使工序自动继承加工方法所设定的参数，减少重复设定，又可以起到归类管理的作用，直观上看到工序属于哪一种加工方法，一目了然。使用剪切和粘贴或者用鼠标拖动的操作方法，用户可以改变工序的加工方法。

　　步骤 2　设定钻孔加工的进给率

　　如图 1 – 37 所示，在工序导航器窗口选择节点"DRILL_METHOD"，按【鼠标右键→【 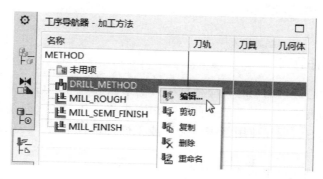 编辑... 】，将弹出"钻加工方法"对话框。

图 1-37　编辑孔加工方法

如图 1-38（a）所示，在"刀轨设置"选项组中，单击进给图标  ，将弹出"进给"对话框［见图 1-38（b）］。在"进给"对话框的"进给率"选项组中，设定"切削"为"100"mmpm。其他参数接受默认设置，连续单击 确定 退出。

（a）　　　　　　　　　　　　　（b）

图 1-38　设定切削进给率值

知识点

◆切削进给率

切削进给率是指刀具接触工件材料进行移动切削时的进给率。工序可以从父级加工方法中继承切削进给率值。在加工方法组中设定进给率值后，再将工序指派到这个加工方法中，默认情况下，所有工序都与父级加工方法具有相同的进给率值。这可以避免在每个工序中进行设定，从而提高编程效率。

1.3 底座的工件安装

1.3.1 底座的工件装夹

工件在加工中心进行加工时，应根据工件的形状和尺寸选用正确的夹具，以获得可靠的定位和足够的夹紧力。工件装夹前，一定要先将工作台和夹具清理干净。夹具或工件安装在工作台上时，要先使用量表对夹具或工件找正找平后，再用螺钉或压板将夹具或工件压紧在工作台上。

工件的安装应确保以下两项：

（1）零件在工作台或夹具上的安装方位，应与编程坐标系（又称加工坐标系或机床坐标系）的方向保持一致，以确保加工得到完全正确的工件形状，并避免刀具碰撞夹具。

（2）夹具与待加工面之间应保持一定的安全距离，同时尽可能比待加工面低，以确保所有待加工面充分暴露在外面，防止刀具或刀具夹持部分在加工过程中发生碰撞。

底座零件模型中的各表面已加工到图纸的设计尺寸，因此移除模型中的孔后，就得到加工前的毛坯形状，如图 1-39 所示，可用作定义编程时的毛坯几何体。底座的最大外形尺寸为 324.80 mm×175.00 mm×50.50 mm，本项目任务只需要加工零件中的孔，其切削力不大，又是单件加工，因为长度和宽度的尺寸较大，可用较大规格尺寸的虎钳装夹。工件的装夹需要确保刀具移动时不会干涉工件和虎钳。

由于底座中有通孔，因此装夹时要使工件底部垫空，以防止刀具钻穿工件后碰到虎钳。可以在工件底部放置两个等高的长方形垫块，垫块的宽度不宜过大，并且垫块的位置要避开沉头通孔的位置。底座周边的台阶面要高出虎钳钳口板 3 mm 以上，以防止刀具移动时碰撞虎钳。装夹前，需对虎钳的钳口板在 X 方向进行拖表找正，误差不得超过0.01 mm。夹紧后，需对底座顶平面进行 X 和 Y 方向拖表找正，误差不得超过 0.01 mm。

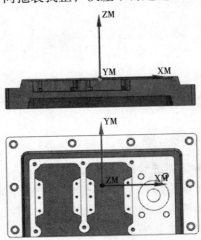

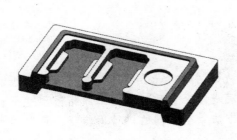

图 1-39 底座加工前的毛坯形状　　　　图 1-40 底座加工的机床坐标系

如果没有合适规格的虎钳，则可采用夹板装夹固定。使用夹板固定工件时，夹板不能遮挡钻孔位置。另外，还要计算夹板、固定螺栓等夹具零件的高度，以便在编程时设定足够高的安全高度，防止刀具干涉或碰撞夹板。

底座中所有需要加工的孔都在同一侧，只需要一次装夹就可完成孔的加工，因此可只设置 1 个编程坐标系。编程原点（即加工坐标系原点或机床坐标系原点）设在底座最高平面的中心位置，编程坐标系的 X 轴正向向右、Z 轴正向向上，如图 1–40 所示。

1.3.2 项目实施：指定底座的加工几何体

1. 创建毛坯几何体

步骤 1 复制底座模型

如图 1–41 所示，从 NX 软件程序主界面菜单功能区"主页"选项卡的"几何体"工具组中，单击抽取几何特征图标，将弹出"抽取几何特征"对话框。下面将复制一个底座零件模型，用于定义毛坯几何体。

图 1–41 选择"抽取几何特征"工具

如图 1–42（a）所示，在"抽取几何特征"对话框中，先将类型设置为"体"，在"设置"选项组中，单击开启"隐藏原先的"选项检查符。然后从图形窗口中选择底座零件模型，单击 确定 就复制了一个底座模型，并自动隐藏了原来的模型，如图 1–42（b）所示。抽取复制的模型与原模型保持形状和位置的关联，原模型改变后，则复制的模型也将随之变化。

（a）

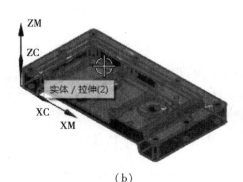

（b）

图 1–42 抽取复制底座零件模型

知识点

◆ 抽取几何特征

"抽取几何特征"命令通过对现有对象进行抽取复制以产生关联或非关联的副本。可抽取的对象包括点、线/边缘、基准、面和体。

单击抽取几何特征图标 🖼，将会弹出如图1-43所示的"抽取几何特征"对话框。首先设置抽取几何特征的类型，再选择要抽取的几何对象。如果有需要，则在"设置"选项组中开启选项检查符。最后按 确定 就完成了几何体的抽取。

在"抽取几何特征"对话框的"设置"选项组中，当开启"关联"选项检查符时，则抽取的几何对象与原来的父项保持关联性。当开启"隐藏原先的"选项检查符时，则抽取几何对象后会自动隐藏原来的父项几何对象。当开启"固定于当前时间戳记"选项检查符时，如果原父项几何体增加新特征时，则不会影响抽取的几何体特征，但原父项几何体已有特征进行参数改变时，抽取的几何体特征也会随之变化。

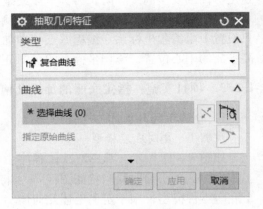

图1-43 "抽取几何特征"对话框

步骤2 移除复制的底座模型的孔

如图1-44所示，在"主页"选项卡的"同步建模"工具组中，单击删除面图标 🖼，将弹出"删除面"对话框。下面将删除复制的底座模型中的所有孔，以生成毛坯几何体。

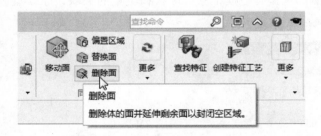

图1-44 选择"删除面"工具

如图1-45（a）所示，在"删除面"对话框中，先将类型设置为"孔"，并单击开启"按尺寸选择孔"选项检查符，设定"孔尺寸 < =" 为"25"mm。然后从图形窗口中框选模型中的所有孔，如图1-45（b）所示。单击 确定，就移除了模型中的所有孔，生成图1-39所示的毛坯形状。

（a）

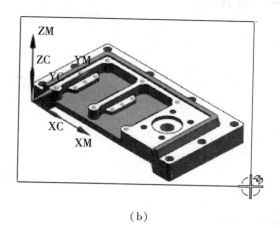

（b）

图1-45 删除底座复制模型的孔

知识点

◆ 删除面

"删除面"命令用以从某个模型中移除选定的面，面可以是模型中的平面、曲面、圆角面和圆孔面。当移除模型中的面时，则相邻的面将会延伸封闭以修复移除面原来的开放区域。

当类型设置为"面"时，则可以从模型中选择一个或多个面进行移除。当类型设置为"圆角"时，则仅可以选择模型中的倒圆角面进行移除。当类型设置为"孔"时，则可以通过设定孔直径值来选择圆孔面进行移除，如图1-45（a）所示。当类型设置为"圆角大小"时，则可以通过设定圆角半径值来选择倒圆角面进行移除。

2. 指定加工几何体

步骤1 将工序导航器切换到几何视图

如图1-46所示，在上边框条单击几何视图图标，可将工序导航器切换到几何视图。

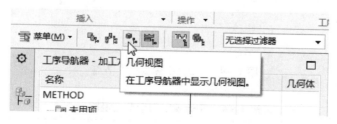

图1-46 将工序导航器切换到"几何视图"

在工序导航器的几何视图中，单击机床坐标系节点"MCS_MILL"前的 + 号，以扩展显示工件几何体节点"WORKPIECE"，如图1-47所示。

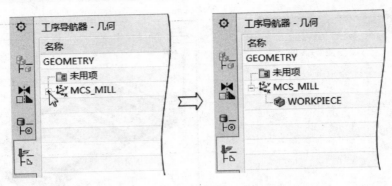

图 1-47　扩展显示几何视图

知识点

◆ 几何视图

几何视图根据几何体和加工坐标系（MCS）来组织一系列工序。默认情况下，几何视图具有四个节点，它们是"GEOMETRY"、"未用项"、"MCS_MILL"和"WORKPIECE"，如图 1-48 所示。其中根节点"GEOMETRY"为父级组，节点"未用项"和"MCS_MILL"是它的子级组，而节点"WORKPIECE"又是"MCS_MILL"的子级组，这就相当于"GEOMETRY"组是"WORKPIECE"组的"祖父"。表 1-4 是这四个节点的用途说明。一般情况下，不会将工序组织到节点组"未用项"。

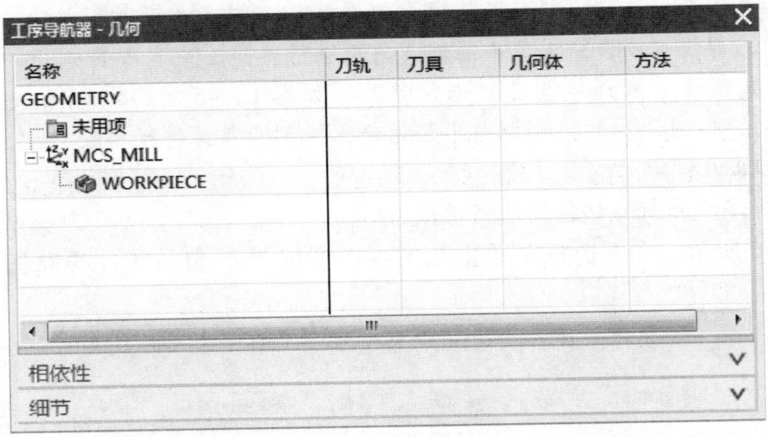

图 1-48　几何视图的四个节点

表 1-4　几何视图四个节点说明

节点名称	说　　明
GEOMETRY	系统默认的几何体根节点，用来组织工件的机床坐标系和几何体数据等信息，不能被修改或删除

续上表

节点名称	说　　　明
未用项	系统默认的节点，用来组织一些暂时不使用的几何体，不能被修改或删除
MCS_MILL	系统自动创建的几何体节点，用来组织工件的机床坐标系和安全平面等数据，用户可以对其进行编辑、重命名或删除
WORKPIECE	系统自动创建的几何体节点，用来组织工件、毛坯和检查几何体的数据，用户可以对其进行编辑、重命名或删除

　　将工序组织到一个加工几何体中，既可以使工序自动继承该加工几何体所指定的几何形状及参数，减少重复设定，又可以起到归类管理的作用，直观看到工序是加工工件模型的哪些面，一目了然。使用剪切和粘贴或者用鼠标拖动的操作方法，用户可以改变工序的节点位置。由于一个工序的刀具定位坐标位置是基于机床坐标系（MCS）输出的，因此，在创建工序时应将工序组织到"MCS_MILL"组或其子级组。

　　步骤 2　设定机床坐标系

　　如图 1－49 所示，在工序导航器的几何视图中，选择机床坐标系的节点名"MCS_MILL"，按【鼠标右键→ **编辑…** 】，弹出图 1－50 所示的"MCS 铣削"对话框。默认情况下，机床坐标系（MCS）位于绝对坐标系的原点位置，下面需要将它移动到模型顶部的中心位置。

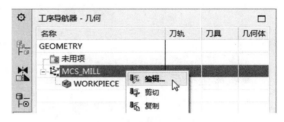

图 1－49　编辑机床坐标系

　　此时，"MCS 铣削"对话框"机床坐标系"选项组的"指定 MCS"项呈高亮显示，在图形窗口中机床坐标系也处于动态操纵的状态。如图 1－51 所示，在图形窗口的图形参数输入框中设定 $X=162.4$、$Y=87.5$、$Z=50.5$，系统自动将机床坐标系定位在底座模型顶部的中心位置，并且坐标系的 XM 轴正向向右、YM 轴正向向后、ZM 轴正向向上。

图 1－50　"MCS 铣削"对话框

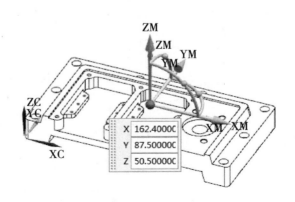

图 1－51　移动机床坐标系到模型顶部中心位置

如图 1 – 52（a）所示，在"MCS 铣削"对话框"安全设置"选项组中，将"安全设置选项"设置为"平面"，然后选择底座模型的最高平面，并设定"距离"为"5"mm。单击 确定 或按鼠标中键，退出"MCS 铣削"对话框。此时，就完成了机床坐标系（MCS）和安全平面的设定［见图 1 – 52（b）］。

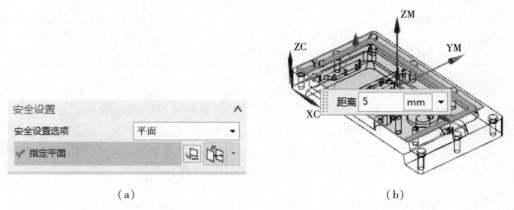

（a）   （b）

图 1 – 52   设定安全平面

知识点

◆ **机床坐标系**（MCS）

在 NX 加工中，如图 1 – 53（a）所示，坐标轴 X、Y、Z 后面带有字符"C"的坐标系称为工作坐标系（WCS）；坐标轴 X、Y、Z 后面带有字符"M"的坐标系称为机床坐标系（MCS）。在 NX 加工编程时，所设定的某些加工参数（例如底面深度）是基于工作坐标系而设定的，系统在生成刀轨时，会自动基于机床坐标系而输出这些参数的坐标值。如果改变了机床坐标系，也就重新建立了刀轨输出点的参考位置。通常，机床坐标系的 ZM 轴就是机床主轴或刀轴。

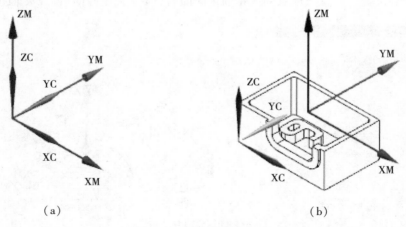

（a）   （b）

图 1 – 53   机床坐标系

在默认情况下，工作坐标系和机床坐标系均位于模型空间绝对坐标的原点位置。在实际加工编程时，工作坐标系和机床坐标系的原点和坐标轴方向不必一致，如图1-53（b）所示。一般情况下，应将机床坐标系定位在工件上方便"碰数"且可重复定位的位置。

◆ **安全平面**

"安全平面"用于定义在工序前后以及在工序中刀具作避让运动的安全距离。"自动平面"是由系统自动根据部件或毛坯几何体产生一个距离为"安全距离"值所定义的平面。

此时观察到，当将机床坐标系（MCS）移动到底座模型顶部的中心位置后，工作坐标系（WCS）并没有跟随一起移动。系统在生成加工刀轨时，刀具定位的坐标位置会自动转换为基于机床坐标系（MCS）而输出，因此加工编程时只需将机床坐标系（MCS）设定到正确的方位就可以了。

如果需要将工作坐标系（WCS）和机床坐标系（MCS）的方位重合一致，则可在上边框条中选择【 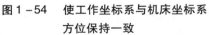 菜单(M)▼→首选项→加工】，弹出"加工首选项"对话框。如图1-54所示，在"坐标系"选项组中，单击开启"将WCS定向到MCS"选项检查符，然后单击 确定 退出即可。在创建工序时，系统会自动将工作坐标系（WCS）定向到机床坐标系（MCS）的方位，以保持一致。

步骤3 指定工件几何体

此时在图形窗口中只显示了已经删除孔的底座复制模型，下面把它定义为毛坯几何体。

如图1-55所示，继续在工序导航器的几何视图中选择节点名"WORKPIECE"，按【鼠标右键→ 编辑... 】，将弹出"工件"对话框。

图1-54 使工作坐标系与机床坐标系
方位保持一致

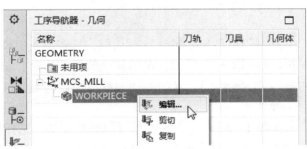

图1-55 编辑工件几何体

在"工件"对话框单击"指定毛坯"项右侧的选择或编辑毛坯几何体图标 ◈ ，弹出"毛坯几何体"对话框。如图1-56（a）所示，毛坯类型已默认设置为"几何体"，并且"选择对象"项呈高亮显示，从图形窗口中选择删除了孔的模型实体，单击 确定 ，退回到"工件"对话框。

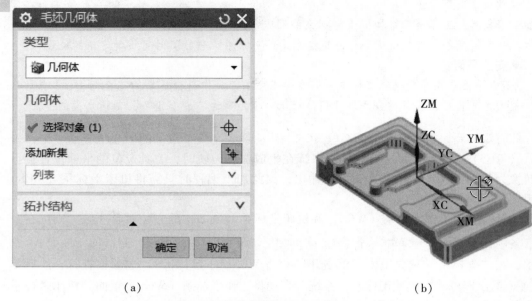

图 1-56 指定毛坯几何体

◆毛坯几何体

毛坯几何体用以指定要切削的材料，定义加工前的工件形状，既可以选择已存在的几何体，包括实体、片体、小平面体和曲线，也可以由系统根据部件几何体自动生成"实心"体。

当类型设置为"几何体"时，则允许选择存在的几何体来定义毛坯几何体。可选择的几何体对象包括曲线、面、片体和实体，也可以选择小平面体定义毛坯几何体。

此时仍然显示"工件"对话框，从资源条中单击部件导航器图标，以显示特征导航树。如图 1-57 所示，在部件导航器的底部，选择特征"抽取体（28）"并按【鼠标右键→ 隐藏(H)】，此时在图形窗口中就隐藏了底座复制模型，它在未来的工作中将暂时不被使用。

如图 1-58 所示，在部件导航器的顶部，选择特征"拉伸（2）"并按【鼠标右键→ 显示(S)】，此时在图形窗口中就显示了底座模型。下面将把它定义为部件几何体。

此时仍然显示"工件"对话框，单击"指定部件"项右侧的图标，弹出"部件几何体"对话框。如图 1-59（a）所示，此时"选择对象"项呈高亮显示。在图形窗口中选择底座模型，定义为部件几何体。连续单击 确定 两次退出，就完成了部件几何体和毛坯几何体的指定，如图 1-59（b）所示。

图1-57 隐藏毛坯几何体

图1-58 重新显示底座模型

（a）

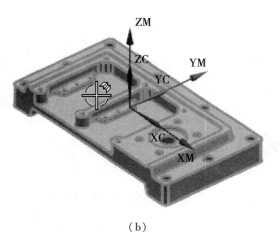

（b）

图1-59 指定部件几何体

知识点

◆ **部件几何体**

部件几何体用以指定要进行加工的工件几何体，以定义加工后的工件形状，一般选择实体，也可以选择面、片体或者小平面体。为避免碰撞和过切，应当选择整个工件（包括不切削的面）作为部件几何体，然后使用切削区域和修剪边界来限制要切削的范围。

1.4 底座的加工刀具

1.4.1 底座加工的刀具选择

数控加工的刀具选用要考虑众多因素，包括机床刚性、工件材料、切削用量、加工形状和经济成本等。刀具选择的基本原则是安装调整方便、刚性好、耐用度和精度高。

在满足加工要求的前提下，尽量选择长度较短的刀柄，以提高加工刚性。

本项目任务是要加工底座中的孔，包括沉头孔、直孔和螺纹孔，底座零件的材料是45 号钢，材料硬度不高，切削性良好，因此可以使用高速钢或者硬质合金刀具。综合考虑各种实际因素，表1-5 列出了加工底座零件所使用刀具的规格和数量。

表1-5　加工底座零件的刀具规格和数量

序号	刀具材料	数量	刀具/杆直径/mm	刀尖半径/mm	刀具用途说明
1	高速钢中心钻	1	2.5	—	钻中心引导孔以确保各孔的位置精度
2	高速钢钻刀	1	22	—	预钻直径为 22.50 mm 通孔的底孔
3	高速钢钻刀	1	9	—	钻沉头通孔
4	高速钢钻刀	1	5	—	钻 M6 螺纹底孔
5	高速钢钻刀	1	3.3	—	钻 M4 螺纹底孔
6	高速钢倒角钻刀	1	15	—	加工各孔的倒斜角
7	高速钢锪刀	1	14	—	加工直径为 14.00 mm 的沉头孔
8	高速钢丝锥	1	6	—	M6 螺纹攻牙
9	高速钢丝锥	1	4	—	M4 螺纹攻牙
10	高速钢镗刀	1	16	—	钻直径为 22.50 mm 的通孔

1.4.2　项目实施：创建底座的加工刀具

步骤 1　将工程导航器切换到机床视图

将工序导航器切换到机床视图，可方便查看所创建的刀具。如图1-60 所示，在上边框条单击机床视图图标 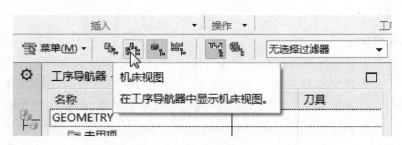，可将工序导航器切换到机床视图。

图1-60　将工序导航器切换到"机床视图"

知识点

◆ **机床视图**

机床视图用于根据使用的切削刀具来组织工序，它显示工序所使用的刀具。默认情况下，机床视图具有两个节点，它们是"GENERIC_MACHINE"和"未用项"，如图1-

61 所示。其中根节点"GENERIC_MACHINE"为父级组，节点"未用项"是它的子级组。表 1-6 是这两个节点的简单说明。

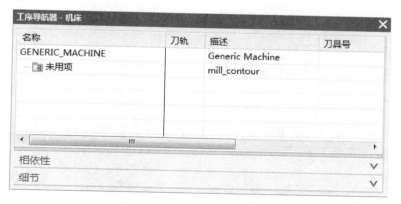

图 1-61 默认"机床视图"

表 1-6 机床视图的节点说明

节点名称	说 明
GENERIC_MACHINE	系统默认的刀具根节点，用来组织所创建的刀具，不能被修改或删除
未用项	系统默认的节点，用来组织一些暂时不使用的刀具，不能被修改或删除

刀具将按创建时间的先后从上到下进行排列，使用剪切和粘贴或者用鼠标拖动的操作方法，可以改变刀具的节点位置。一般地，所有刀具都应组织到节点"GENERIC_MACHINE"之下，如果刀具名称的左边有一个"＋"或者"－"符号，则表示有一个或多个工序使用了该刀具。如果一个工序被组织到"未用项"组，则表示该工序没有指定刀具。

步骤2 创建直径为 2 mm 的中心钻

如图 1-62 所示，从主菜单功能区"主页"选项卡的"插入"工具组中，单击创建刀具图标 ，将弹出"创建刀具"对话框。

如图 1-63 所示，先将刀具类型设置为"drill"，再单击刀具子类型 SPOTDRILLING_TOOL（中心钻）图标 ，然后输入刀具名称"SDRILL_

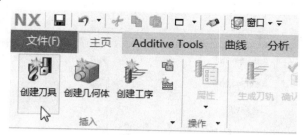

图 1-62 选择"创建刀具"工具

D2"。完成设定后单击 确定 ，弹出"钻刀"对话框。刀具名称可用小写输入，刀具创建后，将会自动转换为大写字符。

如图 1-64 所示，在"尺寸"选项组中，设定中心钻的"直径"为"2"mm。其他参数接受默认设置，单击 确定 退出，即完成刀具的创建。由于中心钻的其他参数不会影响刀轨路径的计算，为减少不必要的工作，可接受默认的尺寸。

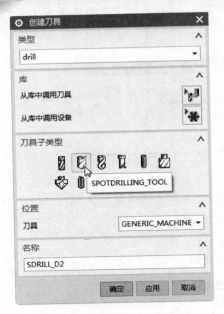

图 1-63　创建中心钻

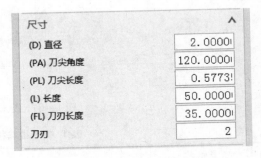

图 1-64　设定中心钻的参数

步骤 3　创建直径为 22 mm 的钻刀

继续单击创建刀具图标 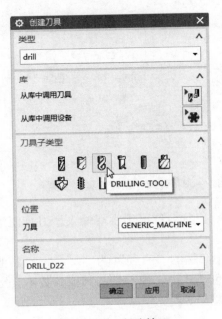，弹出"创建刀具"对话框。如图 1-65 所示，先将刀具"类型"设置为"drill"，再单击刀具子类型 DRILLING_TOOL（钻刀）图标 ，然后输入刀具名称"DRILL_D22"。完成设定后，单击 确定 弹出"钻刀"对话框。

如图 1-66 所示，在"尺寸"选项组中，设定钻刀的"直径"为"22" mm。其他参数接受默认设置，单击 确定 退出，即完成刀具的创建。

图 1-65　创建钻刀

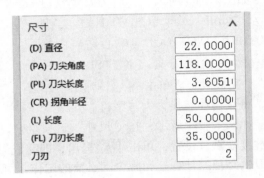

图 1-66　设定钻刀的参数

步骤 4　创建直径为 15 mm 的倒角钻刀

继续单击创建刀具图标，弹出"创建刀具"对话框。如图 1-67 所示，先将刀具类型设置为"drill"，再单击刀具子类型 COUNTERSINKING_TOOL（倒角钻刀）图标，然后输入刀具名称"CSINK_D15"。完成设定后，单击 确定 弹出"钻刀"对话框。

如图 1-68 所示，在"尺寸"选项组中，设定倒角钻刀的"直径"为"15"mm。其他参数接受默认设置，单击 确定 退出，即完成刀具的创建。倒角钻刀的"尖角"尺寸应与倒角的角度尺寸一致。

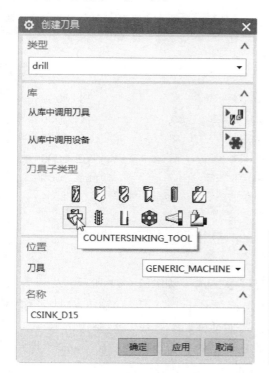

图 1-67　创建倒角钻刀　　　　　　图 1-68　设定倒角钻刀的参数

步骤 5　创建直径为 14 mm 的锪刀

继续单击创建刀具图标，弹出"创建刀具"对话框。如图 1-69 所示，先设置刀具类型为"drill"，再单击工具子类型 COUNTERBORE_TOOL（锪刀）图标，然后输入刀具名称"CBORE_D14"。完成设定后，单击 确定，弹出"钻刀"对话框。

如图 1-70 所示，在"尺寸"选项组中，设定锪刀的"直径"为"14"mm。其他参数接受默认设置，单击 确定 退出，即完成刀具的创建。如沉头孔底面与侧面有圆角的，则需要设定锪刀的"下半径"尺寸。

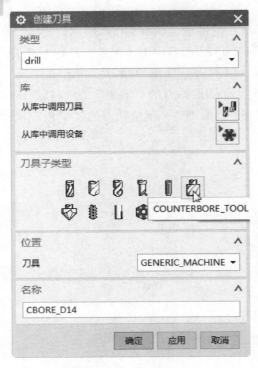

图 1-69　创建锪刀

图 1-70　设定锪刀的参数

步骤6　创建直径为6 mm 的丝锥

继续单击创建刀具图标 [图标]，弹出"创建刀具"对话框。如图1-71所示，先设置刀具类型为"drill"，再单击工具子类型 TAP（丝锥）图标 [图标]，然后输入刀具名称为"TAP_D6"。完成设定后，单击 [确定] 弹出"钻刀"对话框。

如图1-72所示，在"尺寸"选项组中，设定丝锥的"直径"为"6" mm、"螺距"为"1" mm。其他参数接受默认设置，单击 [确定] 退出，即完成刀具的创建。

步骤7　创建直径为22.5 mm 的镗刀

继续单击创建刀具图标 [图标]，弹出"创建刀具"对话框。如图1-73所示，先设置刀具类型为"drill"，再单击工具子类型 BORING_RAR（镗刀）图标 [图标]，然后输入刀具名称"BORE_D22.5"。完成设定后，单击 [确定] 弹出"钻刀"对话框。

如图1-74所示，在"尺寸"选项组中，设定镗刀的"直径"为"22.5" mm，其他参数接受默认设置，单击 [确定] 退出，即完成刀具的创建。

创建刀具
类型
drill
库
从库中调用刀具
从库中调用设备
刀具子类型
TAP
位置
刀具
GENERIC_MACHINE
名称
TAP_D6
确定
应用
取消

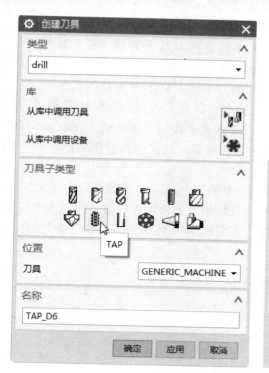

图1－71　创建丝锥

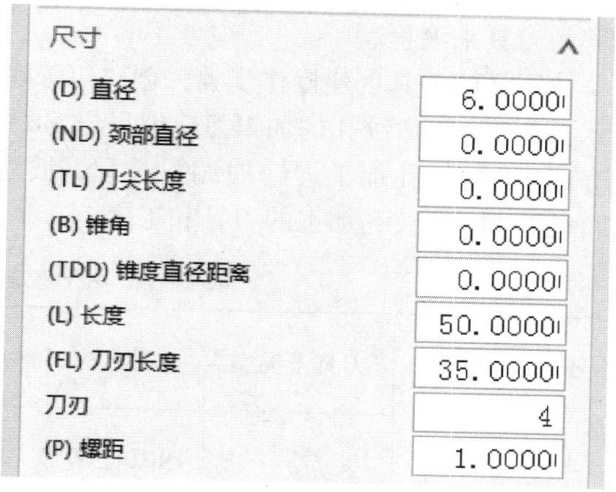

尺寸
(D) 直径
6.0000
(ND) 颈部直径
0.0000
(TL) 刀尖长度
0.0000
(B) 锥角
0.0000
(TDD) 锥度直径距离
0.0000
(L) 长度
50.0000
(FL) 刀刃长度
35.0000
刀刃
4
(P) 螺距
1.0000

图1－72　设定丝锥的参数

创建刀具
类型
drill
库
从库中调用刀具
从库中调用设备
刀具子类型
BORING_BAR
位置
刀具
GENERIC_MACHINE
名称
BORE_D22.5
确定
应用
取消

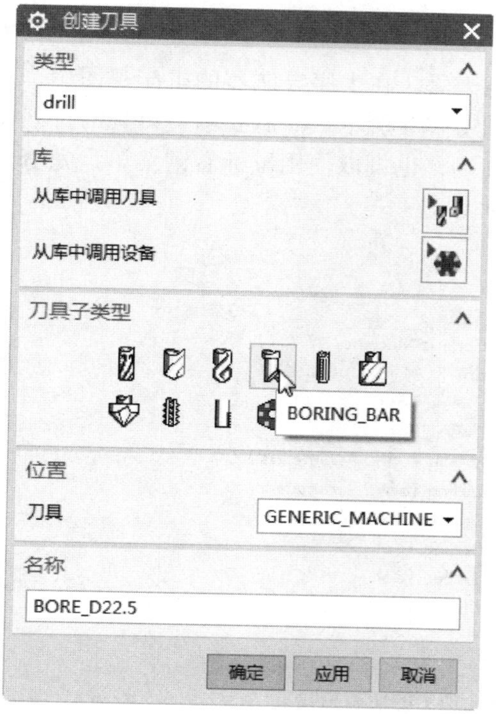

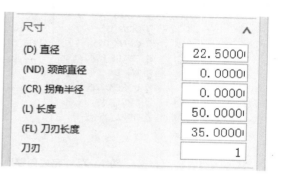

图1－73　创建镗刀

尺寸
(D) 直径
22.5000
(ND) 颈部直径
0.0000
(CR) 拐角半径
0.0000
(L) 长度
50.0000
(FL) 刀刃长度
35.0000
刀刃
1

图1－74　设定镗刀的参数

　　上面分别介绍了中心钻、钻刀、倒角钻刀、锪刀、丝锥和镗刀的创建，可以看到，所有孔加工所用刀具的创建步骤是相同的，首先需要选择刀具子类型、输入刀具名称，然后设定刀具的参数。刀具名称可以使用默认的名称，也可以输入用户命名的名称以便更好地识别，它对生成的刀轨路径并没有实质影响。实际上对于大多数的孔加工来说，由于系统并不是使用刀具侧刃来计算刀具运动位置的，因此刀具直径对所生成的刀轨路径也没有什么影响。例如要加工一个直径为 10 mm 的孔，使用 6 mm 和 10 mm 的刀具，所生成的刀轨路径是相同的。为养成一个良好的编程习惯，建议编程员仍然创建与孔径相同的刀具来编程。

　　按同样的刀具创建操作步骤，创建用于底座加工的其余不同尺寸的钻刀，如表 1－7 所示。由于 M4 螺纹孔的加工刀轨编程与 M6 螺纹孔的加工刀轨编程相似，因此本书仅详细介绍 M6 螺纹孔加工刀轨的编写过程，读者可在完成本项目任务后，作为课外练习，自行创建 M4 螺纹孔加工的刀具和工序。

表 1－7　用于底座加工的其余刀具

序号	刀具类型	刀具子类型	刀具名称	刀具直径	刀尖半径	刀具锥角	刀具号和补偿寄存器
1	drill	(图标)	DRILL_D9	9	–	0	0
2	drill	(图标)	DRILL_D5	5	–	0	0

　　当完成了所有刀具的创建后，即创建了 8 把刀具。在工序导航器的机床视图中，系统会按刀具创建的先后顺序从上到下排列，如图 1－75 所示。如需要调整刀具的排列位置，可选择刀具名称并按住鼠标左键不放进行拖动，也可以使用鼠标右键菜单，先剪切刀具再将刀具粘贴到指定的位置。

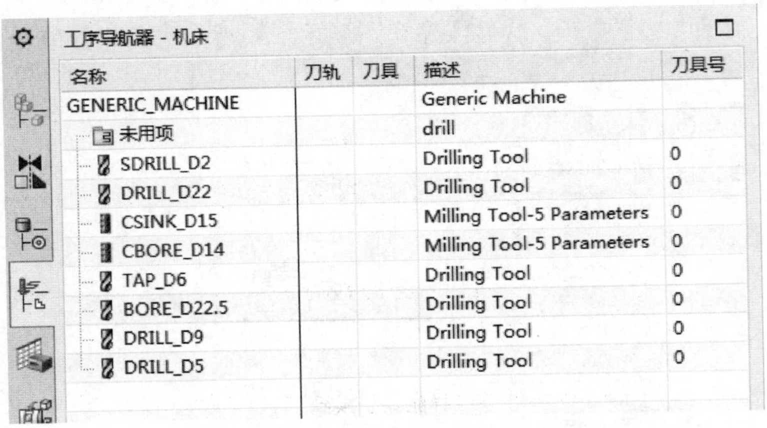

图 1－75　完成创建底座孔加工的所有刀具

1.5　底座的加工编程

1.5.1　底座的加工顺序

底座零件的加工主要是孔加工，按孔加工的一般原则，首先预钻各个孔的引导孔，以确保孔的位置精度，然后尽量先加工直径较大的孔，再加工直径较小的孔。基于形状和尺寸的考虑，表 1-8 列出了底座孔加工的工序顺序。

表 1-8　底座孔加工的工序顺序

加工顺序		说　　明
第 1 次装夹	1	用直径为 2 mm 的中心钻加工中心引导孔
	2	用直径为 9 mm 的钻刀加工底座周边台阶面的沉头通孔、模型右侧的 5 个通孔
	3	用直径为 22 mm 的钻刀预钻直径为 22.5 mm 通孔的底孔
	4	用直径为 5 mm 的钻刀预钻 M6 螺纹底孔
	5	用直径为 3.3 mm 的钻刀预钻 M4 螺纹底孔
	6	用直径为 14 mm 的锪刀加工沉头
	7	用直径为 15 mm 的倒角钻刀加工圆孔的倒斜角
	8	用直径为 6 mm 的丝锥进行攻牙
	9	用直径为 4 mm 的丝锥进行攻牙
	10	用刀杆直径为 16 mm 的镗刀加工直径 22.5 mm 的通孔

1.5.2　项目实施：创建底座的加工工序

工序导航器的程序顺序视图真实反映工序的实际执行顺序。如图 1-76 所示，从 NX 软件程序主界面的上边框条单击程序顺序视图图标 ，就可将工序导航器切换到程序顺序视图。

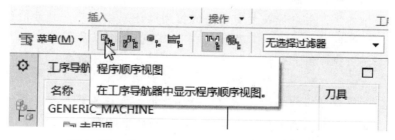

图 1-76　将工序导航器切换到"程序顺序视图"

知识点

◆程序顺序视图

程序顺序视图根据切削顺序来组织工序，它显示工序所属的程序组及其执行顺序。默认情况下，程序顺序视图最高节点名称为"NC_PROGRAM"，在它之下还有两个节点："未用项"和"PROGRAM"，如图1－77所示，表1－9是这三个节点的简单说明。使用剪切和粘贴或用鼠标拖动的操作方法，可以改变工序的执行顺序和组织工序到新的程序组。当某个工序暂时不需处理时，则可将该工序组织到"未用项"组以示区别。

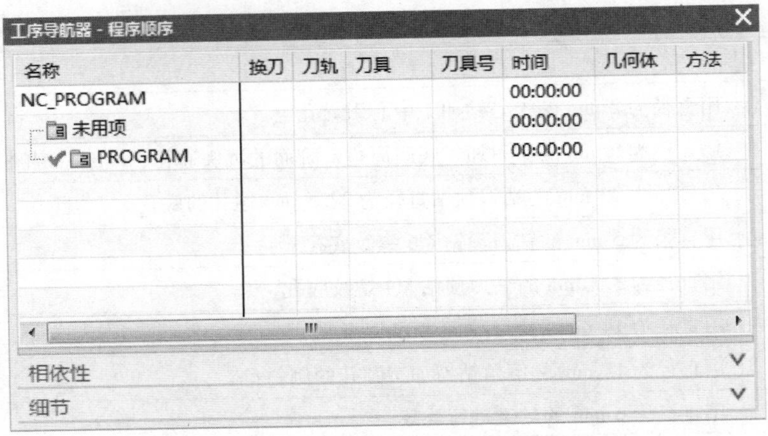

图1－77　默认"程序顺序视图"

表1－9　程序顺序视图的节点说明

节点名称	说　　明
NC_PROGRAM	系统默认的程序组根节点，用来组织工件的子程序组或工序，不能被修改或删除
未用项	系统默认的节点，用来组织一些暂时不需要的工序，不能被修改或删除
PROGRAM	系统自动创建的程序组，用来组织生成的工序，可以对其重命名或删除

默认情况下，工序将按创建时间的先后依次从上到下进行排列，使用剪切和粘贴或用鼠标拖动的操作方法，用户可以改变工序的排列顺序或组织工序到新的程序组。当某个工序暂时不需要处理时，可将该工序组织到"未用项"组以示区别。

当选择一个父级程序组进行切削仿真或后处理时，各工序的执行顺序按其在程序顺序视图中从上至下的节点顺序执行。如果父级程序组中具有多个子级程序组，则先执行节点位置更高的子级程序组的工序，仅当该程序组的工序执行完成后，再依次执行下一个程序组的工序。

1．创建钻中心孔的工序

步骤1　新建工序

如图1－78所示，从NX软件程序主界面菜单功能区"主页"选项卡"插入"工具组中，单击创建工序图标 🗲，就弹出"创建工序"对话框。

如图1-79所示，在"创建工序"对话框将工序类型设置为"drill"，单击工序子类型定心钻图标 ⬇，指定工序的位置："程序"为"PROGRAM"、"刀具"为"SDRILL_D2（钻刀）"、"几何体"为"WORKPIECE"、"方法"为"DRILL_METHOD"，输入工序名称为"SPOT_DRILL"。完成设定后单击 确定 ，就弹出"定心钻"对话框。

图1-78 选择"创建工序"工具   图1-79 创建定心钻

💠 知识点

◆ **工序类型：drill**

"drill"用于钻孔、扩孔、铰孔、镗孔和攻丝等点位加工，这些点位加工具有相同或相似的刀具运动特点：刀具以快进速度运动到点位上方的最小安全距离位置，然后以切削速度切入材料开始第一个进给钻削加工。如果孔的深度太大而无法一次进给完成钻削，则刀具先抬刀进行排屑，再快速运动到先前已加工的深度继续钻削，如此多次循环，直到刀具加工到指定的孔深为止。之后，刀具快速退回到最小安全距离位置，完成一个点位的加工。接着快速运动到下一个点位的上方，继续下一个点位的加工。

◆ **工序子类型：定心钻**

"定心钻"子类型适用于在平面上使用钻刀或中心钻加工深度较浅的孔，在实际应用中常用来创建钻中心孔的加工刀轨。加工每一个点位时，刀具切入工件后，直至到达最后的深度后才会提刀，再移动到下一个孔加工。

步骤 2　指定钻孔位置

如图 1-80 所示,在"定心钻"对话框顶部的"几何体"选项组中,单击选择或编辑孔几何体图标 ,将弹出"点到点几何体"对话框。

如图 1-81 (a) 所示,在"点到点几何体"对话框单击"选择"选项,将会弹出如图 1-81 (b) 所示的对话框,它提供了多种确定钻孔

图 1-80　选择钻孔几何体

位置的方法,用户可以选择一种最合适的方法来指定钻孔位置,也可以选择多种方法组合来确定钻孔位置。

（a）

（b）

图 1-81　选择确定钻孔位置的方法

知识点

◆点到点几何体

如图 1-81 (a) 所示的"点到点几何体"对话框中,系统提供了可对加工位置进行操作的多种选项,用户可以"选择"孔的加工位置,也可以"优化"孔的钻削顺序,还

可以指定刀具设置如何作"避让"移动以安全跨越障碍物。表 1-10 是这些常用功能选项的简单说明。

表 1-10　点位几何体的部分功能选项说明

选　项	说　明
选择	使用该选项可使用各种方法指定孔的加工位置，可以选择圆弧和二次曲线的圆心、一般点定义孔的位置
附加	使用该选项可在原来已指定孔的基础上再增加新的孔
省略	使用该选项可从已指定的孔中移除不需要的孔
优化	使用该选项可依据规则对孔的钻削顺序进行重新排序
显示点	使用该选项可在屏幕图形中显示已指定的孔
避让	使用该选项可指定刀具在点位之间运动发生干涉时的避让方法
反向	使用该选项可使得点位的钻削顺序反转
圆弧轴控制	使用该选项可显示并反转已指定圆弧的轴线方向
Rapto 偏置	使用该选项可为点位指定快速偏置的距离。默认情况下，使用"最小安全距离"值作为偏置距离

如图 1-81（b）所示，系统提供了多种方法可以指定孔的加工位置。在编程时可以根据实际情况，使用最合适的方法，快速准确地指定钻孔位置，表 1-11 是这些选项方法的简单说明。用户也可以不使用任何一种方法，直接在模型中选择要钻孔的位置。当指定钻孔位置完成并退出后，在孔的中心位置会高亮显示"＊"符号，并且标记该孔钻削顺序的序号。

表 1-11　指定钻孔位置的选项说明

选　项	说　明
名称	使用该选项可通过输入对象名称来指定待加工孔的位置。如果已经给点、圆弧赋予了名称，在文本栏中输入该名称后，按回车键或 确定 即可
一般点	使用该选项可使用点构造器来指定待加工孔的位置。选择该选项，将弹出"点"对话框，使用合适的点方法，从模型中选择目的点后，按 确定 即可
组	使用该选项可通过输入组名称来指定待加工孔的位置。如果已经对点、圆弧进行了分组，则选择该选项将弹出对话框，在文本栏中输入该组名称后，按回车键或 确定 即可
类选择	使用该选项可允许通过类过滤器来指定待加工孔的位置。选择该选项，将弹出"类选择"对话框，指定合适的分类过滤方法，从模型中选择目的点后，按 确定 即可
面上所有孔	使用该选项可使用实体表面或片体来指定待加工孔的位置。选择该选项后，选择模型上的面，系统将自动把位于面内的具有全圆形状的圆弧圆心作为孔的位置。还可以设定最小或最大直径值以排除不必要的孔

续上表

选 项	说 明
预钻点	使用该选项可使系统取出在平面铣或型腔铣中产生的进刀点作为待加工孔的位置。如果进程中没有预钻点，则系统会弹出警告
最小直径	使用该选项可设定要排除的孔的最小直径值。当设定了最小直径值后，则在实体或片体表面上小于指定直径值的孔将被排除
最大直径	使用该选项可设定要排除的孔的最大直径值。当设定了最大直径值后，则在实体或片体表面上大于指定直径值的孔将被排除
选择结束	使用该选项可结束孔位置的指定而直接退回到"工序"对话框的主界面。通常，如果单击 确定 则会退回到上一个对话框
可选的	使用该选项可在使用分组、类选择或选择单个对象指定孔位置时，控制仅能指定点、圆弧、孔、点和圆弧、全部，以起到过滤的作用

单击图 1-81（b）所示对话框的"面上所有孔"选项后，在如图 1-82 所示的图形窗口选择底座模型上有圆孔的平面，此时系统自动识别平面上圆弧的圆心作为钻孔位置。平面的选择顺序会影响到各个孔的先后加工顺序，但这并不重要，系统提供了多种优化孔加工顺序的方法。

完成底座模型上有圆孔的平面选择后，单击 确定 两次，退回到"点到点几何体"对话框。此时，在图形窗口中可以看到底座模型各个孔的加工顺序序号（因面的选择顺序不同而不同）是紊乱的，下面要对孔的加工顺序进行重新排列。如果刷新了屏幕，将看不到孔的钻孔顺序序号，则可以单击"显示点"选项，在图形窗口中会显示各个孔的加工顺序序号。

如图 1-83 所示，单击"点到点几何体"对话框的"优化"选项，将弹出用来确定优化钻削顺序方法的对话框，它提供了"最短刀轨"、"Horizontal Bands"（水平带）和"Vertical Bands"（竖直带）共三种优化方法。

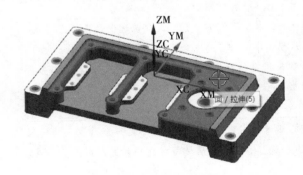

图 1-82 选择平面确定钻孔位置

图 1-83 优化孔的钻削顺序

在图 1-84（a）所示的对话框单击"Vertical Bands"（竖直带）选项，将弹出如图 1-84（b）所示的对话框，它提供了"升序"和"降序"两种方法。

（a）优化钻削顺序方法的对话框

（b）升序与降序

图1-84 选择"竖直带"优化方法

首先单击图1-84（b）所示对话框的"升序"选项，然后在工序导航器图形窗口中的空白处单击【鼠标右键→定向视图→俯视图】，将模型视图切换到俯视图。每一条竖直带需要指定左右两条平行直线，待加工孔的位置应落在每条竖直带内。此时提示行提示指定第一条直线上的点，如图1-85（a）所示，移动鼠标到沉头孔左侧的合适位置，按鼠标左键单击一次，就可指定一条竖直线。此时提示行提示指定第二条直线上的点，如图1-85（b）所示，移动鼠标到沉头孔右侧的合适位置，按鼠标右键单击一次，就可指定另一条竖直线。

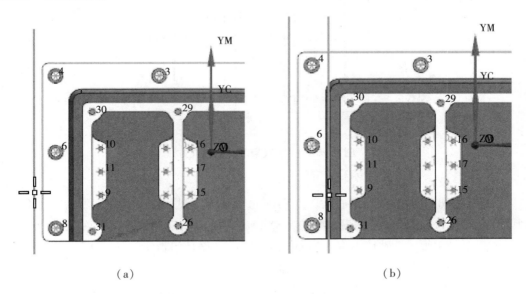

（a）　　　　　　　　　　　（b）

图1-85 指定第一条竖直带

完成指定一条竖直带后，提示行会再次提示指定第一条直线。按同样的操作，依次指定第一条直线和第二条直线，总计指定七条竖直带，如图1-86所示。完成竖直带的指定后，连续按图1-84所示对话框下方的 确定 两次，退回到"定心钻"对话框。

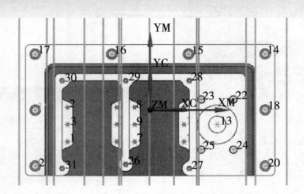

图 1 -86　完成指定竖直带优化钻孔顺序

知识点

◆竖直带

"竖直带"优化钻孔方法允许指定一系列平行于YC轴的具有一定宽度的"带"来优化孔的钻削顺序，每一条带由两条平行直线构成，有升序和降序两种排列，如图1 -87所示。

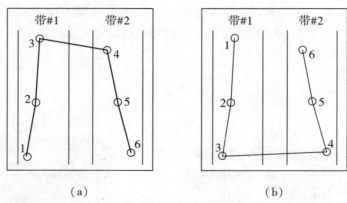

图 1 -87　"竖直带"优化钻孔方法

步骤 3　设定循环参数

如图 1 -88 所示，在"定心钻"对话框的"循环类型"选项组中，默认"循环"类型设置为"标准钻"，单击编辑参数图标 🔧，将弹出"指定参数组"对话框。

如图 1 -89 所示，默认设定"Number of Sets"（循环组数量）为"1"，单击 确定 弹出"Cycle 参数"对话框。

图 1 -88　编辑钻孔循环参数

图 1 -89　设定循环参数组数量

知识点

◆循环类型：标准钻

"标准钻…"循环类型将在每个点位激活一个标准钻循环（G81）命令描述刀轨，刀具以切削速度切入材料直至到达指定的孔深后才抬刀，故该循环类型不适用于深孔加工。

◆参数组

本系统允许设定 1～5 个参数组，每个参数组具有相同类型的循环参数，包括钻孔深度和进给率等参数，但各个循环组中对应的参数值可以不相同。设定多个参数组，可灵活使用不同的参数加工不同位置的孔。如果所有孔都使用一组相同的参数来加工，则设定参数组的数量为 1 即可。

默认情况下，钻孔深度为零，需要设定中心钻加工的深度。如图 1-90 所示，在"Cycle 参数"（循环参数）对话框单击"Depth（Tip）"［深度（顶端）］选项，将弹出"Cycle 深度"对话框。

钻中心孔时，深度应保证能加工出导向部分的圆锥面。如图 1-91 所示，单击"刀尖深度"选项，并设定"深度"为"3"mm（深度值不能设定为负值）。单击 确定 退出。

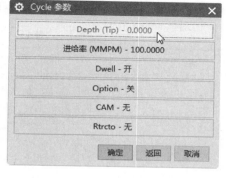

图 1-90　指定方法设定钻孔深度

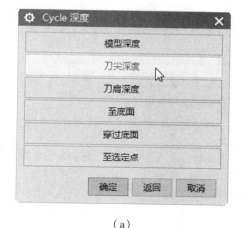

（a）

（b）

图 1-91　设定钻孔深度值

知识点

◆Cycle 深度

图 1-91（a）所示的"Cycle 深度"对话框中，系统提供了可确定钻孔深度的多种方法，如图 1-92 所示。表 1-12 是这些方法的简单说明。深度的计算通常是从孔所在的高度位置沿 +Z 轴方向计算的。

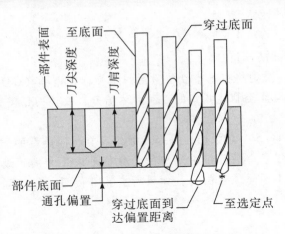

图 1 −92　确定钻孔深度的方法

表 1 −12　确定钻孔深度的选项说明

深度选项	说　　明
模型深度	使用该选项，系统将自动计算实体模型中孔的深度作为钻削深度。另外，如果刀具超过孔的直径，则刀具无法进入孔切削
刀尖深度	使用该选项，系统将计算刀尖与点位之间的距离作为钻削深度，如果指定了顶面，则钻削深度为刀尖与顶面之间的距离
刀肩深度	使用该选项，系统将计算刀肩与点位之间的距离作为钻削深度，如果指定了顶面，则钻削深度为刀肩与顶面之间的距离
至底面	使用该选项，系统将计算刀尖到达孔底时刀尖与点位之间的距离作为钻削深度，如果指定了顶面，则钻削深度为刀尖与顶面之间的距离。 使用该选项时，必须指定孔的底面
穿过底面	使用该选项，系统将计算刀肩到达孔底时刀肩与点位之间的距离作为钻削深度，如果指定了顶面，则钻削深度为刀肩与顶面之间的距离。 使用该选项时，必须指定孔的底面
至选定点	使用该选项，系统将计算刀尖到达指定点时刀尖与点位之间的距离作为钻削深度，如果指定了顶面，则钻削深度为刀尖与顶面之间的距离

　　在前面的操作流程中，已设定了加工方法"DRILL_METHOD"的"切削"进给率值为 100 mmpm，同时在创建当前工序时选择了加工方法"DRILL_METHOD"作为父级组，因此当前工序将会自动继承该加工方法"DRILL_METHOD"的加工参数，可以看到当前进给率值为 100 mmpm。继续单击 确定 退回到"定心钻"对话框。

步骤4　设定主轴转速

如图1-93所示，在"定心钻"对话框的"刀轨设置"选项组中，单击进给率和速度图标 🐛，将弹出"进给率和速度"对话框。

如图1-94所示，在"进给率和速度"对话框的"主轴速度"选项组，单击开启"主轴速度"选项检查符，并设定"主轴速度"为"1 300"rpm，按回车键，单击 确定 退回到"定心钻"对话框。

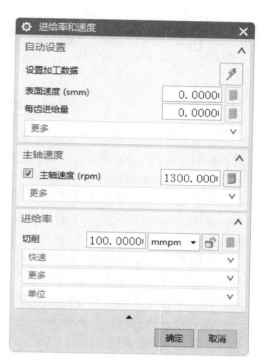

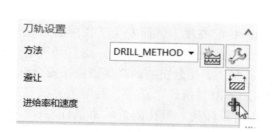

图1-93　设定进给率和速度

图1-94　设定主轴速度

知识点

◆ 主轴转速和进给

主轴转速和进给的值与工件材料、刀具材料、切削方法、切削量、机床性能和切削工况等因素密切相关，实际应用时，应根据实际情况设定合理值。

刀具运动进给率能够自动继承父级组的参数值。当前工序创建时，已被指派到父级加工方法组"DRILL_METHOD"中，因此当前工序的切削进给率值就等于100 mmpm。

步骤5　产生刀轨路径

如图1-95（a）所示，在"定心钻"对话框底部"操作"选项组中，单击生成图标 🏴，NX软件系统就在图形窗口生成了钻中心引导孔的刀轨路径［见图1-95（b）］。在图形窗口中，旋转模型，仔细观察刀具的移动路径。此时，观察到每当刀具需要跨越模型的最高平面时，因刀具提起的高度不够，会与工件模型发生干涉碰撞。下面将进行参数设定，使刀具能够安全跨越工件最高平面，避免发生碰撞。

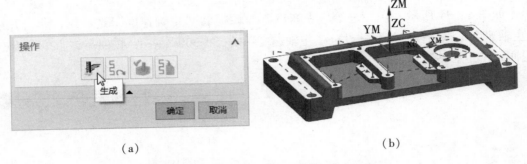

（a）　　　　　　　　　　　　　　　　　（b）

图 1 - 95　刀轨路径与工件发生碰撞现象

当刷新屏幕后，刀轨路径不会显示在图形窗口中。如图 1 - 96 所示，在"定心钻"对话框的"操作"选项组中，单击重播图标，在图形窗口中会重新显示加工刀轨。

步骤 6　指定避让移动

在"定心钻"对话框顶部的"几何体"选项组中，单击选择或编辑孔几何体图标，弹出"点到点几何体"对话框。单击"显示点"选项，使图形窗口显示各个孔的加工顺序序号。

由图形窗口显示的图形可观察到，因刀具的抬起高度不够而发生了碰撞的钻孔顺序是：3→4、11→12→13、22→23→24、28→29。下面就指定避让参数，使刀具从起点到终点时，例如完成加工 3 号孔后再移动到 4 号孔加工，抬起更高的高度以确保安全跨越。

在"点到点几何体"对话框（见图 1 - 97）单击"避让"选项，此时主界面提示行会提示选择起点，则按如图 1 - 98（a）所示移动鼠标到 3 号孔附近单击鼠标左键一次，此时提示行会提示选择终点，则按如图 1 - 98（b）所示移动鼠标到 4 号孔附近单击鼠标左键一次。

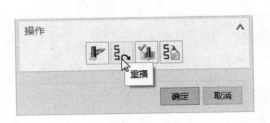

图 1 - 96　重播加工刀轨

图 1 - 97　选择"避让"选项

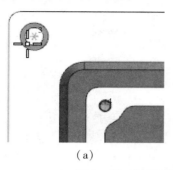 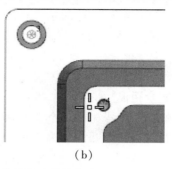

（a）　　　　　　　　　　　　　　　（b）

图1-98　选择要做避让移动的起始孔和终止孔

此时会弹出如图1-99所示的"避让方法"对话框，单击"安全平面"选项，使刀具完成3号孔加工后，将抬起到安全平面的高度，再移动到4号孔进行加工。

当完成指定了第一个避让后，主界面提示行会再次提示选择起点和终点，如图1-100所示，选择11号孔作为起点、13号孔作为终点，同样单击"安全平面"选项来定义刀具抬起的高度。

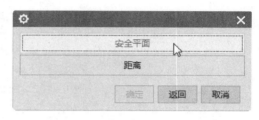

图1-99　选择"避让方法"

按相同的操作，如图1-101所示，分别选择22号和28号孔作为起点、选择24号和29号孔作为终点，单击"安全平面"选项来定义刀具抬起的高度。

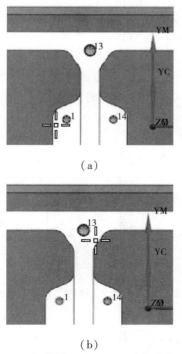

（a）

（b）

图1-100　指定第二个避让移动的起点和终点

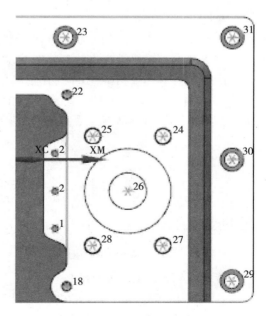

图1-101　选择起点和终点

当完成了所有需要避让的钻孔移动后，单击"避让方法"对话框下方的 确定 两次，再次退回到"定心钻"对话框。下面将重新生成新的刀轨路径。

知识点

◆最小安全距离

在默认情况下，当完成一个孔的钻削加工后，刀具将会抬起到下一个点位的"最小安全距离"高度，并水平运动到下一个点位的上方，此时，如果两个点位之间有一个凸台比"最小安全距离"还要高时，就会发生刀具干涉碰撞现象，如图 1－102 所示。

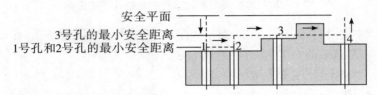

图 1－102　默认情况下的刀轨横越移动

在如图 1－97 所示的"点到点几何体"对话框中，单击"避让"选项后，系统会提供如图 1－99 所示的"安全平面"和"距离"两种避让方法，指定刀具避让高度以安全跨越障碍物。

◆安全平面

"安全平面"避让方法使刀具抬起到安全平面作横越移动以避开凸台等障碍物。对于如图 1－103 所示的案例，如果使用"安全平面"避让方法，则刀具在完成 3 号孔的钻削后，将沿刀轴方向抬起到安全平面高度作水平运动到 4 号孔的上方，再快速运动到 4 号孔上方的"最小安全距离"高度，最后开始 4 号孔的钻削。

◆距离

"距离"避让方法将使刀具抬起到指定的高度处作横越移动以避开凸台等障碍物。使用该方法时，需要设定避让距离来定义抬起的高度，该距离是沿刀轴方向从起点开始计算的长度。对于如图 1－104 所示的案例，如果使用"距离"避让方法，则刀具在完成 3 号孔的钻削后，将沿刀轴方向抬起到指定距离的高度，并快速运动到 4 号孔上方指定距离的高度，再快速运动到 4 号孔上方的"最小安全距离"高度，最后开始 4 号孔的钻削。

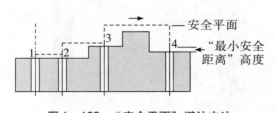

图 1－103　"安全平面"避让方法

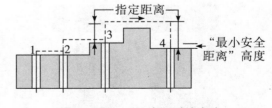

图 1－104　"距离"避让方法

步骤 7　重新生成刀轨路径

在如图 1－95（a）所示的"定心钻"对话框底部的"操作"选项组中，单击生成图标 ，系统重新生成了刀轨路径，如图 1－105 所示。在主界面的图形窗口中，旋转模型，仔细观察刀具的移动路径。此时，刀具跨越最高平面时，已经抬起到安全平面的高度进行跨越，不会发生碰撞了。

当生成了正确的刀轨路径后，单击该选项组下方的 确定 ，退出"定心钻"对话框，就完成了一个新工序的创建。如图 1 - 106 所示，新建工序"SPOT_DRILL"位于父级程序组"PROGRAM"节点内。

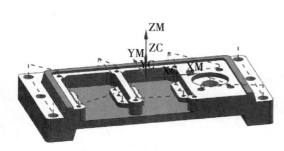

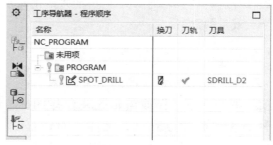

图 1 -105　重新生成了正确的刀轨路径　　　　图 1 -106　钻中心孔的工序

2. 创建加工直径为 9 mm 通孔的工序

步骤 1　新建工序

如图 1 - 107 所示，从 NX 软件程序主界面菜单功能区的"主页"选项卡"插入"工具组中，单击创建工序图标 ，就弹出"创建工序"对话框。

如图 1 - 108 所示，在"创建工序"对话框将工序类型设置为"drill"，单击工序子类型啄钻图标 ，指定工序的位置："程序"为"PROGRAM"、"刀具"为"DRILL_D9（钻刀）"、"几何体"为"WORKPIECE"、"方法"为"DRILL_METHOD"，输入工序"名称"为"PECK_DRILL_D9"。完成设定后，单击 确定 ，弹出"啄钻"对话框。

图 1 -107　在主菜单功能区选择"创建工序"工具　　　　图 1 -108　创建啄钻工序

知识点

◆工序子类型：啄钻

"啄钻"子类型适用于在平面上使用钻刀按啄式循环运动钻深孔。啄钻循环类型适用于加工深孔，实际加工时，刀具先钻削到步进量所定义的深度，然后提刀到工件外部进行排屑，再快速进入到前一次的钻削深度处，继续钻削加工，依此重复相同的动作，直至最后的深度。

步骤2 指定钻孔位置

在"啄钻"对话框的"几何体"选项组中，单击选择或编辑孔几何体图标，将弹出"点到点几何体"对话框。在该对话框单击"选择"选项，将弹出用来确定钻孔位置方法的对话框。如图1-109所示，直接在主界面的图形窗口中按孔的加工顺序来选择圆弧边缘。考虑到底座右侧直径为22.5 mm的通孔的尺寸较大，因此这里也选择了该孔作为预钻孔。如果圆孔入口处有倒斜角，就选择其在平面上的圆弧边缘。

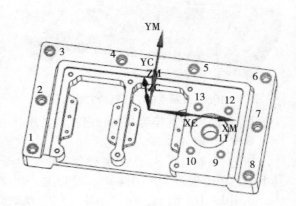

图1-109 选择圆弧确定钻孔位置

完成选择后，在确定钻孔位置方法的对话框下方按 确定 退回到"点到点几何体"对话框。单击该对话框的"避让"选项，此时主屏幕的提示行会提示选择起点。如图1-110（a）所示，移动鼠标到8号孔附近单击鼠标左键一次，此时提示行会提示选择终点；如图1-110（b）所示，移动鼠标到9号孔附近单击鼠标左键一次。

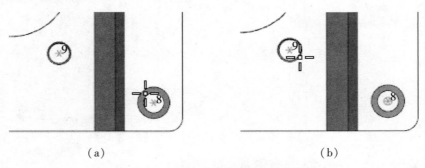

（a）   （b）

图1-110 选择避让移动的起点和终点

此时会弹出如图1-111所示的"避让方法"对话框，单击"安全平面"选项，使刀具完成加工8号孔后，将抬起到安全平面的高度移动到9号孔进行加工。由于刀具只需要避让一次就可以了，因此连续单击 确定 两次，退回到"啄钻"对话框。

步骤3 设定循环参数

在如图1-112所示的"啄钻"对话框"循环类型"选项组中，默认"循环"类型设置为"标准钻，深孔…"，单击编辑参数图标 ，弹出"指定参数组"对话框。在该对话框默认设定"Number of Sets"（循环组数量）为"1"，单击 确定 弹出"Cycle 参数"对话框。

图1-111 选择避让方法

图1-112 设定"循环类型"

知识点

◆循环类型：标准钻，深孔

"标准钻，深度…"循环类型将在每个点位激活一个标准深孔钻循环（G83）命令描述刀轨。刀具钻入一定深度后，将提升一定距离以排屑，再进入工件中进行钻削。

如图1-113（a）所示，在"Cycle 参数"对话框单击"Depth - 模型深度"选项，将弹出"Cycle 深度"对话框。当前所要加工的孔位于不同的平面上，并且孔的深度也不同，因此希望由系统自动计算各孔的加工深度。如图1-113（b）所示，单击"模型深度"选项，由系统自动识别各个孔的加工深度。

（a）

（b）

图1-113 使用"模型深度"计算钻孔深度

⚙️ **知识点**

◆模型深度

"模型深度"选项将自动计算实体模型中孔的深度作为钻削深度。如果刀具超过孔的直径，则刀具无法进入孔切削。

默认情况下，系统使用"模型深度"选项来确定钻孔的深度值，它能从实体模型中自动计算"孔特征"的深度，不管是盲孔还是通孔，都能准确识别孔的深度。使用"模型深度"选项确定钻孔深度时，需要选择实体模型的圆弧确定钻孔位置。

识别各个孔的加工深度后，重新弹出"Cycle 参数"对话框。由于刀具无法一次钻孔就达到所要求的深度，因此需要指定每次啄钻的深度，使刀具钻削到一定深度后抬起以排屑。如图 1 – 114（a）所示，单击"Step 值 – 未定义"选项，弹出设定步进增量参数的对话框，如图 1 – 114（b）所示，设定"Step #1"为"4"。连续单击 确定 两次，退回到"啄钻"对话框。

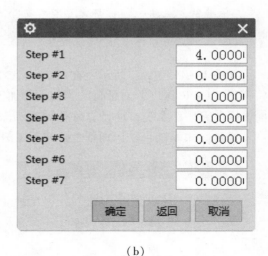

（a）　　　　　　　　　　　　　　　　　　　（b）

图 1 – 114　设定每次啄钻的深度

⚙️ **知识点**

◆Step 值

"Step 值"用以指定循环钻孔时每步钻削的深度，如图 1 – 114（b）所示，最多允许设定 7 个步进值。如果第一个步进值为 0 时，则系统将不会输出步进参数，故必须设定第一个步进值为非零值。若后续的步进值设定为 0 时，则系统默认为前一个步进值。

图 1 – 115 所示是常见啄钻加工的刀具运动示意图。首先，刀具定位到点位上方的安全平面，再快进到最小安全距离的高度。然后，刀具以切削速度钻削到第一个步进值所

定义的深度，完成后退回到最小安全距离的高度。再接着，刀具快进到前一个步进值已钻削的深度，再以切削速度钻削第二个步进值所定义的深度，完成后退回到最小安全距离的高度。如此重复相同的刀具运动，直至钻削到达最后的孔深位置。

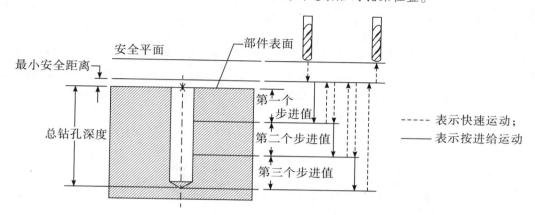

图1-115　步进值在啄钻加工时的应用

步骤4　设定通孔安全距离

如图1-116所示，在"啄钻"对话框的"深度偏置"选项组中，设定"通孔安全距离"为"1"mm。这个参数用于确保刀具的刀肩完全穿过孔的底面，不至于留下残余材料。

图1-116　设定通孔安全距离

⚙ 知识点

◆通孔安全距离

"通孔安全距离"是指刀具肩部穿过底面的距离，如图1-117所示，仅当使用"模型深度"和"穿过底面"方法确定钻削深度时才有效。如果使用"穿过底面"方法确定钻削深度，则必须指定孔底面几何体。

◆盲孔余量

"盲孔余量"是指盲孔底部的剩余材料量，如图1-117所示，理论上它是孔的最深处与刀尖的距离，仅当使用"刀尖深度"和"至底面"方法确定钻削深度时才有效。

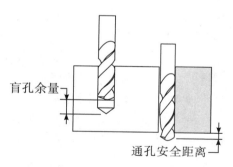

图1-117　通孔安全距离和盲孔余量

步骤5　设定主轴转速

在"啄钻"对话框的"刀轨设置"选项组中，单击进给率和速度图标 🔧 ，将弹出"进给率和速度"对话框。如图1-118所示，在该对话框单击开启"主轴速度"选项检查符，并设定"主轴速度"为"500"rpm。完成设定后，单击该对话框下方的 确定 退回到"啄钻"对话框。

步骤 6　产生刀轨路径

在"啄钻"对话框底部"操作"选项组中，单击生成图标 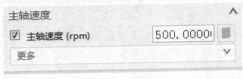，系统就在图形窗口生成了加工深孔的切削刀轨，如图 1－119 所示。在

图 1－118　设定主轴速度

图形窗口中，旋转模型，仔细观察刀具的移动路径，检查是否出现碰撞现象。

当确定刀轨路径正确后，单击"啄钻"对话框底部"操作"选项组下方的 确定 ，退出"啄钻"对话框，就完成了新工序的创建，它将列于主界面资源条的程序组"PROGRAM"中，如图 1－120 所示。

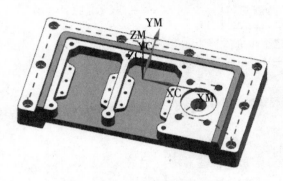

图 1－119　深孔钻的加工刀轨

图 1－120　钻直径 9 mm 通孔的工序

3.　创建加工直径为 22 mm 通孔的工序

步骤 1　新建工序

从 NX 软件程序主界面菜单功能区的"主页"选项卡"插入"工具组中，单击创建工序图标 ，将弹出"创建工序"对话框，如图 1－121 所示。在该对话框将工序"类型"设置为"drill"，单击工序子类型啄钻图标 ，指定工序的位置："程序"为"PROGRAM"、"刀具"为"DRILL_D22（钻刀）"、"几何体"为"WORKPIECE"、"方法"为"DRILL_METHOD"，输入工序名称为"PECK_DRILL_ D22"。完成设定后单击 确定 ，弹出"啄钻"对话框。

步骤 2　指定钻孔位置

在"啄钻"对话框的"几何体"选项组中，单击选择或编辑孔几何体图标 ，将弹出"点到点几何体"对话框。单击"选择"选项，将弹出用来确定钻孔位置方法的对话框。如图 1－122 所示，直接在图形窗口中选择模型右侧直径为 22.5 mm 的圆孔边缘。由于当前刀具只加工一个孔，因此连续单击 确定 两次，退回到"啄钻"对话框。

图 1 - 121　创建啄钻工序

图 1 - 122　选择圆弧确定钻孔位置

步骤 3　设定循环参数

在"啄钻"对话框的"循环类型"选项组中，默认"循环"类型为"标准钻…"。单击编辑参数图标 ，将弹出"指定参数组"对话框，默认设定"Number of Sets"（循环组数量）为"1"，单击 确定 ，弹出"Cycle 参数"对话框。默认情况下，系统使用"Depth - 模型深度"选项来确定钻孔的深度，它能自动判断当前的孔为通孔。

由于刀具无法一次钻孔就达到所要求的深度，因此需要指定每次啄钻的深度。如图 1 - 123（a）所示，单击"Step 值 - 未定义"选项，弹出设定步进增量参数的对话框，如图 1 - 123（b）所示，设定"Step #1"为"4"。连续单击 确定 两次，退回到"啄钻"对话框。

（a）

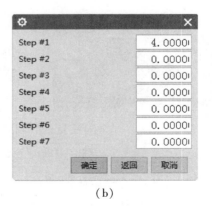

（b）

图 1 - 123　设定每次啄钻的深度

步骤 4　设定通孔安全距离

如图 1-124 所示，在"啄钻"对话框的"深度偏置"选项组中，设定"通孔安全距离"为"2" mm。这个参数用于确保刀具的刀肩完全穿过孔的底面，不至于留下残余材料。

步骤 5　设定主轴转速

在"啄钻"对话框的"刀轨设置"选项组中，单击"进给率和速度"图标 🛠，将弹出"进给率和速度"对话框（参见图 1-94）。在该对话框单击开启"主轴速度"选项检查符，并设定"主轴速度"为"200" mmpm。完成设定后，单击 确定 退回到"啄钻"对话框。

步骤 6　产生刀轨路径

在"啄钻"对话框的底部"操作"选项组中，单击生成图标 🛠，系统就生成了刀轨路径。下面查看刀具钻穿到底面的情况。如图 1-125 所示，再在"操作"选项组中单击确认图标 🛠，将弹出"刀轨可视化"对话框。

图 1-124　设定通孔安全距离

图 1-125　选择"确认"工具以验证刀轨路径

在工序导航器图形窗口的空白处单击【鼠标右键→定向视图→前视图】，将模型视图切换到前视图。如图 1-126（a）所示，鼠标单击刀轨的最低位置，以使刀具直接定位到最后的加工深度处。可以观察到刀具的刀肩已经穿过孔的底面，如图 1-126（b）所示，这说明不会在孔底留下残余材料。

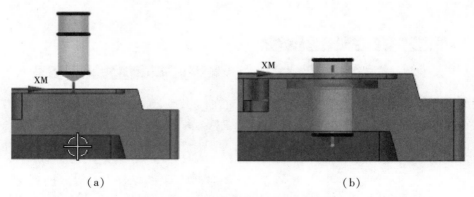

（a）　　　　　　　　　　　　　　　　（b）

图 1-126　查看刀具穿过孔底的情况

当确定刀轨路径正确后，连续单击"啄钻"对话框底部"操作"选项组下方的 确定 两次，退出"啄钻"对话框，就完成了新工序的创建，它将列于主界面资源条的程序组"PROGRAM"中，如图 1-127 所示。

图 1-127   钻直径为 22 mm 的工序

4．创建加工 M6 螺纹底孔的工序

步骤 1   复制工序

如图 1-128（a）所示，在"程序顺序"视图中，单击工序名"PECK_DRILL_D22"，按鼠标右键→ 复制 。再如图 1-128（b）所示，再次单击工序名"PECK_DRILL_D22"，按鼠标右键→ 粘贴 ，得到新的工序名为"PECK_DRILL_D22_COPY"。

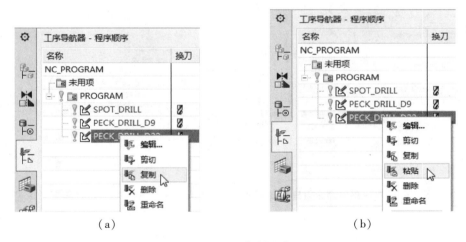

（a）   （b）

图 1-128   复制工序

此时可以观察到，复制的工序名称会自动在原工序名称后面加上"_COPY"（拷贝）。移动鼠标选中复制的工序名，慢速点击鼠标左键两次，如图 1-129 所示，将复制的工序改名为"PECK_DRILL_D5"。

图 1-129   工序重命名

◢◣ 知识点

◆程序顺序

NX 软件提供了丰富的加工对象管理工具，用户可通过三种途径使用这些工具：一是当选中了一个或多个加工对象后，如图 1 – 15 所示，在上边框条中选择【▤ 菜单(M)▾ →工具→工序导航器】的菜单命令；二是当选中了一个或多个加工对象后，如图 1 – 130 所示，在"主页"选项卡中，单击"属性"下拉列表符号"▼"并选择目标工具；三是当选中了一个或多个加工对象后，单击鼠标右键并选择如图 1 – 131 所示的快捷菜单命令。使用何种途径取决于用户个人的操作习惯。以下是以快捷菜单命令的途径为例，对一些常用加工对象管理工具的说明。

图 1 – 130　使用功能区快捷菜单命令管理加工对象

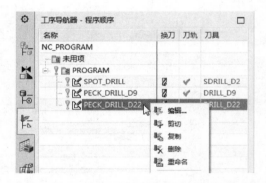

图 1 – 131　使用右键快捷菜单命令管理加工对象

◆编辑

在工序导航器中，先选择目标加工对象，然后按鼠标右键，从弹出的快捷菜单中选择"编辑"，将弹出与所选加工对象相匹配的对话框，允许用户修改它的参数。用户也可以连续快速双击目标对象来编辑它的参数。

◆复制

在工序导航器中，先选择目标加工对象，然后按鼠标右键，从弹出的快捷菜单中选择"复制"，即可将目标对象复制到剪贴板上。已复制的对象将临时放置在剪贴板上，用户可以使用粘贴功能，把它放置在合适的位置。当复制并粘贴后，会得到一个新的加工对象，新对象名称后面自动加上字符"_COPY"，如果继续粘贴，则新对象的名称将会依次添加字符"_1""_2"……，例如"_COPY_1""_COPY_2"……

◆剪切

在工序导航器中，先选择目标加工对象，然后按鼠标右键，从弹出的快捷菜单中选择"剪切",即可将目标对象从工序导航器中剪切并放置到剪贴板上。已剪切的对象将临时放置在剪贴板上,用户可以使用粘贴功能,把它重新放置在合适的位置。在剪切并重新粘贴后,加工对象的名称不会改变。

◆ **粘贴**

在工序导航器中,先选择一个目标节点,然后按鼠标右键,从弹出的快捷菜单中选择"粘贴",即可将剪贴板上的加工对象放置到目标对象的下一个节点。被粘贴的对象与选择的目标节点之间为并列关系,或称"兄弟"关系。被粘贴的对象与目标对象之间需要兼容,如果被粘贴的对象与目标对象的类型不同,则系统将弹出警告信息。

◆ **内部粘贴**

在工序导航器中,先选择一个目标节点,目标节点必须是一个父级组,然后按鼠标右键,从弹出的快捷菜单中选择"内部粘贴",即可将剪贴板上的加工对象放置到一个组内。内部粘贴使得被粘贴的对象与目标节点之间存在"父子"关系。被粘贴的对象与目标对象之间需要兼容,如果被粘贴的对象与目标对象的类型不同,则系统将弹出警告信息。

◆ **删除**

在工序导航器中,先选择一个或多个加工对象,然后按鼠标右键,从弹出的快捷菜单中选择"删除",即可删除选中的对象。删除的对象将从工序导航器中消失。

◆ **重命名**

在工序导航器中,先选择一个加工对象,然后按鼠标右键,从弹出的快捷菜单中选择"重命名",输入对象的新名称并按回车键,即可完成对加工对象的重命名。慢速点击选中的加工对象两次,也可输入新名称进行重命名。

步骤2 编辑复制的工序

由图1-129可以看到,在复制的工序名称前的状态图标为⊘、在"刀轨"列的状态图标为✗、在"刀具"列显示了所使用的刀具是"DRILL_D22",还可以看到复制的工序与原工序的几何体和加工方法也是相同的。这些信息表示复制的工序与原工序具有相同的加工参数,并且不会自动生成刀轨路径。下面将编辑复制的工序改变一些加工参数,使其成为加工M6螺纹底孔的工序并生成刀轨路径。双击工序名"PECK_DRILL_D5",将弹出"啄钻"对话框。

知识点

◆ **工序列状态图标**

工序导航器的各个视图都使用列来说明工序的各种信息,视图不同,所包含的列也不相同。各列的显示内容,有些使用文本显示,有的使用图标显示,还有的使用图标与文本一起显示。如果将鼠标置于列图标上,则系统会显示文本信息,对图标含义进行解释。

工序列状态图标会随工序的改变而改变,以即时反映工序的当前状态。下面将介绍图1-132所示的几个重要的列及其图标含义。

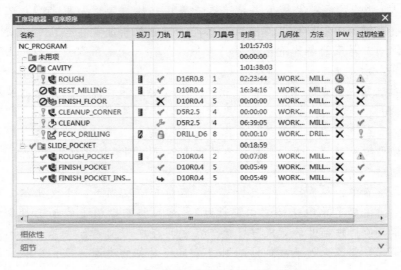

图 1-132   工序导航器中的列状态图标

◆ "名称"列

在"名称"列中，每个工序名称前都有一个状态图标，如果是程序顺序视图，则程序父级组的名称前也有一个状态符号。名称列具有五种状态图标，这 5 种状态图标的说明见表 1-13。

多数情况下，当更改了工序中的某些参数后，工序的状态将变为"重新生成"。例如，如果刀具、几何体或切削参数发生了更改，则工序的状态就会改变，此时必须重新生成刀轨路径，以更新它的状态。对于某些参数，例如进给率、后处理命令，如果修改这些参数，则工序的状态不会改变，此时不必重新生成刀轨路径，可直接重新后处理刀轨即可。

表 1-13   "名称"列的图标说明

图标	图标含义	说　　明
✔	完成	该图标表示工序已经生成了刀轨，并且刀轨已经进行了后处理或输出了"CLS"，在此之后，刀轨尚未被更改
❗	重新后处理	该图标表示工序未输出刀轨，或者是当输出刀轨后工序已经被修改并重新生成了新的刀轨
⊘	重新生成	该图标表示工序未生成刀轨，或者是工序被修改了某些参数而使得原有的刀轨已经过时
🔧	已批准	该图标表示人为批示工序已经完成，而不考虑系统的默认状态。如果程序组中所有工序的状态是已批准，则程序组的状态为已批准
⧗	平行生成	该图标表示工序正在使用"平行生成"的方式生成刀轨

◆ "换刀"列

"换刀"列只显示在程序顺序视图中，图标表示工序所使用的刀具类型，表1-14是这些图标的说明。只有当工序使用的刀具类型或尺寸不同而需要更换刀具时，才会显示刀具类型图标，因此，用户可以快速查看工序所使用的刀具类型。例如，如果前一个工序所使用的刀具为铣刀，而当前工序将要使用的刀具为钻头，则在当前工序的"换刀"列就会显示钻孔类型刀具的图标。

表1-14　"换刀"列的图标说明

图标	图标含义	说　明
	铣刀	该图标表示工序将要使用的刀具类型为铣刀
	钻刀	该图标表示工序将要使用的刀具类型为钻刀
	车刀	该图标表示工序将要使用的刀具类型为车刀
	探头	该图标表示工序将要使用的刀具类型为探测工具

◆ "刀轨"列

"刀轨"列显示一个工序的刀轨状态，表1-15是这些状态图标的说明。

表1-15　"刀轨"列的图标说明

图标	图标含义	说　明
	已生成	该图标表示工序已经生成了刀轨，但刀轨可能包含也可能不包含刀具运动
	无	该图标表示工序尚未生成刀轨，或者刀轨已经被删除
	导入的	该图标表示刀轨是由"CLSF"导入而得。选择【菜单(M)▾→工具→CLSF】，可导入"*.cls"文件的刀轨
	被编辑的	该图标表示刀轨已使用图形刀轨编辑器进行了修改。在工序导航器的空白处，按【鼠标右键→刀轨→编辑】，可弹出"刀轨编辑器"对话框
	怀疑	该图标表示刀轨生成时遇到有疑问的几何体。此刀轨可能有效，也可能无效，因此需要对其仔细检查。先选择此工序，然后单击【鼠标右键→对象→显示】，检查图形窗口中模型显示是否有问题；或者单击【鼠标右键→信息】，信息窗口将给出所遇到情况的描述
	变换的	该图标表示刀轨来自于变换的工序

续上表

图标	图标含义	说　明
▢	被抑制的	该图标表示刀轨已被抑制。它将不被输出，也不会影响工艺毛坯（IPW）。工序导航器将用另一种颜色显示此工序，如灰色
▢	空刀轨	该图标表示已生成刀轨，但不包含有效的刀轨运动。例如，当清根时查找不到凹部或者当型腔铣时没有要切削的工艺毛坯（IPW）。但是，对于专门设计为不包含运动的工序，如机床控制，将不会显示此状态
🔒	已锁定	该图标表示刀轨已经被锁定，当不希望刀轨被覆盖时，例如刀轨在编辑后、版本升级后和清根刀轨切削顺序已调整后，用户可以锁定刀轨

◆ 工艺毛坯列

"IPW"（工艺毛坯）列显示工序的工艺过程毛坯状态，表1-16是这些状态图标的说明。

表1-16　"IPW"列的图标说明

图标	图标含义	说　明
✔	已生成	该图标表示工序已经生成了 IPW，并且处于最新状态
✖	无	该图标表示工序没有生成 IPW
🕐	已过时	该图标表示工序的 IPW 已过时。对位于已过时工序后面的所有工序，也将在"IPW"列中出现此图标

◆ "过切检查"列

"过切检查"列显示刀轨的过切检查状态，表1-17是这些状态图标的说明。

表1-17　"过切检查"列的图标说明

图标	图标含义	说　明
✖	未检查	该图标表示尚未对刀轨进行过切检查，或者自上次检查后已对工序进行了编辑
✔	无过切	该图标表示已对刀轨进行过切检查，未发现任何过切运动
❗	过切	该图标表示已对刀轨进行过切检查，并发现了过切运动
⚠	警告	该图标表示已对刀轨进行过切检查，但结果可能不可靠。例如，由于非均匀的加工余量可能影响了切削效果
✖	错误	该图标表示在过切检查时因缺少部件或检查几何体而导致出错

◆ "时间"列

"时间"列只出现在程序顺序视图中，它显示理论上的刀轨运行时间，显示格式为"小时：分钟：秒"，例如"14：09：20"表示刀轨的切削时间为14小时9分钟20秒。当更改进给率后，时间值将会即时更新。如果工序不存在刀轨，则"时间"列显示为空白。如果工序的状态为重新生成，则显示的时间为先前计算的时间值。父级组显示的时间值为所有工序所需切削时间的总和。

步骤3 改变钻孔位置

在如图1-80所示"定心钻"对话框的"几何体"选项组中，单击选择或编辑孔几何体图标 ，将弹出"点到点几何体"对话框。如图1-133（a）所示，单击"选择"选项，此时在主界面提示行中会提示是否省略原先已指定的点，如图1-133（b）所示，单击"是"选项以重新指定新的钻孔位置。

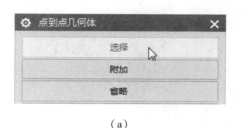

（a）　　　　　　　　　　　　　　（b）

图1-133　重新指定孔的位置

然后，在弹出的指定钻孔位置方法的对话框中，单击"面上所有孔"选项，此时将弹出如图1-134（a）所示的对话框，它允许设定最小和最大直径以过滤符合要求的孔。因为直径为9 mm的孔已经加工，下面将仅加工M6螺纹底孔，因此需要过滤已加工的孔。在如图1-134（a）所示的对话框中，单击"最大直径-无"选项后，在出现的如图1-134（b）所示对话框设定"直径"为"6"，单击 确定 退出。

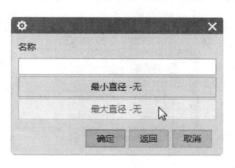

（a）　　　　　　　　　　　　　　（b）

图1-134　设定直径以过滤不要加工的位置

如图1-135所示，在图形窗口中选择模型中的平面，并快速选择此平面上的所有M6螺纹孔。完成选择后，连续点击 确定 两次，退回到"点到点几何体"对话框。

单击"点到点几何体"对话框的"优化"选项，弹出优化方法的对话框，如图1-136（a）所示。在该对话框单击"Horizontal Bands"（水平带）选项，以指定水平带优化钻孔顺序。在出现的如图1-136（b）所示对话框单击"降序"选项，确定在第一个水平带内沿 + X 方向按递减规律来安排钻孔顺序。

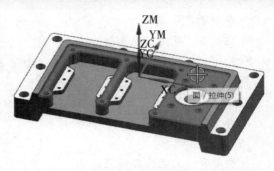

图 1-135　选择平面以快速指定螺纹孔位置

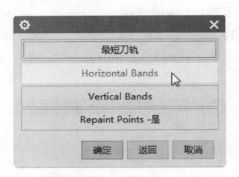

（a）

（b）

图 1-136　选择"水平带"的降序方法优化钻孔顺序

在图形窗口中的空白处，按【鼠标右键→定向视图→俯视图】，将模型视图切换成俯视图。每一条水平带需要指定前后两条平行直线，待加工孔的位置应落在每条水平带内。如图1-137（a）所示，移动鼠标到左下角 M6 螺纹前部的合适位置，单击鼠标左键一次，就可指定一条水平线。再如图1-137（b）所示，移动鼠标到左下角 M6 螺纹后部的合适位置，单击鼠标右键一次，就可指定另一条水平线。

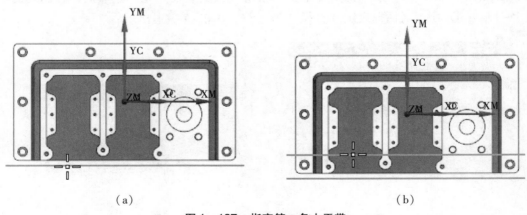

（a）　　　　　　　　　　　　　　　　　　（b）

图 1-137　指定第一条水平带

完成第一条水平带的指定后，主界面提示行会再次提示指定第二条水平带的第一条直线。按同样的操作，如图1-138所示，分别指定第一条直线和第二条直线，总计指定两条水平带。完成水平带的指定后，连续按 确定 两次，退回到"定心钻"对话框。

步骤4 更换加工刀具

移动鼠标单击"啄钻"对话框的"工具"选项组，此时将展开显示。如图1－139所示，单击"刀具"下拉列表符号"▼"，将刀具更换为5 mm的钻刀"DRILL_D5（钻刀）"。

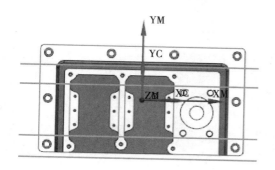

图1－138 指定了两条水平带

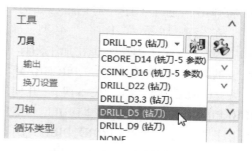

图1－139 更换新刀具

步骤5 设定循环参数

由于当前工序是复制上一个工序得来，因此具有与上一个工序完全相同的循环参数："Number of Sets"（循环组数量）为"1"、"钻孔深度"为"模型深度"、"进给率"为"100"mmpm、"步进量"为"4"mm，当前工序将使用相同的循环参数进行钻孔。

如果需要改变钻孔循环参数，则可在"啄钻"对话框的"循环类型"选项组（见图1－112）中，单击编辑参数图标 后，对循环参数进行编辑具体操作同前面的创建加工直径为22 mm通孔的工序。

步骤6 改变主轴转速

在"啄钻"对话框的"刀轨设置"选项组中，单击进给率和速度图标 ，将弹出"进给率和速度"对话框。设定"主轴速度"为"650"rpm。完成设定后，单击该对话框下方的 确定 退回到"啄钻"对话框。

步骤7 产生刀轨路径

在啄钻对话框底部的"操作"选项组中，单击生成图标 ，NX软件系统生成了加工M6螺纹底孔的刀轨路径，如图1－140所示。将模型设置为半透明状态，旋转模型，仔细观察加工刀轨的特点：刀具从工件前侧最右边的螺纹孔开始加工，加工完前侧的3个螺纹孔后，再移动到上侧加工另外3个螺纹孔，由于使用了"模型深度"方法来确定钻孔的深度，刀具自动钻削到螺纹底孔的深度。

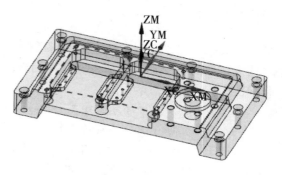

图1－140 加工M6螺纹底孔的刀轨路径

当确定刀轨路径正确后，单击 确定 退出"啄钻"对话框，即完成了对复制工序的编辑，使其成为加工 M6 螺纹底孔的工序。

5. 创建加工直径为 14 mm 沉头孔的工序

步骤1　新建工序

从 NX 软件程序主界面菜单功能区"主页"选项卡的"插入"工具组中，单击创建工序图标 ，将弹出"创建工序"对话框，如图 1 – 141 所示。在该对话框将工序"类型"设置为"drill"，单击工序子类型沉头孔加工图标 ，指定工序的位置："程序"为"PROGRAM"、"刀具"为"CBORE_D14（铣刀 – 5）"、"几何体"为"WORKPIECE"、"方法"为"DRILL_METHOD"，输入工序"名称"为"CBORE_DRILL_D14"。完成设定后，单击 确定 弹出"沉头孔加工"对话框。

图 1 – 141　创建沉头孔加工工序

知识点

◆ **工序子类型：沉头孔加工**

"沉头孔加工"子类型适用于使用锪刀在底孔上加工平底埋头孔。钻沉头孔时，系统会产生标准的循环钻孔动作，刀具一次性钻削到指定的深度。

步骤2　指定钻孔位置

在"几何体"选项组中，单击选择或编辑孔几何体图标 ，将弹出"点到点几何体"对话框。单击"选择"选项，将弹出用来确定钻孔位置方法的对话框，单击"面上所有孔"选项。如图 1 – 142 所示，在主界面的图形窗口中选择模型周边的台阶平面，以快速选择所有直径为 14 mm 的沉头孔。完成选择后，连续单击 确定 两次，退回到"点到点几何体"对话框。

此时可以观察到，孔的加工顺序是无规律的，这会增加刀具作空切移动的距离，降低加工效率。在"点到点几何体"对话框单击"优化"选项，弹出优化加工顺序方法的对话框，如图 1 – 143 所示，单击该对话框的"最短刀轨"选项以优化钻孔的顺序，此时将弹出优化参数的对话框。

如图 1 – 144（a）所示，单击"Start Point – 自动"选项以指定第一个钻孔位置。如图 1 – 144（b）所示，在主界面图形窗口选择模型左侧最靠前的孔圆弧边缘。

如图 1 – 145（a）所示，单击"End Point – 自动"选项以指定最后一个钻孔位置。如图 1 – 145（b）所示，在主界面的图形窗口选择模型右侧最靠前的孔圆弧边缘。

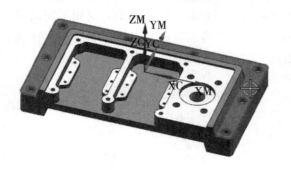

图 1 –142　选择台阶平面以确定钻孔位置

图 1 –143　钻孔顺序的优化方法

（a）

（b）

图 1 –144　指定第一个钻孔位置

（a）

（b）

图 1 –145　指定最后一个钻孔位置

如图 1-146（a）所示，单击"优化"选项，将弹出如图 1-146（b）所示的显示优化结果的对话框，它列出了优化前后刀轨路径长度，明显缩短了刀具移动距离。在该对话框单击"接受"选项，再单击 确定 ，退回到"沉头孔加工"对话框。

（a）   （b）

图 1-146 基于最短距离优化钻孔顺序

◆ 最短刀轨

"最短刀轨"优化方法将以最短移动距离为原则进行刀轨的优化，它将减少刀具空切移动距离，从而减少加工时间。当使用此方法优化孔的钻削顺序时，就会弹出如图 1-146（a）所示的优化参数对话框，表 1-18 是其相关参数选项的简单说明。

表 1-18 "最短刀轨"优化方法的参数选项说明

选 项	说 明
Level （级别）	该选项用来指定优化的级别，选择该选项可在"标准"和"高级"两种级别之间进行切换。如果孔的数量较多时，应该优先选择"高级"级别进行优化
Based on （基于）	该选项用来指定优化时的考虑角度。对于固定轴而言，仅可基于距离进行优化，而对于可变轴而言，可基于刀轴方向和距离进行优化
Start Point （开始点）	该选项允许指定某个孔作为优化后的第一个钻削顺序，可以使用"名称""自动""当前开始点"和"当前结束点"方法作为开始点，也可以直接指定任意孔作为开始点
End Point （结束点）	该选项允许指定某个孔作为优化后的最后一个钻削顺序，可以使用"名称""自动""当前开始点"和"当前结束点"方法作为开始点，也可以直接指定任意孔作为开始点

续上表

选　项	说　明
Start Tool Axis （开始刀轴）	该选项允许指定开始点的刀轴，可以使用"自动""当前刀轴"和"矢量"方法指定开始点的刀轴
End Tool Axis （结束刀轴）	该选项允许指定结束点的刀轴，可以使用"自动""当前刀轴"和"矢量"方法指定结束点的刀轴
优化	选择该选项将开始根据设定的参数进行钻削顺序的优化

当设定优化级别等参数后，单击"优化"选项，系统会弹出如图1-146（b）所示优化结果的对话框，它列出了优化之前和优化之后的刀轨长度和刀轴角度的变化。单击其"显示"选项时，将在图形窗口中显示优化后各孔的钻削顺序。如果不接受当前的优化结果而需要重新设定优化参数，则单击"拒绝"选项。如果接受当前的优化结果，则单击"接受"和 确定 即可。

步骤3　设定循环参数

如图1-147所示，在"沉头孔加工"对话框的"循环类型"选项组中，默认"循环"类型设置为"标准钻…"。单击编辑参数图标 ，将弹出"指定参数组"对话框，默认设定"Number of Sets"（循环组数量）为"1"。单击 确定 弹出"Cycle参数"对话框。

图1-147　设定"循环类型"

如图1-148所示，NC软件系统已经默认使用"Depth-模型深度"选项来计算沉头孔加工的深度，同时也看到进给率已继承了父级组加工方法的进给率值。其他参数不会影响刀轨路径的生成，因此接受为默认设置。连续单击 确定 两次，退回到"沉头孔加工"对话框。

步骤4　设定主轴转速

在"沉头孔加工"对话框的"刀轨设置"选项组中，单击进给率和速度图标 ，将弹出"进给率和速度"对话框。单击开启"主轴速度"选项检查符，并设定"主轴速度"为"250"rpm。完成设定后，单击 确定 退回到"沉头孔加工"对话框。

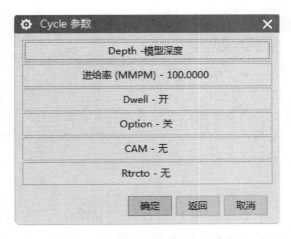

图1-148　沉头孔加工的循环参数

步骤5 产生刀轨路径

在"沉头孔加工"对话框的底部"操作"选项组中,单击生成图标 ,NC 软件系统就生成了加工沉头孔的刀轨路径,如图1-149 所示。可以观察到,刀具从左到右依次完成了周边台阶面上沉头孔的加工。当确定刀轨路径正确后,单击该对话框下方 确定 ,退出"沉头孔加工"对话框,即完成了新工序的创建。

6. 创建加工圆孔倒角的工序

步骤1 新建工序

从 NX 软件程序主界面菜单功能区的"主页"选项卡的"插入"工具组中,单击创建工序图标 ,将弹出"创建工序"对话框。如图1-150 所示,将工序"类型"设置为"drill",单击工序子类型钻埋头孔图标 ,指定工序的位置:"程序"为"PROGRAM"、"刀具"为"CSINK_D16(铣刀-5)"、"几何体"为"WORKPIECE"、"方法"为"DRILL_METHOD",输入工序"名称"为"CSINK_DRILL_D16"。完成设定后,单击 确定 ,弹出"钻埋头孔"对话框。

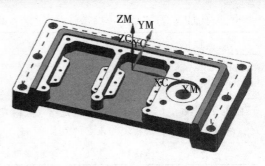

图1-149 沉头孔的加工刀轨

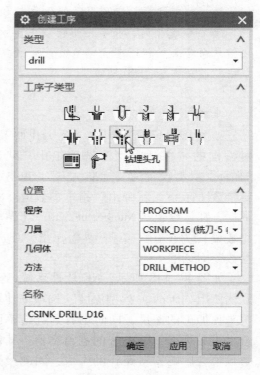

图1-150 创建钻埋头孔工序

⚙ **知识点**

◆ **工序子类型:钻埋头孔**

"钻埋头孔"子类型适用于对已有的底孔加工出锥形埋头孔或者倒斜角。在编程时,需要输入底孔直径和锥孔大端直径,NC 软件系统就能产生标准的循环钻孔动作。

步骤2 设定循环参数

如图1-151 所示,在"钻埋头孔"对话框的"循环类型"选项组中,默认"循环"类型设置为"标准钻,埋头孔…"。单击编辑参数图标 ,将弹出如图1-152 所示的"指定参数组"对话框。

由于要在同一个工序中加工两组不同孔径(直径为 9 mm 通孔和 M6 螺纹孔)的倒斜角,这需要使用两组参数来加工,并在每组参数中设定不同的孔径来确定倒斜角的尺寸。因此,如图1-152 所示,设定"Number of Sets"(循环组数量)为"2"。单击 确定 弹出埋头孔加工的"Cycle 参数"对话框。

图 1-151　设定"循环类型"

图 1-152　设定循环参数组数量

知识点

◆**循环类型：标准钻，埋头孔**

"标准钻，埋头孔…"循环类型将在每个点位激活一个标准钻循环（G81）命令描述刀轨。刀具一次钻孔动作就直接到达指定的深度，该深度由底孔直径和锥面的大端直径确定。

◆**参数组**

在前面已介绍了参数组的数量是 1~5 个。如果一个工序中所有孔都使用一组完全相同的参数进行钻孔加工，则只设定一个参数组即可。在实际应用中，如果一个工序中需要使用不同的参数来钻孔，例如不同的钻孔深度、进给率等，则可以设定多组循环参数，并应用于不同的孔，这样可灵活快速编写加工刀轨。

此时，主界面提示行提示指定第一组循环参数，第一组循环参数将用于加工直径为9 mm 通孔的倒角。如图 1-153（a）所示，单击"Csink 直径-0.0000"选项；如图 1-153（b）所示，设定"Csink 直径"为"10.2"mm，单击 确定 退回到"Cycle 参数"对话框。

（a）

（b）

图 1-153　设定埋头孔的 Csink 直径

如图 1 - 154（a）所示，单击"入口直径 - 0.0000"选项；如图 1 - 154（b）所示，设定"输入直径"为"9"mm，单击 确定 完成第一组循环参数的设定。

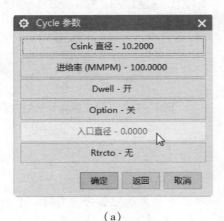

（a）　　　　　　　　　　　　　　　（b）

图 1 - 154　设定埋头孔的入口直径

此时，主界面提示行提示设定第二组循环参数，这一组参数将用于加工 M6 螺纹的倒角。如图 1 - 155 所示，按以上同样的操作，设定加工 M6 螺纹孔倒角尺寸："Csink 直径"为"6"mm、"输入直径"为"5"mm，单击 确定 ，完成第二组循环参数的设定。再单击 确定 ，退回到"钻埋头孔"对话框。

（a）　　　　　　　　　　　　　　　（b）

图 1 - 155　设定加工 M6 螺纹的斜角参数

步骤 3　指定钻孔位置

在"钻埋头孔"对话框顶部的"几何体"选项组中，单击选择或编辑孔几何体图标 ，将弹出"点到点几何体"对话框。单击该对话框"选择"选项，将弹出指定钻孔位置方法的对话框。前面已经说明要使用第一组循环参数来加工直径为 9 mm 通孔的倒角，因此在指定钻孔位置前，应先指定使用哪一组的循环组参数。在指定钻孔位置方法的对话框上部，如图 1 - 156（a）所示，单击"Cycle 参数组 - 1"选项，此时系统会弹出参数组列表的对话框；如图 1 - 156（b）所示，单击参数组列表的对话框中"参数组1"选项并点击 确定 退出。

知识点

◆ 参数组与钻孔位置指定

默认情况下，系统自动将第一组循环参数应用于所有加工的孔。如果一个工序设定了多个参数组，则在指定孔位置前，应先指定使用哪一组循环参数。例如要使用第 2 组参数来钻孔，则先单击"参数组 2"，然后再选择钻孔位置。

（a）　　　　　　　　　　　　　（b）

图 1 -156　指定第一组循环参数组

如图 1 -157 所示，在主界面图形窗口中依次选择直径为 9 mm 通孔的 4 个圆弧倒角边缘，要选择倒角中位置较高的圆弧，也就是孔的入口圆弧。

下面将指定 M6 螺纹孔的倒角加工位置。与指定第一组参数类同，单击"Cycle 参数组 - 1"选项［见图 1 - 158（a）］，再单击"参数组 2"选项［见图 1 - 158（b）］并点击 确定 退出。

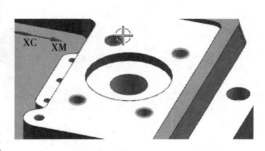

图 1 -157　指定通孔到角的钻孔位置

（a）　　　　　　　　　　　　　（b）

图 1 -158　指定第二组循环参数组

如图 1－159 所示，在主界面图形窗口中选择 M6 螺纹的倒角圆弧边缘，要选择倒角中位置较高的圆弧。由于后面会优化钻孔顺序，因此圆弧的选择顺序无关紧要。

再单击"点到点几何体"对话框的"优化"选项，将弹出优化参数的对话框。

如图 1－160（a）所示，在优化参数的对话框单击"Start Point－自动"选项以指定第一个钻孔位置；如图 1－160（b）所示，在图形窗口选择模型左前侧的 M6 螺纹孔倒角圆弧边缘。

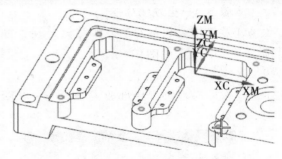

图 1－159　指定 M6 螺纹倒角的钻孔位置

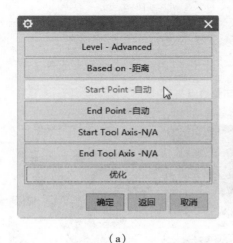

（a）

（b）

图 1－160　指定第一个钻孔位置

图 1－161　指定最后一个钻孔位置

在优化参数的对话框单击"End Point－自动"选项以指定最后一个钻孔位置；如图 1－161 所示，在图形窗口选择右上部的 M6 螺纹孔倒角圆弧边缘。

再在优化参数的对话框单击"优化"选项，将弹出如图 1－162 所示的显示优化结果的对话框，它列出了优化前后刀轨路径长度，可以看到明显缩短了刀具移动距离。连续在显示优化参数的对话框下方单击 确定 两次，退回到"钻埋头孔"对话框。

步骤 4　设定主轴转速

在"钻埋头孔"对话框的"刀轨设置"选项组中，单击进给率和速度图标 🔧，将弹出"进给率和速度"对话框。单击开启"主轴速度"选项检查符，并设定"主轴速度"为"250"rpm。完成设定后，单击 确定 退回到"钻埋头孔"对话框。

图 1－162　显示优化结果

步骤 5　产生刀轨路径

在"钻埋头孔"对话框的底部"操作"选项组中，单击生成图标 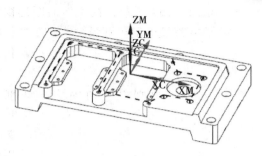，NC 软件系统即生成了加工倒斜角的刀轨路径，如图 1 – 163 所示。通过旋转模型、局部放大等操作，在图形窗口中可以观察到刀轨的路径：从左到右，刀具先加工所指定的第一个 M6 螺纹孔倒角，然后依次加工其余倒角，直至所指定的最后一个 M6 螺纹倒角。虽然各孔的倒角尺寸不同，但因

图 1 – 163　加工埋头孔的刀轨路径

为分别使用了不同的循环参数，因此系统能够生成正确的加工刀轨。当确定刀轨路径正确后，单击 确定 退出"钻埋头孔"对话框，即完成了新工序的创建。

7. 创建加工 M6 螺纹的工序

步骤 1　新建工序

从 NX 软件程序主界面菜单功能区"主页"选项卡的"插入"工具组中，单击创建工序图标 ，将弹出"创建工序"对话框，如图 1 – 164 所示。在该对话框将工序类型设置为"drill"，单击工序子类型攻丝图标 ，指定工序的位置："程序"为"PROGRAM"、"刀具"为"TAP_D6（钻刀）"、"几何体"为"WORKPIECE"、"方法"为"DRILL_METHOD"，输入工序"名称"为"TAP_ DRILL_ M6"。完成设定后，单击 确定 弹出"攻丝"对话框。

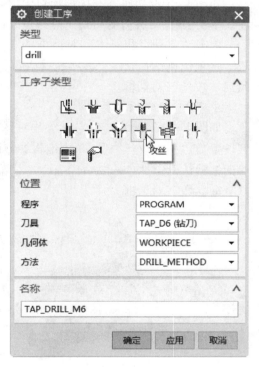

图 1 – 164　创建攻丝加工工序

知识点

◆工序子类型：攻丝

"攻丝"子类型适用于使用攻丝对存在的底孔加工出螺纹。

步骤 2　指定孔的位置

在"攻丝"对话框的顶部"几何体"选项组中，单击选择或编辑孔几何体图标 ，将弹出"点到点几何体"对话框。该对话框单击"选择"选项，将弹出指定钻孔位置方法的对话框。单击该对话框中的"面上所有孔"选项，此时将弹出如图 1 – 165 所示的对话框。下面将仅加工 M6 螺纹，因此需要过滤不需要的孔。单击图 1 – 165（a）中"最大直径 – 无"选项，并在出现的如图 1 – 165（b）所示对话框设定"直径"为"6"mm，单击 确定 退出。

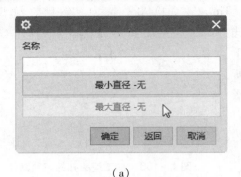

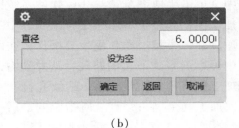

（a）   （b）

图 1 - 165　设定最大直径值过滤不需要加工的孔

如图 1 - 166 所示，在图形窗口中快速选择此平面上的所有 M6 螺纹孔。完成选择后，连续单击 确定 两次，退回到"点到点几何体"对话框。

单击"点到点几何体"对话框的"优化"选项，在弹出的对话框中选择"最短刀轨"选项优化钻孔顺序，并接受默认的优化参数和优化结果，再连续单击 确定 两次，退回到"攻丝"对话框。

步骤 3　设定循环参数

如图 1 - 167 所示，在"攻丝"对话框的"循环类型"选项组中，默认"循环"类型设置为"标准攻丝…"，单击编辑参数图标 🔧，将弹出"指定参数组"对话框。在该对话框默认设定"Number of Sets"（循环组数量）为"1"，单击 确定 就弹出攻丝的"Cycle 参数"对话框。

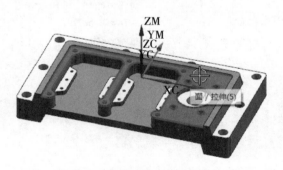

图 1 - 166　选择平面以快速指定螺纹孔位置

图 1 - 167　设定"循环类型"

🔩 知识点

◆循环类型：标准攻丝

"标准攻丝…"循环类型将在每个点位激活一个标准攻螺纹循环（G84），产生的刀轨使刀具首先以切削速度运动到指定孔深位置，然后在主轴反转情况下，刀具以切削速度退回到点位上方的最小安全距离位置。

单击"Cycle 参数"对话框的"Depth（Tip）- 0.0000"选项，然后在弹出的"Cycle 深度"对话框［见图 1 - 168（a）］点击"刀尖深度"，并设定深度为"9"［见图 1 - 168（b）］。单击 确定 ，退回到"Cycle 参数"对话框。

（a） （b）

图 1 - 168 设定 M6 螺纹的攻丝深度

默认情况下，进给率是按分钟（mmpm）的单位进行计算的，下面需要改变攻丝的进给率值为按每转毫米（rpm）来计算。如图 1 - 169（a）所示，单击"进给率（MMPM）- 100.0000"选项，弹出"Cycle 进给率"对话框。再单击"切换单位至 MMPR"选项，将进给率转换为按每转毫米的单位进行计算，如图 1 - 169（b）所示，然后设定"MMPR"为"1"。连续单击 确定 ，退回到"攻丝"对话框。

（a） （b）

图 1 - 169 设定攻丝的进给率值

步骤4 设定主轴转速

在"攻丝"对话框的"刀轨设置"选项组中，单击进给率和速度图标 ，将弹出"进给率和速度"对话框。单击开启"主轴速度"选项检查符，并设定"主轴速度"为"200"rpm。完成设定后，单击 确定 ，退回到"攻丝"对话框。

步骤5　产生刀轨路径

在"攻丝"对话框底部的"操作"选项组中，单击生成图标 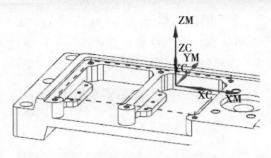，系统就生成了加工 M6 螺纹的刀轨路径，如图 1－170 所示。当确定刀轨路径正确后，单击 确定 退出"攻丝"对话框，即完成了新工序的创建。

图 1－170　加工 M6 螺纹的刀轨路径

8. 创建加工直径为 22.5 mm 通孔的工序

步骤1　新建工序

从 NX 软件程序主界面菜单功能区"主页"选项卡的"插入"工具组中，单击创建工序图标 ，将弹出"创建工序"对话框。如图 1－171 所示，将工序类型设置为"drill"，单击工序子类型镗孔图标 ，指定工序的位置："程序"为"PROGRAM"、"刀具"为"BORE_D22.5（钻刀）"、"几何体"为"WORKPIECE"、"方法"为"DRILL_METHOD"，输入工序"名称"为"BORE_DRILL_D22.5"。完成设定后，单击 确定 弹出"镗孔"对话框。

图 1－171　创建镗孔工序

知识点

◆ 工序子类型：镗孔

"镗孔"子类型适用于对存在的底孔进行镗孔。在实际加工时，刀具在到达孔底后，主轴将停止转动，然后快速退出工件。

步骤2　指定钻孔位置

在"镗孔"对话框顶部的"几何体"选项组中，单击选择或编辑孔几何体图标 ，将弹出"点到点几何体"对话框。单击"选择"选项，将弹出用来确定钻孔位置方法的对话框。如图 1－172 所示，在图形窗口中选择模型右侧的圆孔边缘。由于当前刀具只加工一个孔，因此连续在图 1－81（b）所示的确定钻孔位置方法的对话框下方单击 确定 两次，退回到"镗孔"对话框。

步骤3　设定循环参数

如图 1－173 所示，在"镗孔"对话框的"循环类型"选项组中，默认"循环"类型设置为"标准镗…"。单击编辑参数图标 ，将弹出"指定参数组"对话框，默认设定"Number of Sets"（循环组数量）为"1"，单击 确定 ，弹出"Cycle 参数"对话框（见图 1－174）。

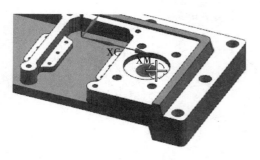

图 1－172　选择圆弧确定钻孔位置　　　　　图 1－173　设定"循环类型"

如图 1－174 所示，默认情况下，NC 软件系统已经使用了"Cycle 参数"对话框中的"模型深度"选项来定义镗孔的深度，它能自动计算实体模型中孔的深度，并且进给率也自动继承了父级加工方法的进给率值。连续在该对话框下方单击 确定 两次，退回到"镗孔"对话框。

步骤 4　设定通孔安全距离

如图 1－175 所示，在"镗孔"对话框的"深度偏置"选项组中，设定"通孔安全距离"为"3"mm。这个参数用于确保镗刀已完全穿过孔的底面，不留下残余材料。

图 1－174　设定循环参数　　　　　　　　图 1－175　设定通孔安全距离

步骤 5　设定主轴转速

在"镗孔"对话框的"刀轨设置"选项组中，单击进给率和速度图标 🔧，弹出"进给率和速度"对话框。单击开启"主轴速度"选项检查符，并设定"主轴速度"为"200"。完成设定后，单击 确定 ，退回到"镗孔"对话框。

步骤 6　产生刀轨路径

在"镗孔"对话框底部的"操作"选项组中，单击生成图标 📍，NC 软件系统就生成了镗孔加工直径为 22.5 mm 通孔的刀轨路径，如图 1－176 所示。当确定刀轨路径正确后，单击 确定 ，退出"镗孔"对话框即完成了新工序的创建。

由于 M4 螺纹孔的加工刀轨编写在操作上与 M6 螺纹孔的大体相同，这里就不再重复，用户可尝试独立编写它的加工刀轨。至此，已经完成了底座零件中所有孔的加工编程工作，所创建的加工工序将列在主界面的资源条工序导航器中，其中在程序顺序视图中的列表顺序将是实际加工的顺序，如图 1–177 所示。在程序顺序视图中可以看到每一个工序的名称、所用的刀具、是否已经生成了刀轨路径、要加工哪一个

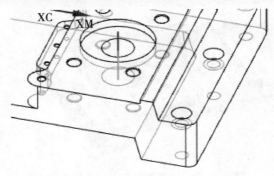

图 1–176　镗孔加工的刀轨路径

工件几何体和属于哪一个加工方法，以及各个工序和所有工序的理论切削时间。

名称	换刀	刀轨	刀具	刀具号	时间	几何体	方法
NC_PROGRAM					00:16:23		
未用项					00:00:00		
PROGRAM					00:16:23		
SPOT_DRILL		✔	SDRILL_D2	0	00:01:25	WORKPIECE	DRILL_METHOD
PECK_DRILL_D9		✔	DRILL_D9	0	00:06:43	WORKPIECE	DRILL_METHOD
PECK_DRILL_D22		✔	DRILL_D22	0	00:00:24	WORKPIECE	DRILL_METHOD
PECK_DRILL_D5		✔	DRILL_D5	0	00:01:18	WORKPIECE	DRILL_METHOD
CBORE_DRILL_D14		✔	CBORE_D14	0	00:01:17	WORKPIECE	DRILL_METHOD
CSINK_DRILL		✔	CSINK_D15	0	00:01:23	WORKPIECE	DRILL_METHOD
TAP_DRILL_M6		✔	TAP_D6	0	00:01:42	WORKPIECE	DRILL_METHOD
BORE_DRILL_D22.5		✔	BORE_D16	0	00:00:35	WORKPIECE	DRILL_METHOD

图 1–177　加工底座孔的所有加工工序

1.6　底座的加工仿真

用户可以对某一个或多个工序的加工刀轨进行模拟切削仿真，以检查加工刀轨是否存在过切或碰撞现象。下面将对底座的所有孔加工刀轨进行加工仿真，以验证加工是否正确。

如图 1 – 178 所示，在主界面资源条的程序顺序视图中，选择程序组节点"PROGRAM"，然后从 NX 软件程序主界面菜单功能区"主页"选项卡的"工序"工具组中单击确认刀轨图标🔧，将弹出"刀轨可视化"对话框。

如图 1 – 179 所示，单击该对话框"显示模式"的"2D 动态"。在图形窗口中，将模型摆放到合适位置，以方便观察刀具切削移动情况。

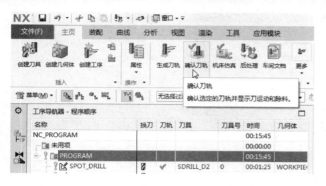

图1-178　在主界面选择程序组进行加工仿真　　　　**图1-179　使用"2D动态"模式进行仿真**

如图1-180所示，在"刀轨可视化"对话框的底部，接受默认的"动画速度"，然后单击播放图标 ▶ 。由于钻孔加工的刀轨路径简单，因此很快就完成了切削仿真。

完成切削仿真动画后，模拟切削情况如图1-181所示。仔细观察有没有出现刀具与工件干涉碰撞现象，当确认正确后，单击"刀轨可视化"对话框底部下方的 确定 或 取消 退出，完成工序的切削仿真。

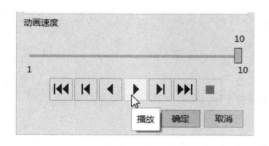
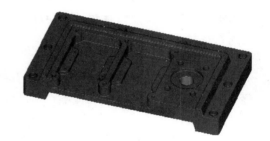

图1-180　选择"播放"按钮开始切削仿真　　　　**图1-181　底座孔加工的切削仿真结果**

知识点

◆刀轨可视化

如图1-182所示，"刀轨可视化"对话框由六个功能部分构成，它们是刀轨列表窗口、运动事件页码、进给率、显示模式、动画速度和动画控制。下面是这些功能选项的说明。

◆刀轨列表窗口

刀轨列表窗口列出了当前刀轨的刀具定位点，当从列表中选择一个运动时，则在图形窗口中将高亮显示该刀轨，并且刀具也将自动显示在相应位置。

◆运动事件页码

在刀轨列表窗口中，无法列出所有刀轨运动，系统将刀轨分成多页列出。例如，在图1-185中显示的刀轨就含有433页，当前显示页码为第1页。运动事件页码列出了当前所有刀轨所包含的总页码数，用户可根据需要拖动滑块浏览目标页码的刀轨。

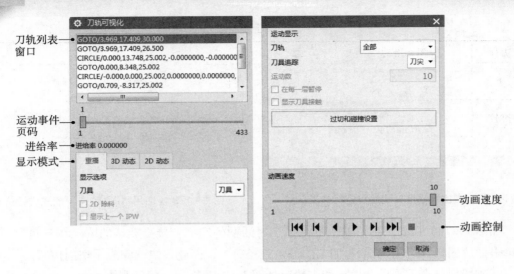

图 1-182 "刀轨可视化"对话框

◆**进给率**

进给率部分显示了当前刀轨运动的进给速率值,例如,在图 1-182 中,刀轨列表窗口列出的当前运动为线性运动(GOTO 语句),而它的"进给率"为 0,表示该运动为快速线性运动。

◆**显示模式**

系统提供了三种显示模式:"重播""3D 动态"和"2D 动态",允许用户对刀轨进行可视化验证刀轨的正确性,用户可以根据实际需要选择一种最适合的显示模式。

◆**动画速度**

动画速度部分提供了一个可供调整刀轨播放速度的滑块,滑块可在数值 1~10 之间进行调整,播放速度将随数值的大小而变化,数值越小则播放速度越慢,反之则播放速度越快。

◆**动画控制**

动画控制部分提供了七个按钮图标,允许用户操纵刀轨的模拟切削仿真。表 1-19 是各种按钮图标的简单说明。

表 1-19 动画控制的图标说明

图标	图标名称	说 明
⏮	退回到上一工序	如果仅对一个工序进行刀轨模拟切削,并且刀具不在刀轨中的第一个运动点,则点击该图标将使刀具退回到第一个运动。 如果对多个工序进行刀轨模拟切削,并且刀具已经位于刀轨中的第一个运动点,则点击该图标将使刀具退回到前一个工序
◀|	单步向后	点击该图标,将按反向回退到刀轨中的前一个运动
◀	反向播放	点击该图标,将按反向顺序连续播放刀轨

续上表

图标	图标名称	说　　明
▶	播放	点击该图标，将按正向顺序连续播放刀轨
▶❘	单步向前	点击该图标，将按正向前进到刀轨中的下一个运动
▶▶❘	前进到下一工序	如果对多个工序进行刀轨模拟切削，则点击该图标，将使刀具前进到下一个工序。 在"重播"模式中，如果是对一个具有多个切削层的工序进行刀轨模拟切削，并且当机构运动的显示设置为"当前层"和打开了"每一层暂停"选项的检查符时，则点击该图标将使刀具直接跳到当前工序的下一个切削层，但不会跳到下一个工序
■	停止	仅当在"反向播放"或"播放"时，该图标才被激活。当点击该图标时，将停止刀轨的播放

1.7　底座的刀轨后处理

实际编程时，可以选择一个工序或多个工序进行后处理，也可以选择一个程序组进行后处理。如果选择多个工序或者一个程序组（含多个工序）进行后处理，则会生成一个 NC 文件。不管是选择一个还是多个工序，或者是选择一个程序组进行后处理，在操作流程上是相同的。下面以选择一个工序为例，介绍加工刀轨后处理的操作流程。

步骤 1　选择要后处理的工序

在主界面资源条工序导航器的程序顺序视图中，选择一个要后处理的工序，例如工序"SPOT_DRILL"，如图 1 –183 所示。然后，从主菜单功能区"主页"选项卡的"工序"工具组中，单击后处理图标，将弹出"后处理"对话框。

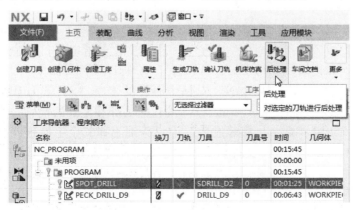

图 1 –183　选择要后处理的工序

步骤2　选择后处理器

如图 1-184 所示，在"后处理"对话框的"后处理器"选项组列表中，选择一个适用于机床和控制器的后处理器，例如"FANUC_UGCAN"。如果选择一个错误的后处理器，则刀轨后处理所生成的 NC 程序可能会导致机床无法正常运行，严重的甚至会出现碰撞现象。

步骤3　设定 NC 程序的文件名和存放目录

如图 1-185 所示，在"后处理"对话框的"输出文件"选项组中，指定 NC 程序文件的存放目录为"… \mill_parts \finish \"，这也是当前工件模型的存放目录，输入 NC 程序文件的名称为"spot_drill"。默认情况下，输出的 NC 文件与工件模型名称是相同的。在本项目中，输入与工序名称一致的 NC 程序文件名。

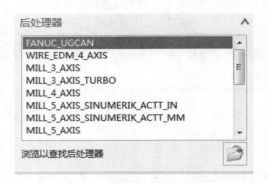

图 1-184　选择后处理器

图 1-185　指定 NC 文件的存放目录和名称

知识点

默认情况下，NX 软件系统会把生成的 NC 程序文件存放在工件模型的所在目录中，如有需要可以单击浏览图标 以指定其他目录。同时，后处理后所生成的 NC 程序文件的扩展名默认为"PTP"，可根据机床系统的要求，定制后处理器参数以自动设定 NC 程序文件的扩展名。因此，在输入 NC 程序的文件名时，可以不输入文件的扩展名。

步骤4　浏览 NC 程序文件

刀轨后处理完成后，所生成的 NC 程序文件将存放于指定的目录中，使用文本编辑器之类的软件，例如记事本和写字板，可以打开 NC 程序文件并阅读，如图 1-186 所示。这是使用后处理器"FANUC_UGCAN"对钻中心孔的工序"SPOT_DRILL"进行后处理后，所生成的 NC 程序文件"spot_drill. NC"的程序头部和尾部的代码。

按同样的操作步骤，在"工序导航器"中，分别选择其余工序逐一进行加工刀轨的后处理，并输入对应的 NC 程序文件名，生成机床可执行加工的 NC 程序。

图1-186 NC程序文件spot_drill的程序头和尾部的代码内容

🖇 知识点

NX后处理器是一个包含机床/控制系统信息的处理程序,用于读取刀轨数据并转化为机床可接收的代码,它包括事件生成器、事件处理文件和定义文件三个部分。一个刀轨路径通过不同机床特定的后处理器,可以后处理成为不同机床可执行的NC程序。

◆**事件生成器**

事件生成器是一组应用程序,是NX后处理器的核心模块,它循环遍历整个刀轨事件,并将与事件相关的数据传送到后处理器。一个刀轨事件就是一组数据的集合,它包括事件名、变量名及变量值。NX刀轨事件包括设置事件、机床控制事件、运动事件、循环事件和用户定义事件共五个类型。当完成后处理后,一个刀轨事件将使机床完成一些特定的动作。

◆**事件处理文件**

事件处理文件是一个以"tcl"为扩展名的文本文件,如"Fanuc_UGCAN.tcl",它包含了一系列说明刀轨事件将被如何处理的tcl程序,如图1-187所示,它决定刀轨事件的处理方式,以及定义刀轨数据和事件将会怎样被机床执行。用户可以使用后处理构造器生成事件处理文件。

◆**定义文件**

定义文件是一个以"def"为扩展名的文本文件，如"Fanuc_UGCAN. def"，它包含了一系列与特定机床/控制器相关的静态信息，包括普通机床的属性、机床支持的地址及其属性、一组说明地址如何配合以完成一个机床动作的程序行模板，如图1-188所示。在刀轨后处理时，定义文件将定义事件输出的格式。用户可以使用后处理构造器生成定义文件。

图1-187　事件处理文件　　　　　　　图1-188　定义文件

◆**后处理器的工作原理**

在刀轨后处理时，事件生成器、事件处理文件和定义文件三者相互关联，它们结合在一起把刀轨数据翻译成为机床/控制器可读取和执行的 NC 程序。图1-189 所示为刀轨后处理时的工作原理图，它包括以下几个动作：首先，事件生成器读取整个刀轨数据，从中提取事件及其关联数据，并将事件传送到加工输出管理器（MOM）中。接着，加工输出管理器把事件及其关联数据传送到事件处理文件。然后，事件处理文件确定如何处理事件，并把处理结果传送回加工输出管理器。同时，加工输出管理器读取定义文件以确定处理结果的输出格式，使得符合机床的需要。最后，加工输出管理器把格式化后的输出写到一个指定的文件中，这就是 NC 程序文件。

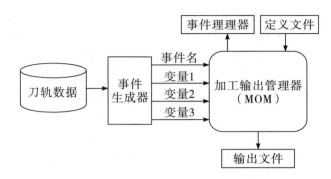

图 1-189　刀轨后处理时的工作原理图

◆ **后处理器的注册**

当生成一个后处理器的事件处理文件（∗. tcl）和定义文件（∗. def）后，需要对其进行注册，才能用来后处理加工刀轨。本书在目录 "⋯\Postprocessor\" 中提供了一个后处理器的定义文件（Fanuc_UGCAN. def）和事件处理文件（Fanuc_UGCAN. tcl）。

NX 软件程序使用一个名称为 "template_post. dat" 的文本文件对后处理器进行注册，这个注册文件存放于 NX 软件程序安装目录下的 "⋯\MACH\resource\postprocessor" 目录中。

先把后处理器的定义文件（Fanuc_UGCAN. def）和事件处理文件（Fanuc_UGCAN. tcl）复制到 NX 软件程序后处理器的默认目录 "⋯\MACH\resource\postprocessor" 中，然后使用记事本或写字板打开注册文件 "template_post. dat"，在独立的一行中例如第一行，如图 1-190 所示，按规定的注册格式书写 "FANUC_UGCAN, ${UGII_CAM_POST_DIR} Fanuc_UGCAN. tcl, ${UGII_CAM_POST_DIR} Fanuc_UGCAN. def"，最后保存注册文件并退出即可。

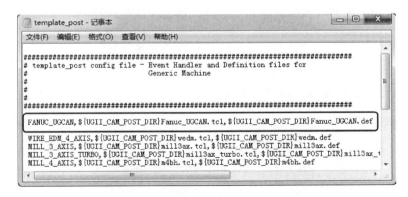

图 1-190　手工注册后处理器

1.8 课外作业

1.8.1 思考题

（1）NX 工序导航器有哪几个视图？它们的作用是什么？

（2）在刀轨后处理后生成的 NX 软件程序中，刀具定位坐标位置是基于什么坐标系生成的？

（3）默认情况下，孔的选择顺序就是孔的钻削顺序，NX 软件程序有哪几种方法可以优化钻孔顺序？

（4）在钻孔时，NX 软件程序提供了哪几种方法可使刀具避开障碍物？

（5）在各种钻孔循环类型中，NX 软件程序提供了哪些方法可以用来确定孔的加工深度？

（6）在编写加工路径时，加工坐标系（MCS）的原点和坐标轴方向必须与工作坐标系（WCS）的完全保持一致吗？为什么？

（7）在一个厚度为 20 mm 的工件模型中，有三个直径为 12 mm 但深度不同的孔，孔的深度分别是 6 mm、8 mm 和 20 mm，小张想创建一个加工工序生成加工这 3 个孔的刀轨路径，请问小张是否可以完成这个加工任务？

（8）在编写具有不同孔径和深度的孔的加工刀轨时，小李需要使用相同的钻削进给率加工这些孔，为避免在每一个工序中进行重复设置，提高编程效率，请你告诉小李应该怎样做？

（9）现需要对一个直径为 8 mm 的孔分两次进行加工，以确保孔的尺寸精度和表面粗糙度。工艺要求：在第一次加工时在孔的表面留单边余量 0.1 mm，在最后一次精加工时加工到要求的孔径尺寸。请你想一想应怎样操作，才能实现这个加工效果？

（10）一个后处理器必须包含哪几个文件？请简述后处理器的工作原理。

1.8.2 上机题

（1）请从目录"…\mill_parts\exercise"中打开工件模型文件"prj_1_exercise_1.prt"，如图 1-191 所示，仔细理解模型结构，然后应用 NX 软件程序创建加工 M4 螺纹孔的加工刀轨。

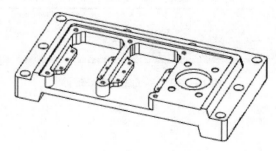

图 1-191　练习题 1

（2）请从目录"…\mill_parts\exercise"中打开工件模型文件"prj_1_exercise_2.prt"，如图 1 - 192 所示，仔细理解模型结构，然后应用 NX 软件程序创建加工直径为 12.5 mm 盲孔和通孔的加工刀轨。

（3）请从目录"…\mill_parts\exercise"中打开工件模型文件"prj_1_exercise_3.prt"，如图 1 - 193 所示，仔细理解模型结构，然后应用 NX 软件程序创建加工直径为 6 mm 盲孔和通孔的加工刀轨。

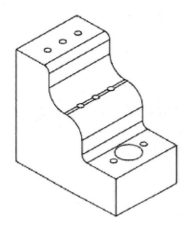

图 1 - 192 练习题 2

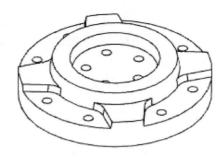

图 1 - 193 练习题 3

项目2
箱体加工编程

2.1 箱体的加工项目

2.1.1 箱体的加工任务

图 2 – 1 是一个箱体零件三维模型，零件材料为 7075 牌号铝合金，表 2 – 1 是箱体零件的加工条件。请分析箱体零件的形状结构，并根据零件加工条件，制定合理的加工工艺，然后使用 NX 软件编写此零件的数控加工 NC 程序。

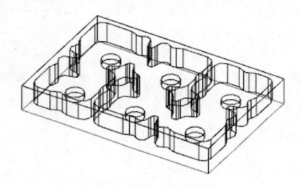

图 2 – 1　箱体零件三维模型

表 2 – 1　箱体零件的加工条件

零件名称	生产批量	材料	坯料
箱体	单件	7075 牌号铝合金	坯料为 140.00 mm × 94.00 mm × 20.50 mm 的长方体，如图 2 – 1 所示

2.1.2 项目实施：导入箱体的几何模型

首先，从目录 "…\mill_parts\start\" 中选择文件 "prj_2_start.prt"，这就是箱体零件的三维模型，本项目将编写此模型的数控加工 NC 程序。

然后，将模型另存至目录 "…\mill_parts\finish\" 中，新文件取名为 "***_prj_2_finish.prt"。其中，"***" 表示学生学号，例如 "20161001"。

在数控加工编程时，有些加工参数是基于工作坐标系（WCS）而设定的，为方便观察，需要在图形窗口中显示 WCS。如果在图形窗口中没有显示 WCS，则可以从上边框条中选择【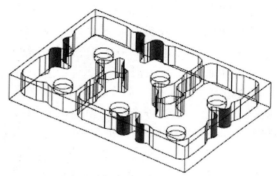 菜单(M)▼ →格式→WCS→ 显示(S)】，此时，工作坐标系（WCS）将显示于零件模型最高平面的中心位置。

2.2　箱体的加工工艺

2.2.1　箱体的图样分析

在加工前，需要对箱体零件进行分析，了解零件模型的结构和几何信息，包括零件的长宽高尺寸、槽的深度和拐角尺寸等，如图 2-2 所示，这些信息用来确定加工工艺的各种参数，尤其是确定刀具尺寸参数。

箱体零件主要由平面和圆柱面构成，形状结构简单，属于典型的平面类工件。箱体零件具有以下两个形状特点：

（1）箱体中槽的底面为平面，侧面与底面保持垂直，槽底面的 6 个圆柱凸台的侧面也垂直于底面、凸台的顶面为水平面，可以使用平面类零件的加工工艺编写加工路径。

（2）如图 2-2 所示，在槽的侧壁面中，有 8 个最小半径为 4.50 mm 的圆柱面拐角，因此需要使用直径小于 9 mm 的刀具进行精加工。

图 2-2　箱体零件的形状结构特点

2.2.2　项目实施：分析箱体的几何信息

1．指定加工环境

从 NX 软件程序主界面菜单功能区中选择【应用模块→ 】，进入加工应用模块，此时会弹出"加工环境"对话框。如图 2-3 所示，从"CAM 会话配置"列表中选择

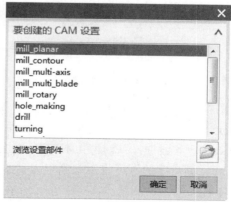

图 2-3　指定加工环境

"cam_general"，从"要创建的 CAM 设置"列表中选择"mill_ planar"，然后单击 确定，完成加工环境的初始化。

知识点

默认情况下的 CAM 设置是"mill_planar"，它包括了机床坐标系（MCS）、工件、程序和用于钻、粗铣、半精铣和精铣的方法，并提供一系列平面加工的工序模板，主要用于平面类工件的加工。

2. 模型几何分析

步骤 1 测量箱体模型的外形尺寸

如图 2-4 所示，从 NX 软件程序主界面菜单功能区"分析"选项卡的"测量"工具组中，单击【更多→〕简单长度】，将弹出"简单长度"对话框。

如图 2-5 所示，选择箱体模型顶平面的长度边缘，此时可查看到箱体的长度为 140.00 mm。先按下键盘的"Shift"键，然后再选择高亮显示的长度边缘，取消选择。

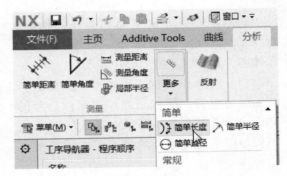

图 2-4 选择"简单长度"工具

如图 2-6 所示，选择箱体模型顶平面的宽度边缘，此时可查看到箱体的宽度为 94.00 mm。先按下键盘的"Shift"键，然后再选择高亮显示的宽度边缘，取消选择。

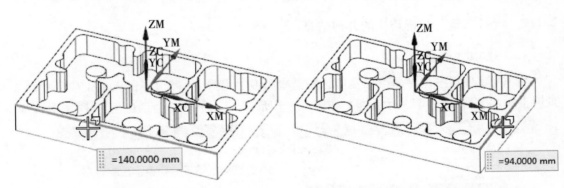

图 2-5 测量箱体模型的长度尺寸   图 2-6 测量箱体模型的宽度尺寸

如图 2-7 所示，选择箱体模型侧面的高度边缘，此时可查看到箱体的高度为 20.50 mm。先按下键盘的"Shift"键，然后再选择高亮显示的长度边缘，取消选择。

如图 2-8 所示，选择箱体中槽侧面的高度边缘，此时可查看到槽的深度为 15.50 mm。测量槽的深度将用来确定刀具的长度。单击 取消 退出"简单长度"对话框，完成箱体有关尺寸的测量。

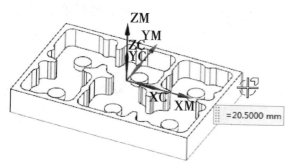

图 2-7　测量箱体模型的高度尺寸

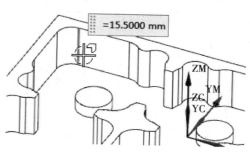

图 2-8　测量槽的深度尺寸

知识点

◆ 简单长度

"简单长度"命令用以计算所选曲线的长度。测量对象可以是直线、圆弧和样条线，也可以是实体或片体上的边缘。可以选择一段或多段曲线。当选择多段曲线时，将测量所有曲线的长度之和。

当单击该命令图标时，将会弹出如图 2-9 所示的"简单长度"对话框。在图形窗口中选择所要测量的对象，则此时会在图像窗口中显示所选测量对象的长度。

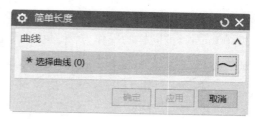

图 2-9　"简单长度"对话框

步骤 2　测量箱体模型中槽侧壁之间的最小距离

如图 2-10 所示，从 NX 软件程序主界面菜单功能区"分析"选项卡的"测量"工具组中，单击简单距离图标 ✎，将弹出"简单距离"对话框。下面需要测量槽侧壁之间的距离尺寸，以帮助确定刀具的直径，刀具直径必须小于侧壁之间的距离，加工后才不会留下残余材料。

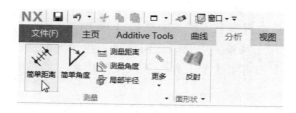

图 2-10　选择"简单距离"工具

如图 2-11（a）所示，先选择凸台圆柱侧面定义起点，再选择侧壁圆柱面定义终点，如图 2-11（b）所示，此时可查看到底座的长度为 12.00 mm。按同样的操作方法，可以查看到其他位置的凸台圆柱侧面与侧壁的最小距离。

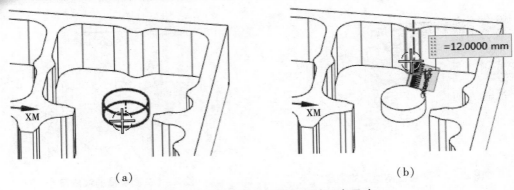

（a）　　　　　　　　　　　　　　（b）

图 2－11　测量凸台与槽侧壁的距离尺寸

在"简单距离"对话框的右上角单击重置图标 ↻ ，此时"起点"组中的"选择点或对象"项呈高亮显示。如图 2－12（a）所示，选择左侧的侧壁平面定义起点，再选择右侧的侧壁平面定义终点，如图 2－12（b）所示，此时可查看到侧壁之间的宽度为22.00 mm。按同样的操作方法，可以测量到模型其他位置的两个侧面之间的距离尺寸。

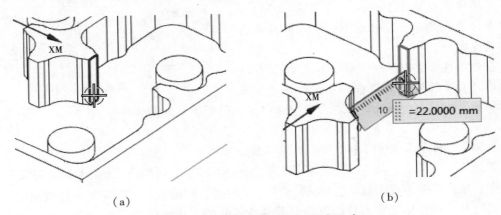

（a）　　　　　　　　　　　　　　（b）

图 2－12　测量槽侧壁之间的距离尺寸

步骤 3　测量箱体模型中各种孔的直径尺寸

如图 2－13 所示，从主界面上边框条中选择【 菜单(M)▾ →分析→ NC 助理 】，将弹出"NC 助理"对话框，它用于从模型中获取几何信息，包括平面的深度、拐角和倒圆角的半径、侧壁面的角度。下面将用这个工具，获取箱体模型中的槽侧壁拐角圆柱面的半径尺寸。

如图 2－14 所示，在"NC 助理"对话框的"要分析的面"选项组中，系统已自动选取了当前模型的所有面。如果鼠标单击"选择面"项时，在图形窗口中会高亮显示已选择的面。如果还没有选取要分析的面，则从模型中选择所要分析的面。

如图 2－15 所示，在"NC 助理"对话框的"分析类型"选项组中，将分析类型设置为"拐角"。使用此分析类型能够获取模型中垂直侧壁的圆柱面半径尺寸。

图 2 - 13　选择 "NC 助理" 菜单选项

图 2 - 14　选取要分析的面

图 2 - 15　指定分析类型

内凹圆柱面的半径将决定精加工时刀具的直径尺寸。如图 2 - 16 所示，在 "NC 助理" 对话框的 "限制" 选项组中，设定 "最小半径" 为 "0"。当最小半径值为 0 时，系统只分析内凹圆柱面的半径尺寸。

图 2 - 16　设定最小半径以分析内凹圆柱面的半径

完成参数设定后，在 "NC 助理" 对话框底部的 "操作" 选项组中，单击分析几何体图标 ，此时模型中的内凹圆柱面会显示不同的颜色，这表示它们的半径尺寸不同。在 "NC 助理" 对话框的 "结果" 选项组中，单击信息图标 ，此时弹出如图 2 - 17 所示的 "信息" 对话框，它列出了不同颜色圆柱面所对应的半径值。

如图 2 - 18 所示，槽的四个拐角圆柱面呈现 Strong Green（绿色），它所对应的半径为 5.50 mm。另外，有 6 个圆柱面呈现 Deep Blue（深蓝色），它所对应的半径为 4.50 mm，而其他圆柱面则呈现 Strong Cyan（青色），它所对应的半径为 6.00 mm。

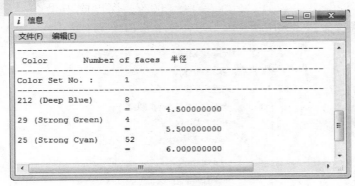

图 2-17　模型分析结果

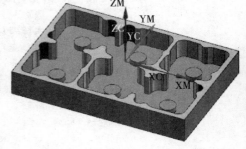

图 2-18　侧壁圆柱面半径分析

知识点

◆NC 助理

使用"NC 助理"命令可以收集加工部件的有关数据信息，包括侧壁的拐角半径、底面和侧壁面的倒圆角半径、侧壁面的倾斜角度和水平面的高度，这些信息可以帮助确定加工刀具的尺寸。分析结果将在模型上进行面着色显示和在信息窗口中显示文本。

NC 助理提供了 4 种分析类型：层、拐角、圆角和拔模，表 2-2 是这些分析类型的简单说明。

表 2-2　分析类型的说明

分析类型	说　　明
层	"层"分析类型用于识别部件中所有平面相对于参考平面的深度，有助于确定正确的刀具长度
拐角	"拐角"分析类型用于识别部件中侧壁的圆柱面半径，有助于确定正确的刀具直径
圆角	"圆角"分析类型用于识别部件中侧壁面与底平面之间形成的圆角半径，有助于确定正确的刀具圆角半径
拔模	"拔模"分析类型用于识别部件中侧壁面的锥角，有助于确定正确的刀具侧刃锥度

2.2.3　箱体的加工方法

在加工箱体零件中的腔时，应确保腔体侧壁面和底平面的加工精度和表面粗糙度，在侧壁面上不能有残余材料，以及在刀具有合理使用寿命的前提下使生产率最高。

确定铣削用量的基本原则是，在允许范围内尽量先选择较大的刀具、较大的进给量，当受到表面粗糙度和铣刀刚性的限制时，再考虑选择较大的切削速度。铣刀较长、较小时，则取较小的切削速度和吃刀量。

为确保腔的尺寸精度和表面粗糙度要求，应先进行粗加工，再进行精加工。根据经验，铣刀加工侧壁时容易过切，因此在粗加工时应在侧壁留较大的余量、在底平面留较小的加工余量。粗加工时，径向切削宽度为刀具直径的 50% ~ 60%，深度吃刀量在 0.5 ~ 2 mm 之间取值。同时，采用螺旋方式切入工件，既可以使切削更稳定，保护刀具，又避免了需预先钻下刀孔。

箱体的工件材料为 7075 牌号的铝合金，常见硬度约为 HB150，其硬度不高，利于切削加工。经查资料可知，当使用高速钢刀具加工 7075 牌号铝合金时，切削速度为 250 ~ 300 mpm、每齿进给量为 0.03 ~ 0.2 mmpz，则铣刀的转速可由以下公式计算求得。

实际的刀具转速和进给率，需要考虑机床刚性、刀具直径、刀具材料、工件材料和刀具品牌等诸多因素而选择经验值。

2.2.4　项目实施：设定箱体的加工方法参数

步骤1　将工序导航器切换到加工方法视图

如图 2 - 19 所示，在 NX 软件程序主界面工序导航器的空白处单击【鼠标右键→ ▦ 】，将工序导航器切换到加工方法视图。

步骤2　设定粗加工方法参数

为防止粗加工过切，需要设定加工余量。在"工序导航器 - 加工方法"列表双击粗加工方法节点名"MILL_ROUGH"，将弹出"铣削粗加工"对话框。如图 2 - 20 所示，在该对话框的"余量"选项组中设定"部件余量"为"0.3"mm，其他参数接受默认设置，单击该对话框下方的 确定 退出。在创建工序时，如果将工序指派到粗加工方法组"MILL_ROUGH"，则该工序将会默认继承这个加工方法的余量值。

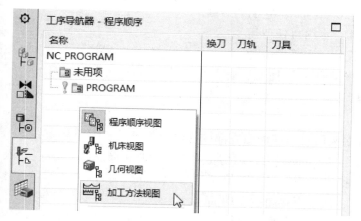

图 2 - 19　将工序导航器切换到加工方法视图

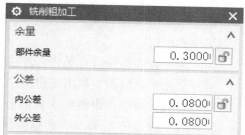

图 2 - 20　设定粗加工方法参数

🔧 知识点

◆ 部件余量

部件余量是指当加工后残留在部件几何体表面的材料厚度。默认情况下，工序将会自动继承加工方法的部件余量值。

步骤 3　设定精加工方法参数

在 "加 工 方 法 视 图" 的 最 高 节 点
"METHOD" 组，双击精加工方法节点名
"MILL_FINISH"，弹出 "铣削精加工" 对话框。
如图 2 - 21 所示，在该对话框的 "余量" 选项
组中设定 "部件余量" 为 "0"，其他参数接受
默认设置。完成设定后，单击 <kbd>确定</kbd> 退出。一般
精加工时，都不会预留加工余量，而是直接加工
到图纸要求的设计尺寸。

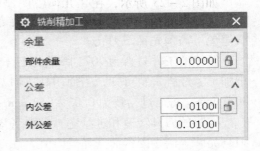

图 2 - 21　设定精加工方法参数

2.3　箱体的工件安装

2.3.1　箱体的工件装夹

工件在加工中心进行加工时，应根据工件的形状和尺寸选用正确的夹具，以获得可靠的定位和足够的夹紧力。工件装夹前，一定要先将工作台和夹具清理干净。夹具或工件安装在工作台上时，要先使用量表对夹具或工件找正找平后，再用螺钉或压板将夹具或工件压紧在工作台上。

箱体零件的坯料为长方体形状，如图 2 - 22 所示，
坯料尺寸为 140.00 mm×94.00 mm×20.50 mm，它的
6 个外表平面已加工到零件要求的尺寸。本项目任务需
要加工零件中的槽，由于工件尺寸不大，毛坯材料为
铝合金，切削性良好，切削力不大，又是单件加工，
因此可采用虎钳装夹，需要确保刀具移动时不会干涉
工件和虎钳。

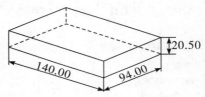

图 2 - 22　箱体的坯料形状

为确保坯料保持水平状态，因此装夹时可以在虎钳底部放置两个等高的长方形垫块，底座周边的台阶面要高出虎钳钳口板至少 3 mm 以上，以防止刀具移动时碰撞虎钳。装夹前，需对虎钳固定钳板在 X 方向进行拖表找正，误差不得超过 0.01 mm。夹紧后，需对箱体顶平面进行 X 和 Y 方向拖表找正，误差不得超过 0.01 mm。

箱体中所有需要加工的面都在同一侧，只需要一次装夹就可完成加工，因此可只设置 1 个编程坐标系。编程原点（即加工坐标系原点或机床坐标系原点）设在箱体顶平面的中心位置，编程坐标系的 X 轴正向指向右侧、Z 轴正向指向向上，如图 2 - 23 所示。

2.3.2　项目实施：指定箱体的加工几何体

步骤 1　将工序导航器切换到几何视图

需要在工序导航器的几何视图中指定加工的几何体。如图 2 - 24 所示，在资源条工序导航器的空白处单击【鼠标右键→ 】，就可将工序导航器切换到几何视图。

如图 2 – 25 所示，在"几何视图"的空白处，单击【鼠标右键→ 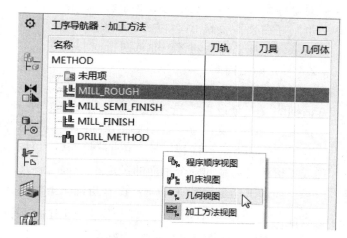 全部展开 】，以扩展显示工件几何体父级组节点"WORKPIECE"。

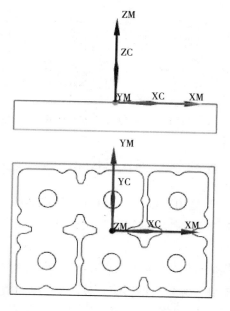

图 2 – 23　箱体加工的机床坐标系方位

图 2 – 24　将工序导航器切换到几何视图

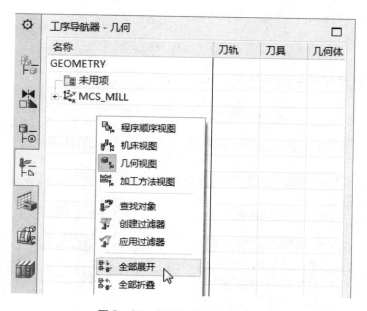

图 2 – 25　扩展显示几何体节点

步骤 2　设定机床坐标系

在工序导航器的几何视图中，双击机床坐标系的节点名"MCS_MILL"，就弹出"MCS 铣削"对话框。由于零件模型顶部平面的中心位置刚好是绝对坐标系的原点，默认情况下，机床坐标系（MCS）是与绝对坐标系重合的，因此机床坐标系（MCS）也刚好在顶平面的中心位置，如图 2－26 所示，并且坐标系的 XM 轴正向指向右侧、ZM 轴正向指向向上。

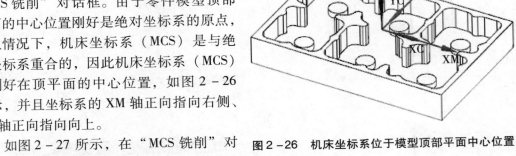

图 2－26　机床坐标系位于模型顶部平面中心位置

如图 2－27 所示，在"MCS 铣削"对话框的"安全设置"选项组中，安全设置选项已经默认设置为"自动平面"，并且"安全距离"为"10"mm，它使得刀具将会抬起到这个高度进行横越运动。单击 确定 或按鼠标中键，退出"MCS 铣削"对话框，就完成了机床坐标系和安全平面的设定。

如果工作坐标系（WCS）没有与机床坐标系（MCS）的方位保持一致，则可以在主界面的上边框条中选择【 菜单(M)▼ →首选项】，弹出"加工首选项"对话框。如图 2－28 所示，在该对话框的"坐标系"选项组中，单击开启"将 WCS 定向到 MCS"选项检查符，然后单击 确定 退出即可。在创建工序时，系统会自动将工作坐标系（WCS）的方位定向到与机床坐标系（MCS）保持一致。

图 2－27　设定安全平面

图 2－28　使工作坐标系与机床坐标系的
　　　　　方位保持一致

步骤 3　指定工件几何体

在工序导航器的"几何视图"中双击工件节点名"WORKPIECE"，将弹出"工件"对话框。单击选择或编辑部件几何体图标 ，将弹出"部件几何体"对话框。如图 2－29 所示，在图形窗口中选择箱体模型，把它定义为部件几何体。单击 确定 退回到"工件"对话框。

单击选择或编辑毛坯几何体图标 ，将弹出"毛坯几何体"对话框〔见

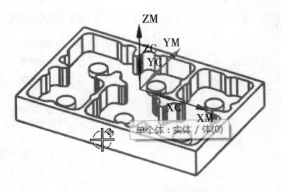

图 2－29　指定部件几何体

图2-30（a）]。由于加工箱体的坯料为长方体，并且6个表面的尺寸已加工到位，因此将毛坯类型设置为"包容块"，并接受默认的限制值为"0"，此时系统会自动计算一个方块体来定义毛坯几何体，如图2-30（b）所示。连续单击 确定 退出，就完成了工件几何体和毛坯几何体的指定。

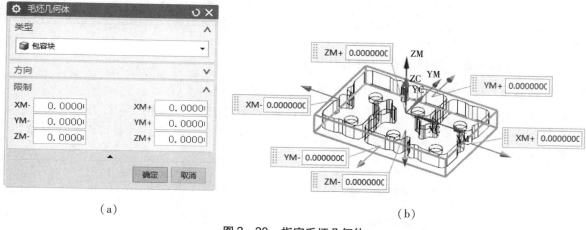

（a）   （b）

图2-30 指定毛坯几何体

知识点

◆包容块

"包容块"将创建一个包裹部件几何体的方块体，并可设定限制值以控制方块体的长、宽和高的尺寸。默认情况下，方块体的长、宽、高方向与工作坐标系（WCS）的坐标轴方向一致。

2.4 箱体的加工刀具

2.4.1 箱体加工的刀具选择

数控加工的刀具选用要考虑众多因素，包括机床性能、工件材料、切削用量、加工形状和经济成本等。刀具选择的基本原则是安装调整方便、刚性好、耐用度和精度高。在满足加工要求的前提下，尽量选择长度较短的刀柄，以提高加工刚性。

图2-1所示的箱体零件的材料是铝合金，材料硬度不高，切削性良好，因此可以使用高速钢或者硬质合金刀具。综合考虑各种实际因素，表2-3列出了加工该箱体零件所使用刀具的规格和数量。

表2-3 加工箱体零件的刀具规格和数量

序号	刀具材料	数量	刀具直径/mm	刀尖半径/mm	刀具用途说明
1	高速钢铣刀	1	10	0	粗加工箱体的槽
2	高速钢铣刀	1	10	0	精加工槽的侧壁和底平面
3	高速钢铣刀	1	8	0	切除侧壁的残余材料

2.4.2 项目实施：创建箱体的加工刀具

步骤1 将工序导航器切换到机床视图

将工序导航器切换到机床视图，可方便查看所创建的刀具。如图2-31所示，在上边条的空白处，单击鼠标右键，在出现的选项卡点击机床视图图标 ，就可将工序导航器切换到机床视图。

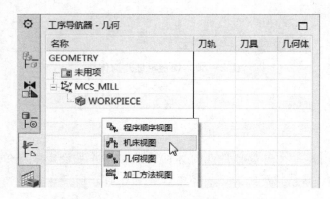

图2-31 将工序导航器切换到"机床视图"

步骤2 创建直径为10 mm的铣刀

如图2-32所示，在机床视图中，选中节点"GENERIC_MACHINE"并按【鼠标右键→插入→刀具...】，即弹出"创建刀具"对话框。

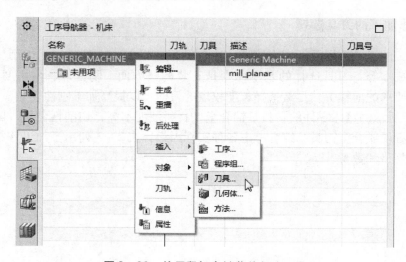

图2-32 使用鼠标右键菜单创建刀具

如图2-33所示，先将刀具"类型"设置为"mill_planar"，再单击刀具子类型 MILL 图标 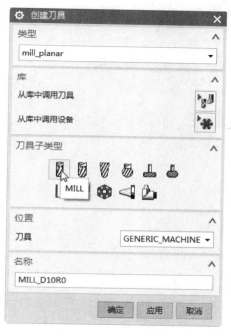，然后输入刀具"名称"为"MILL_D10R0"。完成设定后，单击 确定 ，弹出"铣刀-5参数"对话框。

一般来说，不是所有铣刀的参数都会用来计算刀轨路径，例如刀刃长度、刀刃数量等，因此出于快速创建刀具的角度考虑，只设定关键的刀具参数即可，例如直径和半径，而其他参数则可接受默认设置。如图2-34所示，在"铣刀-5参数"对话框的"尺寸"选项组中，设定铣刀的"直径"为"10"mm。

在机床加工时使用自动换刀，可以减少人工换刀消耗的额外时间。如图2-35所示，在"编号"选项组中，分别设定"刀具号""补偿寄存器"和"刀具补偿寄存器"均为"1"。通常情况下，"补偿寄存器"和"刀具补偿寄存器"应与"刀具号"保持一致。

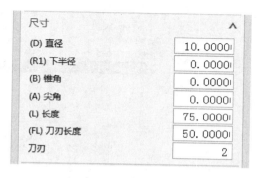

图2-34　设定铣刀参数

图2-33　创建铣刀工序

图2-35　设定刀具号和补偿寄存器

其他参数均接受默认设定，单击 确定 退出，即完成了刀具的创建，如图2-36所示。在实际加工时，为确保加工质量和表面粗糙度要求，即使粗加工和精加工的刀具直径相同，也不会使用同一把刀具，但在加工编程时，则可以使用同一把刀具编写粗加工和精加工的加工刀轨。因此这里就没有生成用于精加工的具有相同直径的刀具。

步骤3　创建直径为8 mm的铣刀

按相同的操作，创建一把直径为8 mm的平底立铣刀，输入铣刀的名称为"MILL_D8R0"。先设定铣刀的直径为8 mm，再设定"刀具号""补偿寄存器"和"刀具补偿寄存器"均为"2"，其他参数均接受默认设定，如图2-37所示。

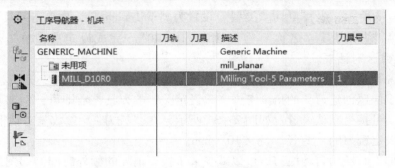

图 2-36　直径为 10 mm 的平底立铣刀

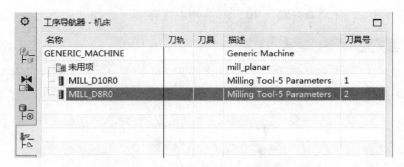

图 2-37　直径为 8 mm 的平底立铣刀

2.5　箱体的加工编程

2.5.1　箱体的加工顺序

箱体零件的加工包括槽和孔加工。对于槽的加工，按先粗加工再精加工的原则安排加工顺序。表 2-4 列出了箱体加工的工序顺序。

表 2-4　箱体加工的工序顺序

加工顺序		说　　明
第 1 次装夹	1	用直径为 10 mm 的铣刀粗加工槽
	2	用直径为 10 mm 的铣刀精加工槽的底平面和凸台顶平面
	3	用直径为 10 mm 的铣刀精加工槽和凸台的侧面
	4	用直径为 8 mm 的铣刀切除侧壁的残余材料

2.5.2　项目实施：创建箱体的加工工序

工序导航器的程序顺序视图真实反映工序的实际执行顺序。如图 2-38 所示，在资源条工序导航器的空白处按【鼠标右键→程序顺序视图】，即可将工序导航器切换到程序顺序视图。

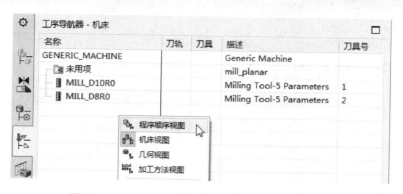

图2-38　将工序导航器切换到"程序顺序视图"

1．创建粗加工槽的工序

步骤1　新建工序

在工序导航器的程序顺序视图中，如图2-39所示，选择程序组节点"PROGRAM"，单击【鼠标右键→插入→工序】，即弹出"创建工序"对话框。

如图2-40所示，首先将工序类型设置为"mill_planar"，单击工序子类型底壁加工图标，然后指定工序的位置："程序"为"PROGRAM"、"刀具"为"MILL_D10R0（铣刀-5）"、"几何体"为"WORKPIECE"、"方法"为"MILL_ROUGH"，最后输入工序"名称"为"rough"。完成设定后，单击　确定　弹出"底壁加工"对话框。

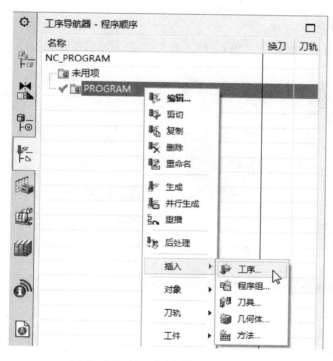

图2-39　使用右键菜单创建新工序

图2-40　创建底壁加工工序

⚙ 知识点

◆工序类型：mill_planar

工序类型"mill_planar"适用于加工面的法向与刀轴平行的那些平面，常常应用于加工平面类工件。对于侧壁是曲面或是斜面的工件，一般不适宜应用平面加工的工序编写刀轨。

◆工序子类型：底壁加工

"底壁加工"子类型适用于在实体模型上对切削区域及其侧壁进行加工。

步骤2　指定加工几何体

如图 2–41 所示，在"几何体"选项组中，可以看到几何体父级组为"WORKPIECE"，且"指定部件"项的图标呈灰色显示，这表示当前工序自动继承了父级组"WORKPIECE"的部件几何体，单击显示图标 🔦，此时在图形窗口将会高亮显示部件几何体。

下面需要进一步指定刀具要切削加工的区域。单击选择或编辑切削区域几何体图标 🔲，将弹出"切削区域"对话框。

如图 2–42 所示，"选择方法"已默认设置为"面"，在图形窗口中选择箱体槽的底平面和六个圆形凸台的顶平面。完成选择后，单击 确定 退回到"底壁加工"对话框。

图 2–41　指定切削区域底面几何体

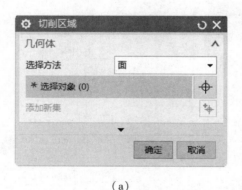

（a）

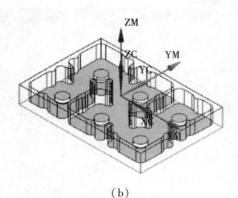

（b）

图 2–42　选取槽的底平面和凸台顶平面定义切削区域

⚙ 知识点

◆切削区域

"切削区域"用以从部件几何体中指定要加工的部分面。指定切削区域之前，必须先指定部件几何体，选定用于定义切削区域的面必须包含在部件几何体中。

步骤3 设定切削模式和步距

如图2-43所示,在"刀轨设置"选项组中,将"切削模式"设置为"跟随部件"、"步距"设置为"刀具平直百分比",并设定"平面直径百分比"为"50"。

图2-43 "底壁加工"对话框的"刀轨设置"选项组

知识点

◆ 跟随部件

"跟随部件"切削模式使系统尽可能将所有部件几何体(包括外轮廓和内轮廓)都偏置相同数量的步距而产生切削刀路,如图2-44所示,当遇到偏置路径相交时,系统将修剪多余的路径。"跟随部件"切削模式适用于区域切削。

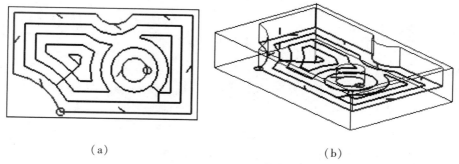

(a)　　　　　　　　　　(b)

图2-44 跟随部件切削模式

"跟随部件"切削模式是从整个部件几何体进行偏置来产生切削路径,它不管部件几何体定义的是周边环、岛屿还是型腔,都可以保证刀具沿着整个部件几何体进行切削。因此,"跟随部件"切削模式比较适合带有岛屿的区域加工,可有效减少需要清除的岛屿周边留量。

◆ 刀具平直百分比

"刀具平直百分比"方式允许设定刀具直径的百分比值来计算连接刀路之间的步距。如果设定的步距值无法均分切削区域,则系统将自动减少步距值以保持恒定的步距。对于球头铣刀,系统使用整个刀具直径计算步距,而对于如图2-45所示的牛鼻刀,则使用 $D-2R_1$ 作为有效刀具直径计算步距。

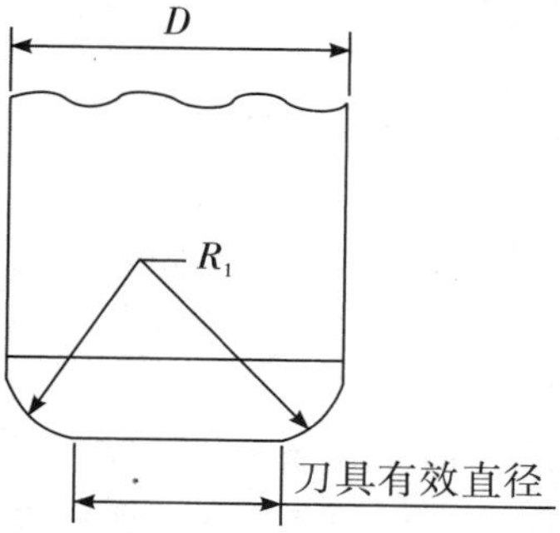

图2-45 牛鼻刀

步骤4 设定切削移动参数

下面需要进一步指定其他切削参数,以生成合理的刀轨路径。如图2-46所示,在"底壁加工"对话框的"刀轨设置"选项组中,单击切削参数图标 ,将弹出"切削参数"对话框。

当前工序用于粗加工切除毛坯材料，需要指定刀具理论上的切削量。选择"切削参数"对话框的"空间范围"选项卡，如图 2-47 所示，在"毛坯"选项组中，将"毛坯"设置为"毛坯几何体"，NC 软件系统将使用在父级几何体组"WORKPIECE"所定义的毛坯几何体来定义理论上要切除的毛坯材料。

图 2-46　指定"切削参数"

刀具在切削底面时，同时也要考虑槽的侧壁，因此需要使用槽的侧壁来计算刀轨路径。在"切削参数"对话框的"切削区域"选项组中，将"切削区域空间范围"设置为"壁"。

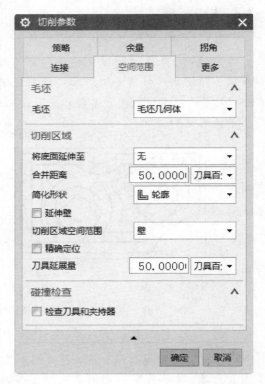

图 2-47　使用毛坯几何体计算切削量

知识点

◆ 毛坯：毛坯几何体

"毛坯几何体"选项将使用由几何体节点"WORKPIECE"所指定的毛坯几何体来定义刀具要切削的材料。毛坯几何体的体积减去部件几何体的体积，就是刀具理论上要切削的材料量。

◆ 切削区域空间范围

切削区域空间范围提供了"底面"和"壁"两个参数选项，可基于底面或壁几何体来确定刀轨空间范围。如果使用"底面"选项时，刀具仅在底面的竖直方向产生加工刀轨，而当使用"壁"选项时，将在竖直方向跟随壁几何体来产生加工刀轨。"壁"选项更适用于加工可忽略底面几何体或没有底面腔体的场合。

为确保加工质量和防止刀具过切，需要在槽的底部和侧壁留余量。选择"切削参数"对话框的"余量"选项卡，如图 2-48 所示，在"余量"选项组中，可以看到"部件余量"已经自动继承了父级加工方法"MILL_ROUGH"的"部件余量"为"0.4"，设定"最终底面余量"为"0.1"，加工底平面时不容易过切，可以预留较少的余量。其他切削参数接受默认设置，单击 确定 ，退回到"底壁加工"对话框。

知识点

◆ 最终底面余量

"最终底面余量"用以指定在加工后残留在底面几何体上未切削的材料量（厚度，从底面平面沿刀轴方向测量），见图 2-49 所示。

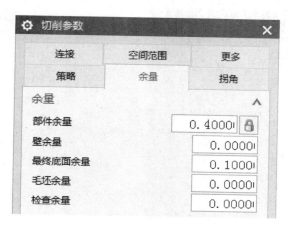

图2-48 设定加工余量

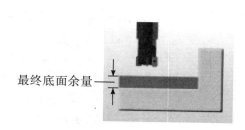

图2-49 最终底面余量

步骤5 设定切削层参数

由于箱体的槽较深，刀具无法使用一个切削层就切除这些材料，因此需要进行分层切削。如图2-50所示，在"切削区域"对话框的"刀轨设置"选项组中，设定"每刀切削深度"为"1"。

知识点

◆每刀切削深度

"每刀切削深度"用以设定每一个切削层的深度。系统将使用此参数去均分由"底面毛坯厚度"定义的切削厚度，以确定切削层的数量。如果"底面毛坯厚度"值为0，则系统只会在切削区域平面产生一个切削层刀轨。

步骤6 设定非切削移动参数

如图2-51所示，在"切削区域"对话框的"刀轨设置"选项组中，单击非切削移动图标 🔲，将弹出"非切削移动"对话框。

图2-50 设定切削层深度

图2-51 指定非切削移动参数

选择"进刀"选项卡，如图2-52所示，在"封闭区域"选项组中，将进刀类型设置为"螺旋"，并设定"斜坡角"为"3"、"高度"为"1"。其他参数接受默认设置，单击 确定 退回到"底壁加工"对话框。

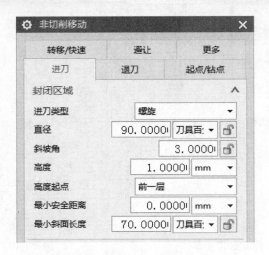

图2-52　设定封闭区域的进刀类型及参数

知识点

◆ **进刀类型：螺旋**

"螺旋"进刀类型将产生一个螺旋线形状的刀路，如图2-53所示，刀具从进刀点开始按指定的螺旋角度作螺旋线运动，直至到达切削层的开始切削点为止。

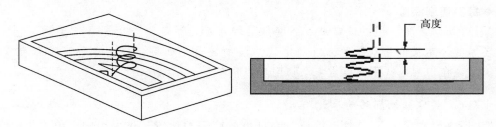

图2-53　螺旋进刀类型

◆ **斜坡角**

"斜坡角"是指刀具切入材料时进刀路径的角度，它是在垂直于部件表面的平面中进行测量的，如图2-54所示。"斜坡角"仅允许在0°~90°范围内取值。

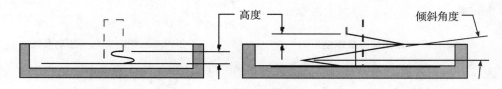

图2-54　斜坡角和高度

◆ **高度**

"高度"是指刀具开始进刀时进刀点与参考平面的距离，它确定了进刀点的高度位置。系统提供了 3 种方法确定参考平面的位置："当前层""前一层"和"平面"，可根据实际情况指定一种最适合的方法。

步骤7　设定主轴转速和进给

如图 2－55 所示，在"底壁加工"对话框的"刀轨设置"选项组中，单击进给率和速度图标 🐾，即弹出"进给率和速度"对话框。

如图 2－56 所示，在"进给率和速度"对话框的"主轴速度"选项组中，单击开启"主轴速度"选项检查符，并设定"主轴速度"为"2 800"rpm。

如图 2－57 所示，在"进给率"选项组中，首先设定"切削"为"700"mmpm。然后单击"更多"选项组以扩展显示，设定"进刀"为"60"%、"第一刀切削"为"90"%。其他参数接受默认设置，完成设定后，单击 确定 ，退回到"底壁加工"对话框。

图 2－55　指定进给率和速度

图 2－56　设定主轴速度

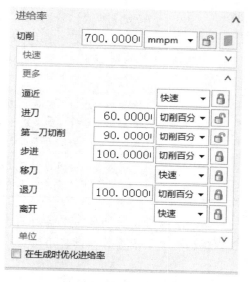

图 2－57　设定各种移动进给率

知识点

◆ 主轴速度和进给

NX 的刀具运动由各种刀具移动类型构成，并且提供了对应的移动进给率参数，以满足特定的加工工艺需要。表 2－5 是这些移动进给率的简要说明。

表 2－5　各种刀具移动进给率参数说明

选　项	说　明
快速	该项是指刀具作快速运动时的进给率。当"快速"进给率为 0 时，系统将在刀轨和 CLSF 中写入后处理器命令"RAPID"（快速），这使得后处理器输出机床相关的快速代码（如：G00）或机床最大进给率

续上表

选 项	说 明
逼近	该项是指刀具从"起点"运动到"进刀"位置的进给率。当"逼近"进给率为0时,刀具将使用"快速"进给率运动
进刀	该项是指刀具从"进刀"位置运动到初始切削位置的进给率,也应用于当刀具抬起后再返回工件时的进给率。当"进刀"进给率为0时,刀具将使用"切削"进给率运动
第一刀切削	该项是指刀具完成进刀移动后进行初始切削的移动进给率。当"第一刀切削"进给率为0时,刀具将使用"切削"进给率。对于单刀路的轮廓铣或标准驱动,忽略第一刀切削进给率,而始终使用切削进给率
步进	该项是指刀具从一条刀路的末端移向下一平行刀路时的进给率。如果刀具从工件表面抬起,则"步进"进给率不适用,因此,"步进"进给率只适用于往复移动的切削模式。当"步进"进给率为0时,刀具将使用"切削"进给率运动
移刀	该项是指当区域之间的传递类型为"前一平面"(而不是"安全平面")时,刀具作水平非切削运动的进给率。当"移刀"进给率为0时,刀具将使用"快速"进给率运动
退刀	该项是指刀具从最终刀轨切削位置到开始"返回"位置的进给率。当"退刀"进给率为0时,如果是线性运动,则刀具使用"快速"进给率退刀;如果是圆弧运动,则刀具使用"切削"进给率退刀
离开	该项是指为退刀、移刀或返回移动时的刀具进给率。当"离开"进给率为0时,刀具将使用"快速"进给率运动

主轴转速和进给的值与工件材料、刀具材料、切削方法、切削量、机床性能和切削工况等因素密切有关,实际应用时应根据实际情况设定合理值。

步骤8 生成和验证刀轨

在"操作"选项组中,单击生成图标，系统就生成了粗加工槽的刀轨路径,如图2-58所示。在图形窗口中,旋转、局部放大模型,仔细观察刀轨路径特点。

下面将进一步验证刀轨路径的正确性。在"操作"选项组中,单击确认刀轨图标，弹出"刀轨可视化"对话框。如图2-59所示,单击"2D动态"模式,然后

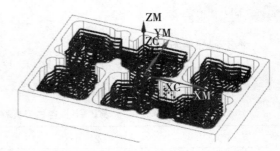

图2-58 生成粗加工槽的刀轨路径

在对话框的底部单击"播放"按钮，此时刀具开始模拟切削仿真。

当切削仿真完成后,在图形窗口中可以看到槽的粗加工结果,如图2-60所示,可以看到刀具已经切除了槽的大部分毛坯材料,显示了槽的基本形状。

重播
3D 动态
2D 动态
显示
比较

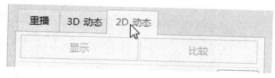

图 2－59　使用“2D 动态”模式进行切削仿真

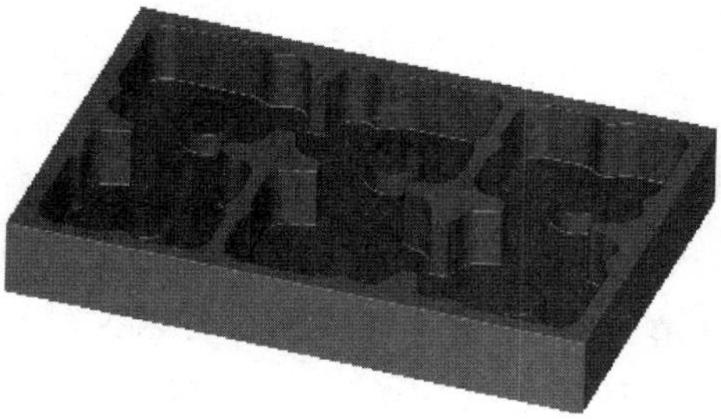

图 2－60　粗加工后的槽

当模拟切削结束后，将激活如图 2－59 所示的“比较”选项，单击该选项，可以看到在槽的侧壁有一层残余材料，后面将创建精加工工序切除这些残余材料。当确认当前粗加工刀轨路径正确后，单击“刀轨可视化”对话框下方的 确定 退出，即完成了新工序的创建，并将此新工序列于主界面资源条的“PROGRAM”之下，如图 2－61 所示。

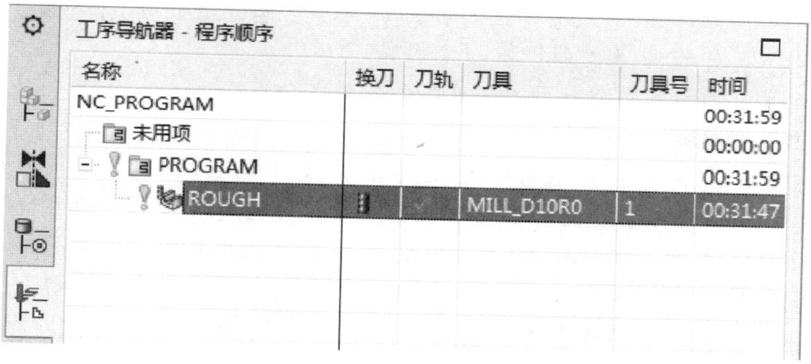
工序导航器 - 程序顺序
名称
换刀
刀轨
刀具
刀具号
时间
NC_PROGRAM
00:31:59
未用项
00:00:00
PROGRAM
00:31:59
ROUGH
MILL_D10R0
1
00:31:47

图 2－61　粗加工槽的工序列入资源条

知识点

“2D 动态”模式是通过显示沿刀轨移动的刀具来模拟材料的切除过程，这种模式的可视化过程和结果是一个基于像素的视图，不能对其进行放大、旋转和平移。应用“2D 动态”模式，在刀轨动画过程中或者在完成后，可以观察到切除的材料、残留的材料和过切的情况。

◆显示

当刀轨动画结束后，系统将会激活“显示”选项。当选择“显示”选项时，系统将会刷新图形窗口，用不同的颜色显示非切削和已加工的区域。当刀轨快速运动碰到材料时，则将以红色高亮显示，警示刀具运动可能不正确。

◆比较

当刀轨动画结束后，系统将会激活“比较”选项。当选择“比较”选项时，系统将对模拟切削的结果与零件设计形状进行比较，并且在图形屏幕中用不同的颜色显示结果，这有助于直观查看刀具在什么位置过切了部件，在什么位置留下了过多的材料。

在"加工首选项"对话框中，选择"可视化"选项卡后将出现"颜色""2D动态颜色"和"IPW颜色"选项组，如图2-62所示，用户可设置2D可视化时各种对象的显示颜色。

图2-62 预设置可视化的颜色

◆**生成IPW**

在"2D动态"模式中，可以控制是否生成工艺过程毛坯（IPW），工艺过程毛坯（IPW）具有三种精度等级："粗糙""中等"和"精细"。只有当指定一种精度等级时，在刀轨动画结束后，系统才允许在当前部件中生成小平面化实体的IPW，或者将IPW保存为一个独立的部件。

如果开启"将IPW保存为组件"选项检查符，则在刀轨动画结束后，系统能够生成小平面化实体的IPW，并作为当前部件的一个组件进行保存，而且自动创建一个引用集存放该小平面化实体。

◆**按颜色显示厚度**

在刀轨动画结束后，选择"按颜色显示厚度"选项时，系统将会使用IPW计算残余材料的厚度，在计算结束后，将在图形窗口的右侧显示彩色代码图，使用不同的颜色表示不同的残余材料厚度，如图2-63所示，这个厚度值表示IPW与工件理论形状之间的最小距离，同时模型也会用对应的颜色着色显示。在计算结束后，也会弹出"厚度-按颜色"对话框，并在"范围颜色和限制"选项组中，列出不同颜色所对应的残余材料厚度值。

在"厚度-按颜色"对话框中，也可以测量指定点位置的残余材料的厚度。当需要测量某点位置剩余材料的厚度时，首先点击"指定点"项使其处于高亮激活状态，然后在模型中选取一个点，NC系统会立刻显示该点的厚度，如图2-64所示。

◆**碰撞检查**

在使用"2D动态"模式进行切削模拟仿真时，可以对刀轨进行干涉检查。如果开启"IPW碰撞检查"选项检查符，则系统将对刀轨中的快速运动是否干涉IPW进行检查并汇报，如果开启"检查刀具夹持器碰撞"选项检查符，则系统将对刀轨是否存在刀具夹持器干涉现象进行检查并汇报。

当选择"碰撞设置"选项时，将弹出如图2-65所示的"碰撞设置"对话框，允许用户控制是否进行其他碰撞检查。如果开启"碰撞时暂停"选项检查符，则当出现碰撞时刀轨将暂停播放，以方便查看刀轨。如果开启"在操作间检查"选项检查符时，则系统允许用户控制是否对从一个工序到下一个工序之间的刀轨运动进行碰撞检查，否则只检查工序中的刀具运动。如果开启"换刀时检查"选项的检查符，则遇到更换刀具时进行碰撞检查。如果开启"刀轴更改时检查"选项检查符，则遇到刀轴变更时进行碰撞检查。

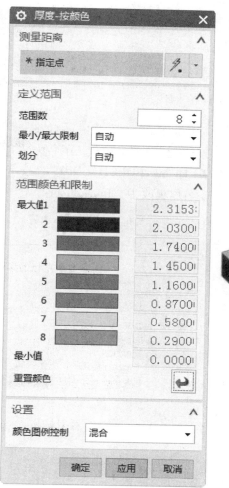
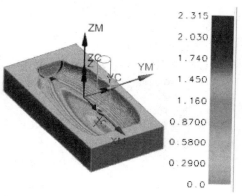

图2-63　按颜色计算残余材料厚度

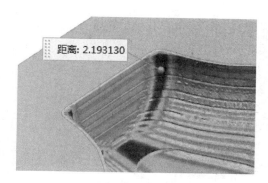

图2-64　指定点测量残余材料的厚度

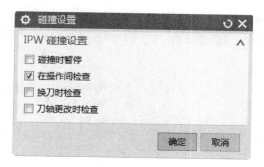

图2-65　"碰撞设置"对话框

◆抑制动画

"抑制动画"选项用于控制是否对刀轨进行动画播放。如果开启该选项检查符，则系统不会显示刀轨的播放过程，而是显示动画的最终结果，并可生成小平面化的体。

2. 创建精加工槽底部的工序

步骤1　复制粗加工槽的工序

在程序顺序视图中，选择工序名"ROUGH"（粗加工），按【鼠标右键→ 复制】。再次选择工序名"ROUGH"，按【鼠标右键→ 粘贴】，得到新的工序名为"ROUGH_COPY"。如图2-66（a）所示，单击选择复制的工序名"ROUGH_COPY"，按【鼠标右键→ 重命名】。如图2-66（b）所示，将工序名称更改为"finish_floor"。

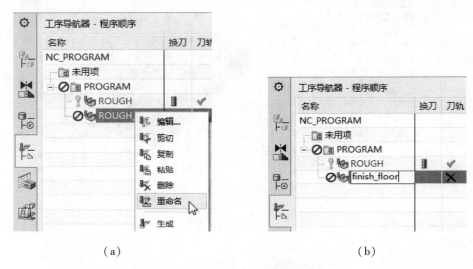

（a）　　　　　　　　　　　　　　　　（b）

图2-66　改变复制工序的名称

步骤2　编辑复制的工序

复制的工序与原工序具有相同的参数，并且不会自动生成刀轨路径。下面将编辑复制的工序，改变一些加工参数，使其成为加工槽底面的工序并生成刀轨路径。如图2-67所示，选择工序名"FINISH_FLOOR"，按【鼠标右键→ 编辑...】，将弹出"底壁加工"对话框。

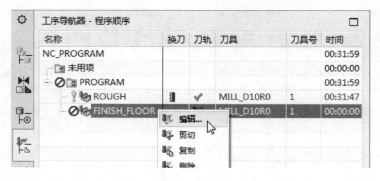

图2-67　编辑工序

步骤 3　更换加工刀具

在加工编程时，可以使用同一把刀具编写粗加工和精加工的刀轨路径，但实际加工时，为确保加工质量，需要更换新刀具用于精加工。先单击"刀具"选项组，再单击"输出"选项组以扩展显示，如图 2 - 68 所示，将"刀具号""补偿寄存器"和"刀具补偿寄存器"均设定为"5"。

步骤 4　更改加工方法

当前工序用于精加工槽的底平面和凸台的顶平面。如图 2 - 69 所示，在"刀轨设置"选项组中，将"方法"设置为"MILL_FINISH"。

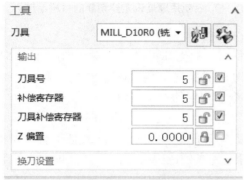

图 2 - 68　设定刀具以更换新刀具

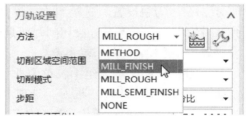

图 2 - 69　改变加工方法

步骤 5　更改切削移动参数

继续在"刀轨设置"选项组中，单击切削参数图标 ⌫ ，将弹出"切削参数"对话框。在槽的粗加工后，槽的底平面和凸台的顶平面上均有一层厚度为 0.1 mm 的残余材料，当前工序将切除这部分残余材料。单击"空间范围"选项卡，如图 2 - 70 所示，在"毛坯"选项组中，将毛坯设置为"厚度"，系统将会计算之前工序加工后的残留材料作为理论上的切削量。

⚙ 知识点

◆毛坯：厚度

"厚度"选项用来设定底面和侧壁面的材料厚度，这定义了理论上刀具要切削的最大材料量。底面的材料厚度通常沿刀轴（+ZM）方向进行计算，而侧壁的厚度则沿水平方向进行计算，如图 2 - 71 所示。

在槽的粗加工后，槽的侧壁留下了 0.4 mm 厚度的残余材料，由于槽的侧壁高度比较高，如果刀具在加工槽底面的同时也切削侧壁的残余材料，将无法确保侧壁的加工质量，因此应设定比粗加工余量稍大的部件余量值，以防止刀具接触侧壁面。在"切削参数"对话框选择"余量"选项卡，如图 2 - 72 所示，设定"部件余量"为"0.5"、"最终底面余量"为"0"。其他参数均接受默认设置，单击 确定 退出"底壁加工"对话框。

图 2-70　指定毛坯

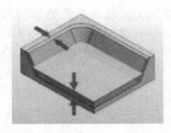

图 2-71　使用厚度设定要切除的材料毛坯

步骤 6　取消分层切削

由于槽的底部平面仅有 0.1 mm 厚度的残余材料，故无须再进行分层切削。如图 2-73 所示，在"刀轨设置"选项组中，设定"每刀切削深度"为"0"。当每刀切削深度值为 0 时，表示刀具不再分层切削，而是产生一个切削层的加工刀轨。

步骤 7　更改非切削移动参数

在"刀轨设置"选项组中，单击非切削移动图标 📇，将弹出"非切削移动"对话框。如图 2-74 所示，在"进刀"选项卡的"封闭区域"选项组中，将"高度起点"设置为"当前层"。其他参数均接受默认设置，单击 确定 ，退回到"底壁加工"对话框。

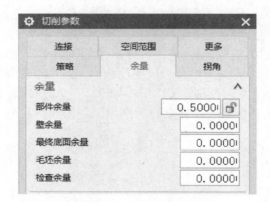

图 2-72　设定切削余量值

图 2-73　设定每刀切削深度值

图 2-74　设定螺旋移动的高度起点

🛠 知识点

◆**高度起点**

"高度起点"用于确定刀具开始进刀时的高度位置。系统提供了三种方法确定高度位置："当前层""前一层"和"平面"，可根据实际情况指定一种最适合的方法。

如图 2-75 所示，切削层 2 为当前切削层，当使用"当前层"方法时，刀具将从当前切削层平面沿刀轴方向计算高度值以确定开始进刀的高度位置；当使用"前一层"方法时，刀具将从前一个切削层平面沿刀轴方向计算高度值以确定开始进刀的高度位置；当使用"平面"方法时，刀具将从指定的平面沿刀轴方向计算高度值以确定开始进刀的高度位置。

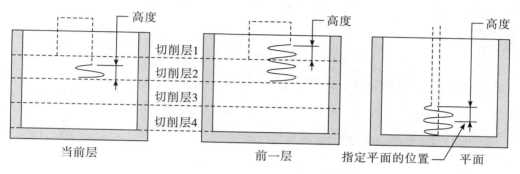

图 2-75 进刀移动的高度起点

步骤 8 更改主轴转速和进给

在"刀轨设置"选项组中，单击进给率和速度图标 🐾，将弹出"进给率和速度"对话框。在"主轴速度"选项组中，设定"主轴速度"为"3 000"rpm。在"进给率"选项组中，设定"切削"为"500"mmpm。完成设定后，单击 确定 退回到"底壁加工"对话框。

步骤 9 产生刀轨路径

在"操作"选项组中，单击生成图标 🏳，系统就生成了精加工槽底面的刀轨路径，如图 2-76 所示。旋转、局部放大模型，观察刀轨路径的特点。当确定刀轨路径正确后，单击 确定 退出"底壁加工"对话框，就完成了工序的编辑。

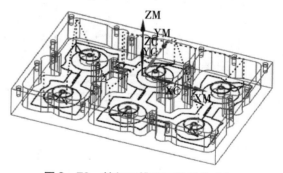

图 2-76 精加工槽底面的刀轨路径

3. 创建精加工槽侧壁的工序

步骤 1 复制精加工槽底面的工序

在工序导航器的程序顺序视图中，复制精加工槽底面的工序"FINISH_FLOOR"，并将复制的工序更名为"FINISH_WALL"，如图 2-77 所示。

步骤 2 编辑复制的工序

复制的工序与原工序具有相同的参数，并且不会自动生成刀轨路径。下面将编辑复制的工序，改变一些加工参数，使其成为加工槽侧壁的工序并生成刀轨路径。双击工序名"FINISH_WALL"，将弹出"底壁加工"对话框。

步骤3　更改切削模式

经过粗加工和底面精加工后，只有槽的侧壁还有残余材料，当前工序就用于切除这些残余材料。如图2-78所示，在"刀轨设置"选项组中，将"切削模式"设置为"轮廓"，这种切削模式将使刀具仅沿着轮廓边界进行移动切削。

图2-77　复制工序　　　　　　　　　　图2-78　更改切削模式

知识点

◆切削模式：轮廓

"轮廓加工"切削模式将产生单个或指定数量的跟随部件几何体（边界）轮廓移动的切削路径，如图2-79所示，主要适用于半精加工或精加工侧壁。

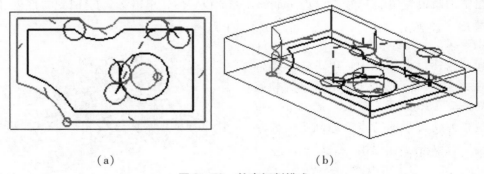

（a）　　　　　　　　　　　　（b）

图2-79　轮廓切削模式

步骤4　更改切削移动参数

在"刀轨设置"选项组中，单击切削参数图标 ，弹出"切削参数"对话框。选择"空间范围"选项卡，如图2-80所示，在"毛坯"选项组中，设置毛坯类型为"毛坯几何体"。

选择"余量"选项卡，如图2-81所示，单击局部的图标 并选择 🔒 继承的(I)，使"部件余量"继承父级精加工方法"MILL_FINISH"的余量值。其他参数均接受默认设置，单击 确定 退出"底壁加工"对话框。

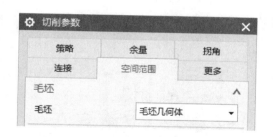

图 2-80　设定毛坯类型

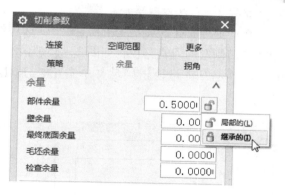

图 2-81　设定部件余量

步骤5　设定切削层参数

箱体的槽深为 15.5 mm，槽底面的圆柱凸台高度为 4.3 mm，也就是凸台顶面与箱体顶面的高度差为 11.2 mm，槽无法使用一个切削层就切除这些残余材料，需要进行分层切削。如图 2-82 所示，在"刀轨设置"选项组中，设定"每刀切削深度"为"6"mm。

图 2-82　设定切削层深度

步骤6　更改非切削移动参数

在"刀轨设置"选项组中，单击非切削移动图标，将弹出"非切削移动"对话框。如图 2-83 所示，在"进刀"选项卡的"封闭区域"选项组中，将"进刀类型"设置为"与开放区域相同"。在"开放区域"选项组中，将"进刀类型"设置为"圆弧"，并设定"半径"等于刀具直径的 50%。其他参数均接受默认设置，单击 确定 退回到"底面壁"对话框。

知识点

◆进刀类型：圆弧

"圆弧"进刀类型将产生一个与第一个切削路径相切的圆弧运动刀轨，如图 2-84 所示。刀具首先从进刀点沿刀轴反向（-ZM 方向）到达切削层，然后从圆弧起点沿指定的半径开始作圆弧运动，直至到达切削层的开始切削点为止。"圆弧"进刀类型仅适用于开放区域。

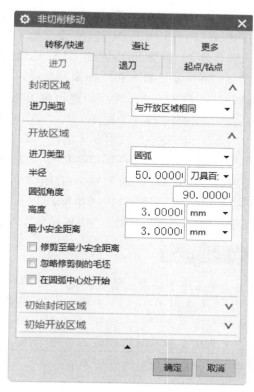

图 2-83　设定进刀移动方式

步骤7 产生刀轨路径

在"底壁加工"对话框的"操作"选项组中，单击生成刀轨图标 🖳，系统生成了精加工槽侧壁的刀轨路径，如图 2 – 85 所示。旋转、局部放大模型，观察刀轨路径的特点。当确定刀轨路径正确后，单击 确定 退出"底壁加工"对话框，就完成了工序的编辑。

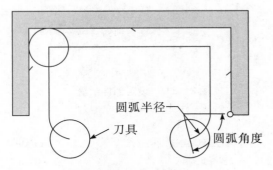

图 2 – 84   圆弧进刀类型

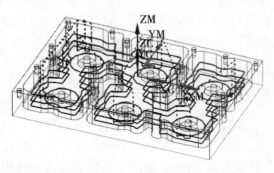

图 2 – 85   精加工槽侧壁的刀轨路径

4. 创建拐角清理的工序

步骤1   新建工序

在工序导航器的程序顺序视图中，选择程序组节点"PROGRAM"，按【鼠标右键→插入→工序】，就弹出"创建工序"对话框。如图 2 – 86 所示，首先将工序类型设置为"mill_planar"，单击工序子类型清理拐角图标 🕭，然后指定工序的位置："程序"为"PROGRAM"、"刀具"为"MILL_D8R0（铣刀 – 5 参数）"、"几何体"为"WORKPIECE"、"方法"为"MILL_FINISH"，最后输入工序"名称"为"CLEANUP_CORNERS"（清除拐角）。完成设定后，单击 确定 ，弹出"清理拐角"对话框。

⚙ **知识点**

◆ **工序子类型：清理拐角**

"清理拐角"工序子类型在默认情况下使用"跟随部件"切削模式，切除以前工序在拐角留下的残留材料。可使用参考刀具或者工艺毛坯来计算刀具加工后的残余材料。

图 2 – 86   创建清理拐角工序

步骤2　指定部件边界

如图2-87所示，在"清理拐角"对话框的"几何体"选项组中，单击选择或编辑部件边界图标 ，弹出"边界几何体"对话框。

如图2-88（a）所示，将"模式"设置为"曲线/边…"，将弹出"创建边界"对话框。如图2-88（b）所示，先将"材料侧"设置为"外部"，然后单击"成链"选项，将弹出"成链"对话框。

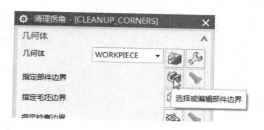

图2-87　指定部件边界几何体

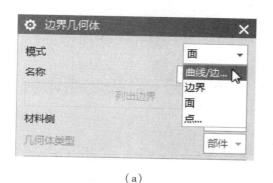

（a）

（b）

图2-88　改变边界的模式

如图2-89（a）所示，选择直线边缘的右侧，这表示由此直线的右侧搜索相邻的边缘。如图2-89（b）所示，选择拐角圆弧边缘，这表示搜索边缘到此圆弧终止。此时，系统即自动选中了在顶平面上槽的轮廓边缘，它定义了当前刀具加工的边界。

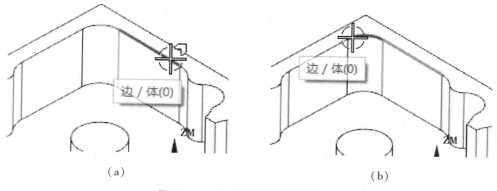

（a）　　　　　　　　　　　　（b）

图2-89　选取边缘定义部件边界

由于"材料侧"设置为"外部",这使得刀具中心位于边界的内侧并沿着边界进行移动切削。由于槽的侧面大部分已经进行了精加工,刀具只需切削具有残余材料的圆柱面。因此,后面将进一步限制刀具的切削范围。连续按"创建边界"对话框下方的 确定 两次,退回到"清理拐角"对话框。

知识点

◆ 部件边界

部件边界用来定义理论上刀具需要切削的几何形状,如果没有指定毛坯边界,则部件边界将与底面共同定义刀具的切削量,如图 2 - 90 所示。

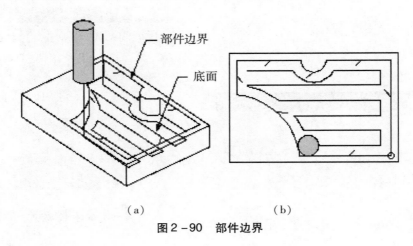

（a）　　　　　　　　　　（b）

图 2 - 90　部件边界

◆ 边界模式:曲线/边…

"曲线/边…"边界模式允许选择曲线或边缘来创建临时边界。当使用"曲线/边…"模式创建部件边界时,则需要指定边界的类型、边界的平面高度、边界的材料侧、刀具相对于边界的位置。如果有需要,也可以为每一个部件边界设定不同的边界数据,包括余量和进给率等。

选择曲线或边缘创建边界时,可以直接逐一选择目标曲线或边缘,也可以先单击"成链"后,再分别选择线串的起始曲线和终止曲线,当完成选择曲线或边缘后,按 确定 即可。

如果需要连续创建多个部件边界,则可单击"创建边界"对话框的"创建下一个边界"选项。连续创建多个部件边界时,每个边界的类型、平面高度、材料侧和刀具位置都需要独立指定。

如果需要移除已经创建的部件边界,则单击"移除上一个成员"选项。每选择一次,系统将按与创建相反的顺序移除一个边界,直至移除所有边界为止。

◆ 边界材料侧

"材料侧"是指当加工完成后边界中哪一侧的材料将被保留或切除,如图 2 - 91 所示。对于开放式边界,材料侧分为左侧和右侧两种选择;对于封闭式边界,材料侧则分为内部和外部两种选择。开放式边界的左侧和右侧可以通过边界方向来确定。

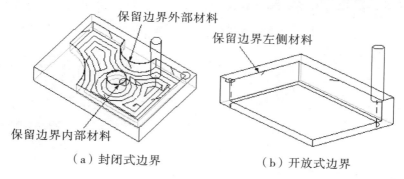

图2-91　材料侧定义保留部分的材料

材料侧为哪一侧取决于边界的用途，如图2-92所示。对于部件边界、检查边界、驱动边界，材料侧是指刀具切削后材料保留下来的那一侧；对于毛坯边界，材料侧是指材料被切除的那一侧；对于修剪边界，材料侧是指材料被限制切除而保留下来的那一侧。

步骤3　指定最大加工深度

如图2-93所示，在"清理拐角"对话框的"几何体"选项组中，单击选择或编辑底平面几何体图标 ，将弹出"平面"对话框。

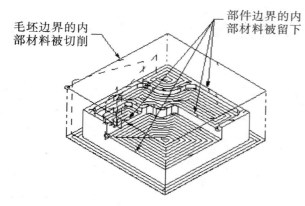

图2-92　边界类型与材料侧

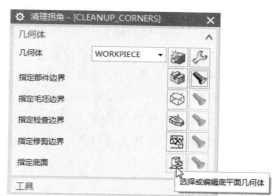

图2-93　指定底面几何体

由于槽的拐角在整个侧壁高度都有残余材料需要切除，因此刀具需要加工到槽的底面。如图2-94所示，默认"类型"为"自动判断"，然后选择槽的底平面。完成选择后，单击 确定 退回到"清理拐角"对话框。

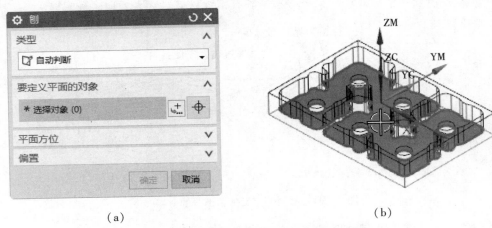

（a）　　　　　　　　　　　　　　　　　（b）

图2-94　选取槽的底面定义最大加工深度

知识点

◆**底面几何体**

在平面加工中，底面用来确定理论上的最大加工深度。系统使用点、曲线、面和基准平面等几何对象定义底平面，也可以使用坐标平面 XC - YC、YC - ZC、XC - ZC 或输入坐标值定义底平面。

步骤4　设定切削模式

刀具完成了侧壁精加工后，会在刀具半径大于侧壁圆柱面半径的位置残留有材料，当前刀具只需切除这部分残余材料。由于残余材料的厚度不大，因此在"刀轨设置"选项组中，将"切削模式"设置为 轮廓 即可，如图2-95所示。

图2-95　指定切削层

图2-96　设定切削层参数

步骤5 设定切削层参数

如图2-95所示，在"刀轨设置"选项组中，单击"切削层"项右侧的图标▤，将弹出"切削层"对话框。

如图2-96所示，将类型设置为"用户定义"，并设定"公共"为"5"mm。其他参数均接受默认设置，按 确定 退回到"清理拐角"对话框。

知识点

◆**切削层类型：用户定义**

"用户定义"切削层类型允许输入排外性的切削层深度而产生多层切削刀轨，如图2-97所示。使用此方法进行分层切削时，必须至少设定"公共"值。

如果分别设定了"公共"、"离顶面的距离"和"离底面的距离"的值，则系统首先会从整个加工深度中排除由"离顶面的距离"和"离底面的距离"所定义的切削层深度，再将剩余的加工深度用"公共"值

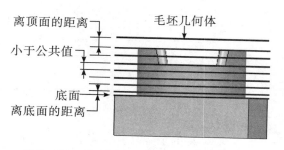

图2-97 在毛坯几何体定义切削分层类型

均分。如果不能均分，则实际切削层深度值小于"公共"值。如果设定了"最小值"，则产生的切削层深度不能小于该值。

步骤6 设定切削移动参数

在"刀轨设置"选项组中，单击"切削参数"图标▱，将弹出"切削参数"对话框。工序"FINISH_WALL"已经完成了槽侧面的精加工，但由于刀具半径大于一些拐角圆柱面的半径，因此会在这些拐角上残留材料，当前刀具只需要切削这部分残余材料。

选择"空间范围"选项卡，如图2-98所示，先将"处理中的工件"设置为"使用参考刀具"，然后选择精加工侧壁时所使用的刀具"MILL_D10R0"作为参考刀具，并设定"重叠距离"的值为"2"mm。系统会使用参考刀具尺寸计算哪些部位有残余材料。

知识点

◆**使用参考刀具**

"使用参考刀具"选项将使用较大直径的刀具计算前一个工序加工后的残余材料，如图2-99（a）所示，以便在当前工序中使用更小

图2-98 使用参考刀具计算残余材料量

的刀具切削这些残留材料。

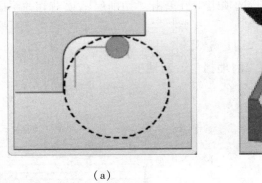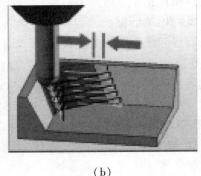

（a）　　　　　　　　　　　　　　　（b）

图2-99　使用参考刀具计算残余材料量

◆**重叠距离**

　　"重叠距离"选项用来将要加工区域的宽度沿剩余材料的相切面延伸一定距离，如图2-99（b）所示。沿边界相切方向延长一定距离，可使刀具从残余材料外部切入，既确保彻底清除残余材料，又可确保表面的加工质量。

　　由于侧壁有多个圆柱面的半径比精加工刀具半径小，也就是说在槽侧壁有多个部位留下了残余材料，这些残留材料是不连续的。在"切削参数"对话框选择"策略"选项卡，如图2-100所示，将"切削顺序"设置为"深度优先"。其他参数接受默认设置，单击切削参数对话框下方的 确定 ，退回到"清理拐角"对话框。

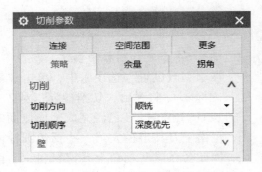

图2-100　指定切削顺序

⚙ **知识点**

◆**切削顺序**

　　切削顺序提供了"层优先"和"深度优先"两个参数选项，用于确定如何处理具有多个切削区域的加工顺序。

　　当使用"层优先"时，若一个切削层具有多个切削区域，则在完成一个切削层的所有区域后，刀具才进入下一个切削层进行切削，即"由浅到深"。

　　当使用"深度优先"时，若一个切削层具有多个切削区域，则在完成一个区域的切削后，刀具才移动到下一个区域进行切削，即"从头开始"。在一些场合，使用"深度优先"切削顺序可有效减少刀具空切时间。

步骤7 设定非切削移动参数

在"刀轨设置"选项组中，单击非切削移动图标，将弹出"非切削移动"对话框。如图2-101所示，在该对话框"进刀"选项卡的"开放区域"选项组中，将"进刀类型"设置为"圆弧"，并设定"半径"为刀具直径的50%。

在"非切削移动"对话框的"转移/快速"选项卡，如图2-102所示，将"区域内"的"转移类型"设置为"前一平面"。其他参数均接受默认设置，单击 确定 退回到"清理拐角"对话框。

图2-101 设定开放区域的进刀方式和参数

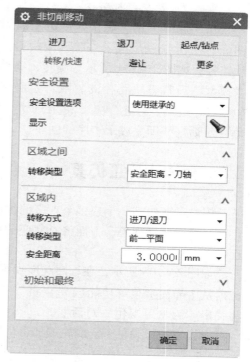

图2-102 设定刀具在区域内的转移类型

知识点

◆ **转移类型：前一平面**

"前一平面"转移类型将使刀具在完成退刀后沿刀轴 +ZM 方向抬起到前一切削层上方"安全距离"值定义的平面，然后在该平面内作移刀运动到下一个路径进刀点的上方，最后沿刀轴 -ZM 方向运动到进刀点，如图2-103所示。

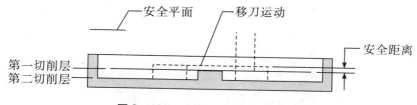

图2-103 "前一平面"转移类型

步骤8 设定主轴转速和进给

在"切削区域"对话框的"刀轨设置"选项组中，单击进给率和速度图标，将弹出"进给率和速度"对话框。在"主轴速度"选项组中，单击开启"主轴速度"选项检查符，并设定"主轴速度"为"3500"rpm。在"进给率"选项组中，设定"切削"为"500"mmpm。其他参数接受默认设置，完成设定后，单击 确定 ，退回到"清理拐角"对话框。

步骤9　产生刀轨路径

在"操作"选项组中，单击生成刀轨图标 ，系统就生成了切除残余材料的刀轨路径，如图2－104所示。旋转、局部放大模型，观察刀轨路径的特点。当确定刀轨路径正确后，单击 确定 ，退回"清理拐角"对话框，即完成了工序的创建。

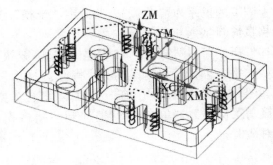

图2－104　切除残余材料的刀轨路径

2.6　箱体的加工仿真

用户可以对某一个或多个工序的加工刀轨进行模拟切削仿真，以检查加工刀轨是否存在过切或碰撞现象。下面将对底座的所有孔加工刀轨进行加工仿真，以验证加工是否正确。

如图2－105所示，在程序顺序视图中，选取程序组节点"PROGRAM"的所有工序，然后从主界面主菜单功能区"主页"选项卡的"工序"组中，单击确认刀轨图标 ，将弹出"刀轨可视化"对话框。

操作方法可参见1.6底座的加工仿真。

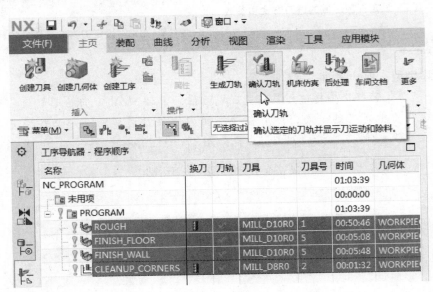

图2－105　选择工序进行加工仿真

在图形窗口中，将工件模型摆放到合适位置，以方便观察刀具的切削移动情况。在

"刀轨可视化"对话框，接受默认的"动画速度"，然后单击"2D 动态"模式，再单击播放图标 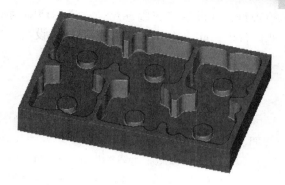。此时可观察到刀具按从上到下的工序开始模拟实际加工切除材料。当执行新工序更换刀具切削时，在工件毛坯上会使用不同的颜色显示。

图 2 - 106　箱体的加工仿真结果

完成切削仿真动画后，模拟切削情况如图 2 - 106 所示。仔细观察有没有出现刀具与工件干涉碰撞现象，如有过切或碰撞现象，将会在工件毛坯上以红色显示。当确认正确后，单击"刀轨可视化"对话框下方的 确定 或 取消 退出，完成加工刀轨的切削仿真。

2.7　箱体的刀轨后处理

在实际加工中，大多数情况都会利用机床的自动换刀功能，减少人工换刀的耗时，以提高加工效率。本项目任务在编写加工路径时，已经设定了刀具的编号，因此可以对这些工序一起进行后处理，生成一个 NC 程序，机床会自动从刀库中更换程序所设定的刀具。

箱体的刀轨后处理操作参见 1.7 节底座的刀轨后处理。

2.8　课外作业

2.8.1　思考题

（1）请问有哪些方法可以获取工件模型中侧壁面拐角的圆弧半径尺寸？

（2）"底壁加工"工序子类型适用于加工什么形状的工件模型？请简述其编程特点。

（3）在工序导航器的哪个视图中，可以设定加工坐标系（MCS）的方位？

（4）"跟随部件"切削模式所产生的刀轨路径有什么特点？它适用于什么场合？

（5）在非切削移动对话框的进刀选项卡中，"高度起点"参数有什么作用？有几种设定高度起点的方式？它们各有什么不同？

（6）毛坯几何体的作用是什么？在编程时是否必须创建一个独立的几何体定义为毛坯几何体？

（7）在编程时如何设定参数激活自动换刀的命令？

（8）部件边界的作用是什么？对于部件边界而言，它的材料侧应如何判定？

（9）小李在粗加工方法节点"MILL_ROUGH"中设定了"部件余量"为 0.4 mm，当刀具完成加工后，发现槽的底平面深度略大于零件的理论设计深度，请你帮小李分析造成过切的可能原因。

（10）使用"2D动态"模式进行切削模拟仿真时，能否查看在工件表面的残余材料厚度值？请用一个例子简单说明这个过程。

2.8.2 上机题

（1）请从目录"…\mill_parts\exercise"中打开工件模型文件"prj_2_exercise_1.prt"，如图2-107所示，仔细理解模型结构，然后应用NX软件程序创建加工此零件的加工刀轨。

（2）请从目录"…\mill_parts\exercise"中打开工件模型文件"prj_2_exercise_2.prt"，如图2-108所示，仔细理解模型结构，然后应用NX软件程序创建加工此零件的加工刀轨。

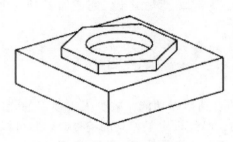

图2-107 练习题1

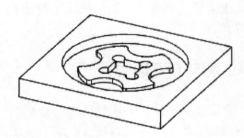

图2-108 练习题2

（3）请从目录"…\mill_parts\exercise"中打开工件模型文件"prj_2_exercise_3.prt"，如图2-109所示，仔细理解模型结构，然后应用NX软件程序创建加工此零件的加工刀轨。

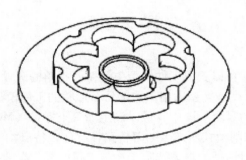

图2-109 练习题3

项目3
动模板加工编程

3.1 动模板的加工项目

3.1.1 动模板的加工任务

图 3-1 是一个注塑模动模板零件的三维模型，零件材料为 50 号钢，表 3-1 是动模板零件的加工条件。请参照图 3-1，分析动模板零件的形状结构，并根据零件加工条件，制定合理的加工工艺，然后使用 NX 软件编写此零件的数控加工 NC 程序。

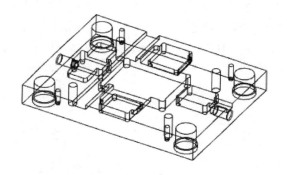

图 3-1 动模板零件三维模型

表 3-1 动模板零件的加工条件

零件名称	生产批量	材料	坯料
动模板	单件	50 号钢	坯料为 400.00 mm × 300.00 mm × 50.00 mm 的长方体

3.1.2 项目实施：导入动模板的几何模型

首先，从目录 "… \mill_parts\start\" 中打开文件 "prj_3_start. prt"，这就是动模板零件的三维模型，本项目将编写此模型的数控加工 NC 程序。

然后，将模型另存至目录 "… \mill_parts\finish\" 中，新文件取名为 "***_prj_ 3_finish. prt"。其中，"***" 表示学生学号，例如 "20161001"。

3.2 动模板的加工工艺

3.2.1 动模板的图样分析

动模板零件主要由平面和圆柱面构成，形状结构较复杂，属典型的平面类工件。在加工前，需要对动模板零件进行分析，了解零件模型的结构和几何信息，包括零件的长宽高尺寸、槽的深度和拐角尺寸等，这些信息用来确定加工工艺的各种参数，尤其是确定刀具尺寸参数。

动模板零件（参照图3-1）具有以下几个形状特点：

（1）动模板中有多个槽，有些槽多是封闭的，也有些槽是开口的。有些槽的底面同时又是另一个槽的顶面，这构成了较为复杂的形状。槽的底面为平面、侧面与底面保持垂直，可以使用平面类零件的加工工艺编写加工路径。

（2）动模板的槽中有8个半径为6.00 mm的拐角圆柱面，如图3-2所示，因此最后精加工时需使用直径小于12 mm的刀具，才能得到所要求的形状尺寸。

（3）在动模板的槽中，其拐角处有20个圆柱工艺孔，孔的位置和孔径精度要求不高，如图3-3所示，其中有16个圆柱孔的直径为9.00 mm、4个圆柱孔的直径为13.00 mm，因此需要分别使用直径为13 mm和9 mm的钻刀进行钻孔。

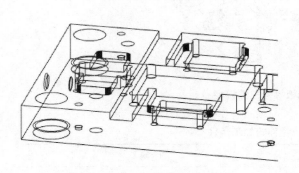

图3-2 动模板中的拐角圆柱面

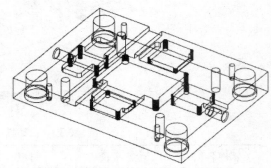

图3-3 动模板中的拐角圆柱孔

3.2.2 项目实施：分析动模板的几何信息

1. 指定加工环境

从主界面菜单功能区"应用模块"选项卡中单击加工图标 ，进入加工应用模块，此时会弹出"加工环境"对话框。从"CAM会话配置"列表中选择"cam_general"，从"要创建的CAM设置"列表中选择"mill_planar"，然后单击 确定，完成加工环境的初始化。

2．模型几何分析

步骤1 测量动模板模型的外形尺寸

从 NX 软件程序主界面菜单功能区"分析"选项卡的"测量"工具组中，单击【更多→ ❯❯ （简单长度图标）】，将弹出"简单长度"对话框。如图 3-4 所示，分别选择动模板模型中沿 X、Y 和 Z 方向的边缘，可以查看到动模板的长度为 400.00 mm、宽度为 300.00 mm 和高度为 50.00 mm。

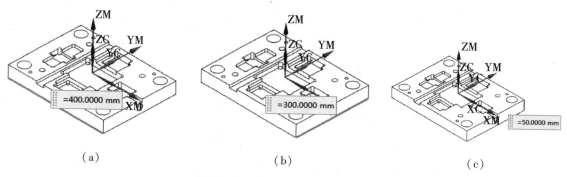

| （a） | （b） | （c） |

图 3-4 测量动模板模型的尺寸

步骤2 测量动模板模型中槽侧壁之间的最小距离

从 NX 软件程序主界面菜单功能区"分析"选项卡的"测量"工具组中，单击简单距离图标 ⚹，将弹出"简单距离"对话框。动模板右侧的开口槽两侧壁之间的距离最小，这将决定加工时刀具的直径尺寸。如图 3-5 所示，选择动模板右侧开口槽侧壁的两条边缘，可查看到两侧面之间的距离为 22.00 mm。在刀具选择时，刀具的直径尺寸需比这个最小宽度尺寸小，刀具才能进入切削。

步骤3 测量动模板模型中拐角圆柱面和圆柱孔的尺寸

从 NX 软件程序主界面菜单功能区"分析"选项卡功能区的"测量"工具组中，单击【更多→ ↗简单半径】，弹出"简单半径"对话框。如图 3-6 所示，选择槽中的拐角圆弧或圆柱面，可测量得到槽拐角圆弧半径为 6.00 mm。

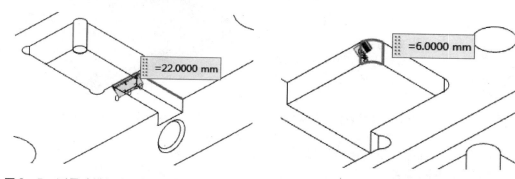

图 3-5 测量动模板中侧壁之间的最小宽度尺寸　　　图 3-6 测量拐角圆弧的半径

从"分析"选项卡的"测量"工具组中，单击【更多→ ⊖简单直径】，弹出"简单直径"对话框。如图 3 - 7 所示，选择槽中的拐角圆孔面，可测量得到槽拐角圆柱孔的直径分别为 13.00 mm 和 9.00 mm。

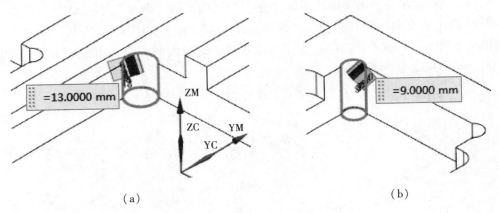

（a）　　　　　　　　　　　　　　　　　　（b）

图 3 - 7　测量拐角圆柱孔的直径

步骤 4　测量动模板模型中槽底面的深度

从上边框条中选择【 菜单(M) ▾ →分析→NC 助理】，将弹出"NC 助理"对话框。如图 3 - 8 所示，在"要分析的面"选项组中，系统已自动选取了当前模型的所有面。如果还没有选取要分析的面，则从模型中选择要分析的面。在"分析类型"选项组中，将"分析类型"设置为"层"，使用此分析类型能够获取模型中水平面相对于参考面的深度。

其他参数均接受默认设置，在"操作"选项组中，单击该选项组列出的分析几何体图标 ，完成分析后，模型中的槽底平面会显示不同的颜色，如图 3 - 9 所示，这表示它们的深度值不同。

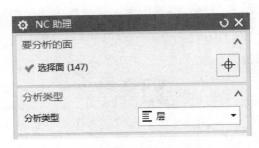

图 3 - 8　选取要分析的面和设置分析类型

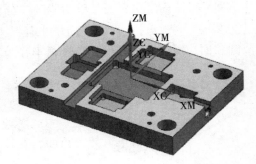

图 3 - 9　动模板中水平面深度分析结果

在"结果"选项组中，单击信息图标 ，此时弹出如图 3 - 10 所示的"信息"对话框，它列出了不同颜色面所对应的深度值。可以看到，动模板模型中部的槽底平面为 Strong Green（绿色），其所对应的深度为 26.00 mm，这是本项目任务所要加工的最大深度位置。

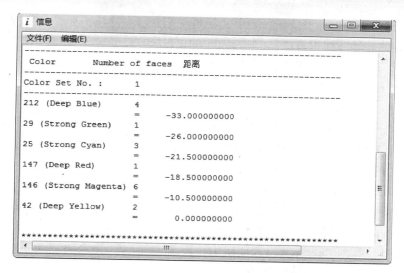

图 3 – 10　不同颜色底平面对应的深度值

3.2.3　动模板的加工方法

在加工动模板中各种镶件的安装槽时，应确保槽侧壁面和底平面的加工精度和表面粗糙度，在侧壁面上不能有残余材料，以及在刀具有合理使用寿命的前提下使生产率最高。

确定铣削用量的基本原则是在允许范围内尽量先选择较大的刀具、较大的进给量，当受到表面粗糙度和铣刀刚性的限制时，再考虑选择较大的切削速度。铣刀较长、较小时，则取较小的切削速度和吃刀量。

为确保安装槽的尺寸精度和表面粗糙度要求，应先进行粗加工，再进行精加工。根据经验，铣刀加工侧壁时容易过切，因此在粗加工时应在侧壁留较大的余量、在底平面留较小的余量。粗加工时，径向切削宽度为刀具直径的 50% ~ 60%，深度吃刀量在 0.5 ~ 2 mm 之间取值。同时，采用螺旋方式切入工件，既可以使切削更稳定，保护刀具，又避免预先钻下刀孔。

箱体的工件材料为 50 号钢，常见硬度在 HB179 ~ 229 之间，其硬度不高，利于切削加工。经查资料可知，当使用高速钢刀具加工 50 号钢时，切削速度为 12 ~ 25 mpm、每齿进给量为 0.03 ~ 0.1 mmpz，则铣刀的转速和铣刀的进给率可由公式计算求得。实际的刀具转速和进给率需要考虑机床刚性、刀具直径、刀具材料、工件材料和刀具品牌等诸多因素而选择经验值。

3.2.4　项目实施：设定动模板的加工方法参数

步骤 1　将工序导航器切换到加工方法视图

需要在工序导航器的加工方法视图中设定加工的常用参数。这里采用与项目 2 同样的操作方法，在资源条工序导航器的空白处单击鼠标右键→，将工序导航器切换到加工方法视图。

步骤2　设定粗加工方法参数

在"工序导航器－加工方法"列表双击粗加工方法节点名"MILL_ ROUGH"，弹出"铣削粗加工"对话框。在该对话框的"余量"选项组中设定"部件余量"为"0.3"mm，其他参数均接受默认设置，按 确定 退出。

步骤3　设定精加工方法参数

在"工序导航器－加工方法"列表双击精加工方法节点名"MILL_ FINISH"，弹出"铣削精加工"对话框。在"余量"选项组中设定"部件余量"为"0"，其他参数均接受默认设置，按 确定 退出。

步骤4　设定钻孔加工的进给率

在"工序导航器－加工方法"列表双击钻加工方法节点名"DRILL_ METHOD"，就弹出"钻加工方法"对话框。先在"刀轨设置"选项组中，单击进给图标 ，弹出"进给"对话框。再在"进给率"选项组中，设定"切削"为"100"mmpm。其他参数均接受默认设置，连续单击 确定 退出。

3.3　动模板的工件安装

3.3.1　动模板的工件装夹

工件在加工中心进行加工时，应根据工件的形状和尺寸选用正确的夹具，以获得可靠的定位和足够的夹紧力。工件装夹前，一定要先将工作台和夹具清理干净。夹具或工件安装在工作台上时，要先使用量表对夹具或工件找正找平后，再用螺钉或压板将夹具或工件压紧在工作台上。

通常，动模板零件已经完成了导套孔、复位杆孔和螺钉孔的加工，其形状为如图3－11所示的长方体，在编程时可设计这样的模型来定义毛坯几何体。但在实际编程时，为方便起见，可以直接使用一个 400.00 mm × 300.00 mm × 50.00 mm 的方块体来定义毛坯几何体，而无须在方块体中设计出各种孔，以减少不必要的工作。

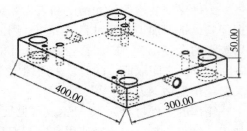

图3－11　在数控加工前的动模板毛坯模型

动模板零件的坯料为长方体形状，它的 6 个外表平面已加工到位。动模板的材料为 50 号钢材，切削性良好，其切削力不大，又是单件加工，但由于坯料尺寸较大，因此可采用夹板装夹，需要确保刀具移动时不会干涉工件、夹板和螺栓等相关夹具。

由于动模板尺寸较大，如果直接放置在工作台面上，可能会存在杂质导致不平衡，给加工带来误差。为确保零件保持水平状态，可先在工作台上放置两个等高的长方形垫块，然后将动模板放于垫块之上，再用夹板和螺栓压紧。在夹紧前，需对动模板的基准面在 X 方向进行拖表找正，误差不得超过 0.01 mm。夹紧后，需对动模板顶平面进行 X

和 Y 方向拖表找正，误差不得超过 0.01 mm，以验证其是否保持水平。

动模板中所有需要加工的面都在同一侧，只需要一次装夹即可完成加工，因此可设置 1 个编程坐标系。编程原点（即加工坐标系原点或机床坐标系原点）设在动模板顶平面的中心位置，编程坐标系的 X 轴正向指向右侧、Z 轴正向指向向上，如图 3 - 12 所示。

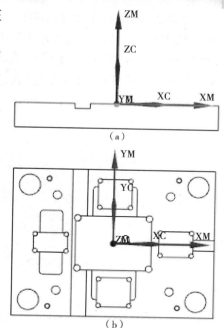

3.3.2　项目实施：指定动模板的加工几何体

步骤 1　将工序导航器切换到几何视图

需要在工序导航器的几何视图中指定加工的几何体。在工序导航器的空白处单击【鼠标右键→🗄】，将工序导航器切换到几何视图。在几何视图的空白处单击【鼠标右键→🗄 全部展开】，以扩展显示工件几何体父级组节点"WORKPIECE"。

步骤 2　设定机床坐标系

图 3 - 12　动模板加工的机床坐标系方位

在工序导航器的几何视图中，双击机床坐标系节点名"MCS_MILL"，弹出"MCS 铣削"对话框。由于零件模型顶部平面的中心刚好是绝对坐标系的原点，因此机床坐标系（MCS）也刚好在顶平面中心位置，如图 3 - 13 所示，坐标系的 XM 轴正向指向右侧、ZM 轴正向指向向上。

在"安全设置"选项组中，安全设置选项已经默认设置为"自动平面"，并且"安全距离"为"10"，它使得刀具将会抬起到这个高度进行横越运动。单击 确定 或按鼠标中键，退出"MCS 铣削"对话框，即完成了机床坐标系和安全平面的设定。

步骤 3　指定工件几何体

继续在工序导航器的几何视图中双击工件节点名"WORKPIECE"，将弹出"工件"对话框。单击选择或编辑部件几何体图标 📦，将弹出"部件几何体"对话框。如图 3 - 14 所示，在图形窗口中选择动模板模型，把它定义为部件几何体。单击 确定 退回到"工件"对话框。

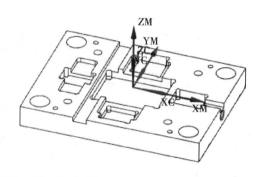

图 3 - 13　机床坐标系位于模型顶部平面中心位置

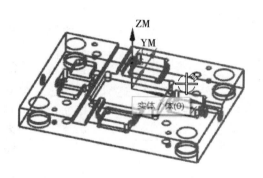

图 3 - 14　指定部件几何体

单击选择或编辑毛坯几何体图标 ⬡ ，弹出"毛坯几何体"对话框。由于动模板的坯料为长方体，并且6个表平面和各种孔已经完成加工，因此，先将毛坯"类型"设置为"包容块"，并接受默认的限制值为0，此时系统会自动计算一个方块体来定义毛坯几何体，如图3-15所示。连续单击 确定 退出，即完成了工件几何体和毛坯几何体的指定。

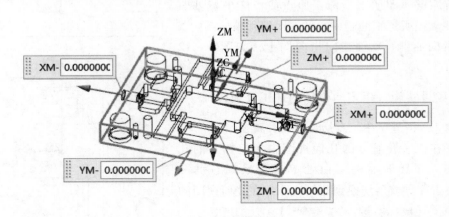

图3-15 指定毛坯几何体

3.4 动模板的加工刀具

3.4.1 动模板加工的刀具选择

数控加工的刀具选用要考虑众多因素，包括机床性能、工件材料、切削用量、加工形状和经济成本等。刀具选择的基本原则是安装调整方便、刚性好、耐用度和精度高。在满足加工要求的前提下，尽量选择长度较短的刀柄，以提高加工刚性。

图3-1所示动模板零件的材料是50号钢，材料硬度不高，切削性良好，因此可以使用高速钢或者硬质合金刀具。综合考虑各种实际因素，表3-2列出了加工该动模板零件所使用刀具的规格和数量。

表3-2 加工动模板零件的刀具规格和数量

序号	刀具材料	数量	刀具直径/mm	刀尖半径/mm	刀具用途说明
1	高速钢铣刀	1	16	1	粗加工模板的槽
2	高速钢铣刀	1	16	0	精加工槽的侧壁和底平面
3	高速钢铣刀	1	10	0	切除侧壁的残余材料
4	高速钢中心钻	1	3	—	预钻定位孔
5	高速钢钻刀	1	13	—	钻槽的工艺孔
6	高速钢钻刀	1	9	—	钻槽的工艺孔

3.4.2 项目实施：创建动模板的加工刀具

步骤1 将工序导航器切换到机床视图

将工序导航器切换到机床视图，可方便查看所创建的刀具。在工序导航器的空白处，单击鼠标右键→ 🎄，就可将工序导航器切换到机床视图。

步骤2 创建直径为 16 mm 的圆角铣刀

在机床视图中，选中节点"GENERIC_MACHINE"，并按【鼠标右键→插入→ 🔧 刀具...】，即弹出"创建刀具"对话框。将刀具"类型"设置为"mill_planar"，单击刀具子类型图标 🔧，输入刀具"名称"为"MILL_D16R1"，再单击 确定 弹出"铣刀-5参数"对话框。

如图 3-16 所示，在该对话框的"尺寸"选项组中，设定铣刀的"直径"为"16"、"下半径"为"1"。在"编号"选项组中，分别设定"刀具号""补偿寄存器"和"刀具补偿寄存器"为"1"。其他参数均接受默认设定，单击该对话框的 确定 退出，即完成了刀具的创建。

尺寸	∧
(D) 直径	16.0000₁
(R1) 下半径	1.0000₁
(B) 锥角	0.0000₁
(A) 尖角	0.0000₁
(L) 长度	75.0000₁
(FL) 刀刃长度	50.0000₁
刀刃	2

图 3-16 设定铣刀参数

步骤3 创建加工动模板的其他刀具

按相同的操作方法，根据表 3-3 列出的刀具类型、刀具直径、刀尖半径和刀具号等参数要求，其他参数均接受默认设置，创建其他 5 把刀具。

表 3-3 加工动模板所用刀具的参数

序号	刀具类型	刀具子类型	刀具名称	刀具直径/mm	刀尖半径/mm	刀具锥角/°	刀具号和补偿寄存器
1	mill_planar	🔧	MILL_D16R0	16	0	0	2
2	mill_planar	🔧	MILL_D10R0	19	0	0	3
3	drill	🔧	SPOTDRILL_D3	3	—	0	4
4	drill	🔧	DRILL_D13	13	—	0	5
5	drill	🔧	DRILL_D9	9	—	0	6

当完成刀具的创建后，它们将按创建时间的先后顺序，列出于工序导航器机床视图

中，如图 3 - 17 所示。刀具的创建顺序和列出顺序对加工效果没有影响。

名称	刀轨	描述	刀具号
GENERIC_MACHINE		Generic Machine	
未用项		mill_planar	
MILL_D16R1		Milling Tool-5 Parameters	1
MILL_D16R0		Milling Tool-5 Parameters	2
MILL_D10R0		Milling Tool-5 Parameters	3
SPOTDRILL_D3		Drilling Tool	4
DRILL_D13		Drilling Tool	5
DRILL_D9		Drilling Tool	6

图 3 - 17　加工动模板的所有刀具

3.5　动模板的加工编程

3.5.1　动模板的加工顺序

动模板零件的加工包括槽和孔加工。对于槽的加工，按先粗加工再精加工的原则安排加工顺序。对于孔加工，则先钻引导孔，再按孔径从大到小安排钻孔顺序。表 3 - 4 列出了动模板零件加工的工序顺序。

表 3 - 4　动模板零件加工的工序顺序

加工顺序		说　明
第 1 次装夹	1	用直径为 3 mm 的中心钻钻引导孔
	2	用直径为 13 mm 的钻刀加工槽的拐角工艺孔
	3	用直径为 9 mm 的钻刀加工槽的拐角工艺孔
	4	用直径为 16 mm 的铣刀粗加工槽
	5	用直径为 16 mm 的铣刀精加工槽的底平面
	6	用直径为 16 mm 的铣刀精加工槽的侧面
	7	用直径为 10 mm 的铣刀切除侧壁拐角的残余材料

3.5.2　项目实施：创建动模板的加工工序

工序导航器的程序顺序视图真实反映工序的实际执行顺序。在工序导航器的空白处按【鼠标右键→▦（程序顺序视图图标）】，将工序导航器切换到程序顺序视图。

1．创建钻中心孔的工序

步骤 1　新建工序

从主界面菜单功能区"主页"选项卡的"插入"工具组中，单击创建工序图标▨，即弹出"创建工序"对话框。按表3-5的要求，选择工序类型、工序子类型，并设定工序的位置，输入工序名称。完成设定后，单击 确定，弹出"定心钻"对话框。

表3-5　创建定心钻工序

选项		选项值
工序类型		drill
工序子类型		![icon]
工序位置	程　序	PROGRAM
	刀　具	SPOTDRILL_D3
	几何体	WORKPIECE
	方　法	DRILL_METHOD
工序名称		SPOT_DRILLING

步骤2　指定钻孔位置

在"定心钻"对话框的"几何体"选项组中，单击选择或编辑孔几何体图标 ◈，即弹出"点到点几何体"对话框。再单击"选择"选项，将会弹出确定钻孔位置方法的对话框。默认情况下，孔的选择顺序即是孔的钻孔顺序。如图3-18所示，依次选择动模板中槽拐角处的20个工艺孔的顶部圆弧。如随机选择圆弧，则需要对孔的钻孔顺序进行优化，以产生最短的移动路径。

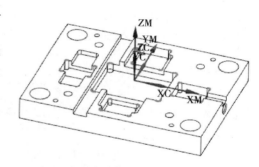

图3-18　按钻孔顺序选择圆弧确定钻孔位置

完成选择后，单击对话框下方的 确定，退回到"点到点几何体"对话框。此时在图形窗口中，可以看到各个孔的加工顺序序号（因圆弧的选择顺序不同而不同）。再单击 确定，退回到"定心钻"对话框。如果需要优化钻孔顺序，则可以在"点到点几何体"对话框单击【优化→最短刀轨】，设定或接受默认的优化参数，系统会重新安排孔的加工顺序。

步骤3　指定开始钻孔的高度

默认情况下，系统会自动从所选圆弧的高度开始钻孔，由于有6个圆弧没有位于动模板的顶平面高度，为防止刀具直接快速定位到槽的底面开始钻中心孔而引起撞刀现象，需要指定开始钻孔的高度。如图3-19所示，在"定心钻"对话框的"几何体"选项组中单击选择或编辑部件表面几何体图标 ◈，将弹出"顶面"对话框。

由于工作坐标系（WCS）与机床坐标系（MCS）一致，并位于动模板的顶平面中心上，故如图3-20所示，将"顶面选项"设置为"ZC常数"，并设定"ZC常数"为"0"，单击 确定，退回到"定心钻"对话框。

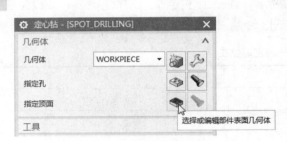

图 3-19　指定工件的顶面

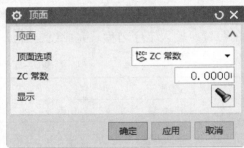

图 3-20　指定顶面高度

图 3-21　指定方法设定钻孔深度

知识点

◆几何体类型：顶面

顶面用于指定一个平面或者选择模型上的一个面，让所有点投影到这个平面或面上，系统将从顶面的"最小安全间隙"参数所定义的高度处以切削进给率开始钻孔。

"ZC 常数"选项允许设定基于工作坐标系（WCS）的 ZC 轴坐标值以定义顶面的高度，特别提醒，此值是基于工作坐标系（WCS）而设定的。系统在生成加工路径时，会将顶面的高度值转换为机床坐标系（MCS）输出。

步骤 4　设定循环参数

在"定心钻"对话框的"循环类型"选项组中，"循环类型"已设置为"标准钻"，单击编辑参数图标，将弹出"指定参数组"对话框。默认情况下，已设定"Number of Sets"（循环组数量）为"1"，单击 确定 ，弹出"Cycle 参数"对话框。

由于默认情况下钻孔的深度为 0，因此需要设定中心钻加工的深度。如图 3-21 所示，单击"Depth（Tip）"选项，将弹出"Cycle 深度"对话框。

钻中心孔时，深度应保证能加工出导向部分的圆锥面。如图 3-22（a）所示，单击"刀尖深度"选项，并如图 3-22（b）所示设定"深度"为"3"，深度值不能设定为负值。完成设定后，连续单击 确定 退回到"定心钻"对话框。

步骤 5　设定主轴转速

在"定心钻"对话框的"刀轨设置"选项组中，单击进给率和速度图标，弹出"进给率和速度"对话框。在"主轴速度"选项组中，单击开启"主轴速度"选项检查符，并设定"主轴速度"为"1 300"rpm。其他参数接受默认设置的值，完成设定后，单击 确定 退回到"定心钻"对话框。

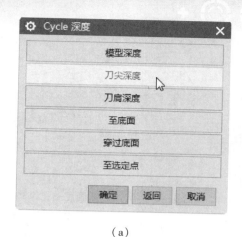

（a）

（b）

图 3-22 设定钻孔深度值

步骤 6 产生刀轨路径

在"定心钻"对话框的"操作"选项组中，单击生成图标 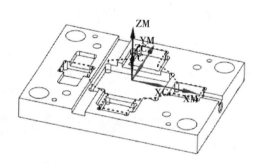，系统即生成了钻中心引导孔的刀轨路径，如图 3-23 所示。在图形窗口中，旋转、局部放大模型，仔细观察刀轨路径特点。当确定刀轨路径正确后，单击 确定，退出"定心钻"对话框，即完成了创建新工序"SPOT_DRILLING"，它将列出于父级程序组"PROGRAM"节点内。

图 3-23 钻中心引导孔的刀轨路径

2. 创建加工直径为 13 mm 工艺孔的工序

步骤 1 新建工序

在"主页"选项卡的"插入"工具组中，单击创建工序图标 ，将弹出"创建工序"对话框。按表 3-6 的要求，选择工序类型、工序子类型，并设定工序的位置，输入工序名称。完成设定后单击 确定，弹出"啄钻"对话框。

表 3-6 创建加工直径为 13 mm 工艺孔的工序

选项		选项值
工序类型		drill
工序子类型		
工序位置	程 序	PROGRAM
	刀 具	DRILL_D13
	几何体	WORKPIECE
	方 法	DRILL_METHOD
工序名称		PECK_DRILL_D13

步骤2 指定钻孔位置

在"啄钻"对话框的"几何体"组中，单击选择或编辑孔几何体图标 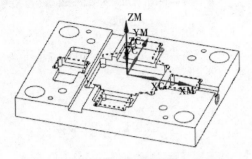，将弹出"点到点几何体"对话框。再单击"选择"选项，将弹出用来确定钻孔位置方法的对话框。如图3-24所示，按钻孔顺序依次选择动模板中部直径为13 mm的4个拐角的顶部圆弧。完成选择后，连续单击 确定 ，退回到"啄钻"对话框。

图3-24 选择圆弧确定钻孔位置

步骤3 指定开始钻孔的高度

由于左侧两个拐角圆弧没有位于动模板的顶平面上，而此时还没有完成槽的加工，如果刀具快速定位到这个平面高度开始钻孔，就会发生撞刀现象，因此，需要指定开始钻孔的高度。在"几何体"选项组中，单击选择或编辑部件表面几何体图标 ，将弹出"顶面"对话框。

首先，如图3-25（a）所示，将顶面选项设置为"平面"。然后，如图3-25（b）所示，选择动模板左侧的顶平面，并设定"距离"为"0"。完成设定后，单击 确定 ，退回到"啄钻"对话框。

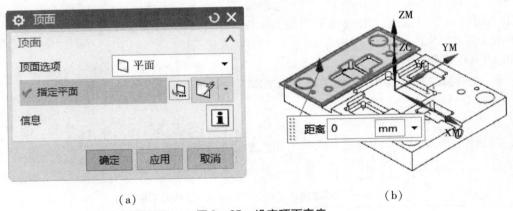

（a） （b）

图3-25 设定顶面高度

知识点

◆顶面选项：平面

"平面"选项允许选择一个实体表平面来确定开始钻孔的高度位置，要钻孔的点将会按刀轴方向（+ZM轴）投影到这个平面上。系统将从此平面的最小安全距离的高度处以切削进给率开始钻孔。

步骤4 设定循环参数

在"循环类型"选项组中，"循环"类型已设置为"标准钻，深孔…"，单击编辑参

数图标 🔧，将弹出"指定参数组"对话框。设定"Number of Sets"（循环组数量）为"1"，再单击 确定 弹出"Cycle 参数"对话框。默认情况下，使用"Depth – 模型深度"选项来确定钻孔的深度。由于选择了实体模型上的圆弧来确定钻孔位置，因此系统能自动判断孔的加工深度。

由于刀具无法一次钻孔就达到所要求的深度，因此需要指定每次啄钻的深度，使刀具钻削到一定深度后抬起以排屑。如图 3 – 26（a）所示，在"Cycle 参数"对话框选择"Step 值 – 未定义"选项，将弹出设定步进增量参数的对话框，如图 3 – 26（b）所示，设定"Step #1"为"4"。完成设定后，连续单击 确定，退回到"啄钻"对话框。

（a）

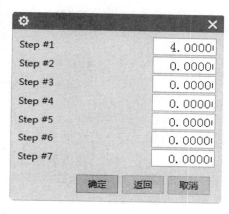

（b）

图 3 – 26 设定每次啄钻的深度

步骤 5 设定主轴转速

在"啄钻"对话框的"刀轨设置"选项组中，单击进给率和速度图标 🔧，弹出"进给率和速度"对话框。在该对话框的"主轴速度"选项组中，单击开启"主轴速度"选项检查符，并设定"主轴速度"为"400"rpm，其他参数接受默认设置。完成设定后，单击 确定，退回到"啄钻"对话框。

步骤 6 产生刀轨路径

在"啄钻"对话框的"操作"选项组中，单击生成图标 ✔，系统即生成了加工深孔的刀轨路径，如图 3 – 27 所示。在图形窗口中，旋转、局部放大模型，仔细观察刀具移动路径，检查是否出现碰撞现象。当确定刀轨路径正确后，单击 确定，退回到"啄钻"对话框，即完成了创建新工序"PECK_ DRILL_D13"，它列出于父级程序组"PROGRAM"节点内。

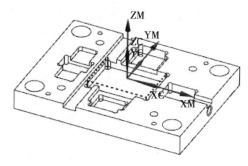

图 3 – 27 钻直径 13 mm 工艺孔的加工刀轨

3. 创建加工直径为 9 mm 工艺孔的工序

步骤 1 复制工序

在程序顺序视图中，先复制工序"PECK_DRILL_D13"，并将复制的工序排列在其后，再将复制的工序改名为"PECK_DRILL_D9"，如图 3-28 所示。

图 3-28 复制工序并重命名

步骤 2 编辑复制的工序

复制的工序与原工序具有相同的加工参数，并且没有加工刀轨。下面将编辑复制的工序改变一些加工参数，使其成为加工直径为 9 mm 工艺孔的工序，并生成刀轨路径。双击工序名"PECK_DRILL_D9"，将弹出"啄钻"对话框。

步骤 3 更改钻孔位置

在"啄钻"对话框的"几何体"选项组中，单击选择或编辑孔几何体图标 ，将弹出"点到点几何体"对话框。如图 3-29（a）所示，单击"选择"选项，此时在主界面的提示行中会提示是否省略原先工序已指定的钻孔位置，如图 3-29（b）所示，单击"是"选项以重新指定新的钻孔位置。

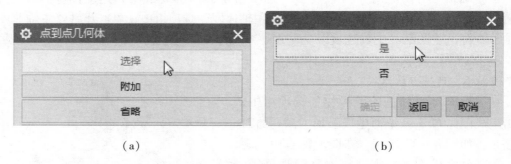

（a）   （b）

图 3-29 忽略先前工序的钻孔位置

如图 3-30 所示，按钻孔顺序依次选择动模板上直径为 9 mm 的 16 个拐角圆孔的顶部圆弧。完成选择后，连续单击 确定 ，退回到"啄钻"对话框。如果需要优化钻孔顺序，则可以单击【优化→最短刀轨】，设定或接受默认的优化参数，系统会重新安排孔的加工顺序。

步骤4 更换加工刀具

单击"啄钻"对话框的"工具"选项组，使其展开显示，如图3-31所示，单击"刀具"的下拉列表符号"▼"，将刀具更换为9 mm的钻刀"DRILL_D9（钻刀）"。

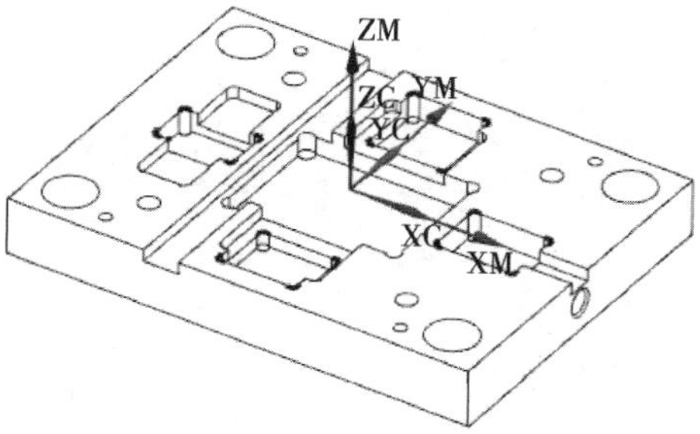

图3-30 选择拐角圆弧以确定钻孔位置

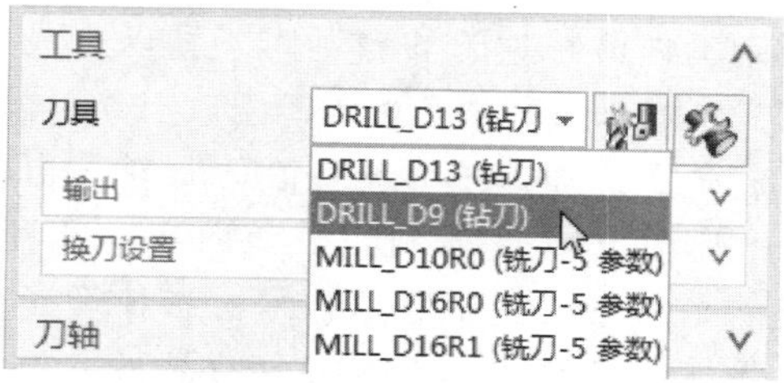

图3-31 更换新刀具

步骤5 更改循环参数

由于当前工序是复制上一个工序得来，因此具有与上一个工序完全相同的循环参数："Number of Sets"（循环组数量）为"1"、"钻孔深度"为"模型深度"、"进给率"为"100" mmpm、"步进量"为"4" mm，当前工序将使用相同的循环参数进行钻孔，因此不需要重新设定这些参数。

步骤6 更改主轴转速

在"啄钻"对话框的"刀轨设置"选项组中，单击进给率和速度图标，弹出"进给率和速度"对话框。在该对话框的"主轴速度"选项组中，设定"主轴速度"为"500" rpm。完成设定后，单击确定，退回到"啄钻"对话框。

步骤7 产生刀轨路径

在"啄钻"对话框的"操作"选项组中，单击生成图标，系统即生成了加工直径9 mm工艺孔的刀轨路径，如图3-32所示。将模型设置为半透明状态，旋转模型，仔细观察加工刀轨的特点。当确定刀轨路径正确后，单击确定退出，即完成了对复制工序的编辑。

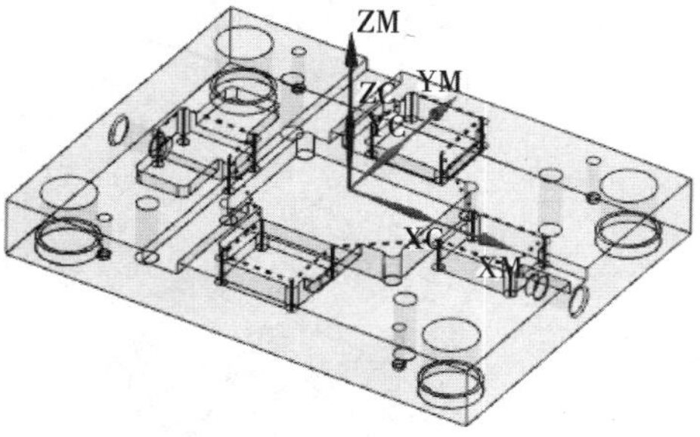

图3-32 加工直径9 mm工艺孔的刀轨路径

4. 创建粗加工槽的工序

步骤1 新建工序

从NX软件程序主界面菜单功能区的"主页"选项卡的"插入"工具组中，单击创建工序图标，将弹出"创建工序"对话框。如图3-33所示，首先将工序类型设置为"mill_planar"，单击工序子类型平面铣图标，然后指定工序的位置："程序"为"PROGRAM"、"刀具"为"MILL_D16R1（铣刀-5）"、"几何体"为"WORKPIECE"、"方法"为"MILL_ROUGH"，最后输入工序"名称"为"rough"。完成设定后，单击确定，弹出"平面铣"对话框。

知识点

◆**工序子类型：平面铣**

"平面铣"子类型是平面加工的基础工序，适用于使用各种几何边界和切削模式进行平面类复杂工件的粗加工和精加工，可以生成对工件侧壁、底平面和清角的加工刀轨。

在平面铣加工中，被切除的材料量由毛坯边界和部件边界共同确定。如图 3-34 所示，系统首先由毛坯边界沿刀轴方向扫掠至底面而定义毛坯体积 V_B，然后由部件边界沿刀轴方向扫掠至底面而定义部件体积 V_P，最后系统计算毛坯体积和部件体积的差，即 $V_B - V_P = V$，作为理论上需要切除的材料量。如果没有指定毛坯边界，则由部件边界独立定义材料量。系统将以层状方式切除材料量，也就是说，每一层的刀轨（简称"切削层"）都是位于垂直于刀轴的平面内，从上到下，完成一个切削层后再进入下一个切削层切削，直至到达最大的深度为止。

图 3-33　创建平面铣工序

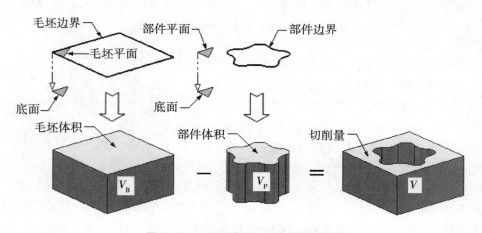

图 3-34　平面铣加工的切削量计算

步骤 2　指定部件边界

下面将指定工件的轮廓边界，以定义刀具加工后的形状。如图 3-35 所示，在"平面铣"对话框的"几何体"选项组中，单击"指定部件边界"项右侧的选择或编辑部件边界图标 🌀 ，将弹出"边界几何体"对话框。

知识点

◆ 部件边界

部件边界用来定义理论上刀具需要切削的几何形状，如果没有指定毛坯边界，部件边界将与底面共同定义刀具的切削量。换句话说，部件边界定义了在刀具加工后工件的形状。

下面将选取模型上的面来快速定义要加工槽的形状。如图 3 - 36 所示，边界的"模式"已默认设置为"面"、"材料侧"设置为"内部"。在加工时，刀具要定位在面边缘的外部进行移动切除材料。

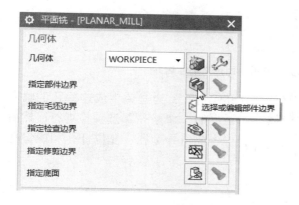

图 3 - 35　指定部件边界

图 3 - 36　设置部件边界的模式和材料侧

◆ 边界模式：面

"面"模式允许选择实体或片体的边缘以创建临时边界。如果要加工的形状比较复杂，则可以使用此模式，以快速生成由面的外部边缘和内部边缘所形成的边界。

使用"面"模式创建边界时，在选取面之前，应确定边界的材料侧，如果面的内部有凸台或槽，则还要确定是否忽略凸台或槽的边界。

◆ 忽略孔

"忽略孔"用以控制是否放弃在面内部的封闭孔。当开启"忽略孔"选项检查符后，选择面创建临时边界时，系统将不会考虑孔的边缘，如图 3 - 37 所示。如果加工时不需要考虑面上的槽时，则可在选择面之前先开启"忽略孔"选项检查符。

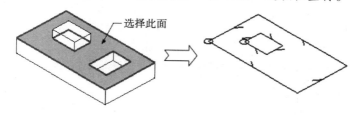

图 3 - 37　使用面模式定义边界时忽略孔的边缘

如图 3-38（a）所示，选择动模板左侧的顶平面。如图 3-38（b）所示，此时系统就由面的外部边缘和内部孔边缘生成了 8 个临时边界，这些边界定义了要加工的部件形状。对于本项目任务，只需要加工动模板上的槽，因此在后面需要移除导套孔、复位杆孔和螺钉孔所形成的边界。

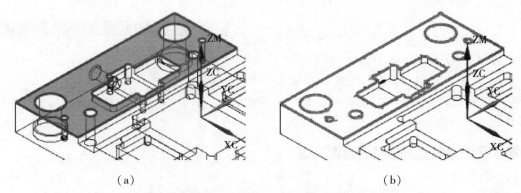

（a） （b）

图 3-38 选择动模板左侧顶平面定义部件边界

由于不需要加工动模板上的导套孔、复位杆孔和螺钉孔，为避免生成这些孔的临时边界，如图 3-39 所示，先开启"边界几何体"对话框的"忽略孔"选项检查符，然后选择动模板右侧的顶平面，此时注意到，系统不会再生成由导套孔、复位杆孔和螺钉孔所定义的临时边界。

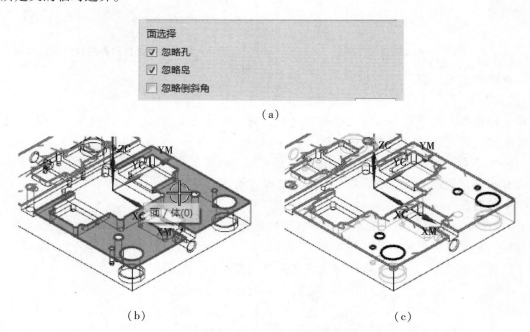

（a）

（b） （c）

图 3-39 选择动模板右侧的顶平面定义部件边界

按同样的操作步骤，除了中部深度最大的底平面外，依次选取如图 3-40 所示的动模板中槽的所有底平面和台阶面。完成面的选择后，在"边界几何体"对话框下方单击 确定 ，将显示"编辑边界"对话框。

下面将要移除在动模板左侧由导套孔、复位杆孔和螺钉孔所定义的边界。如图3-41所示，单击"编辑边界"对话框底部的下一步按钮 ▶ 或上一步按钮 ◀ ，将向前或向后遍历所有生成的边界。当遍历到当前边界时，在图形窗口中该边界将会高亮（红色）显示。

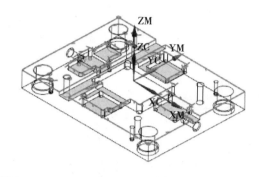

图3-40 选择动模板上槽的底平面定义部件边界

图3-41 循环遍历边界

如图3-42所示，当遍历到左上侧螺钉孔所定义的边界时，该边界会高亮（红色）显示，单击"编辑边界"对话框的"移除"选项，系统即移除这个边界。

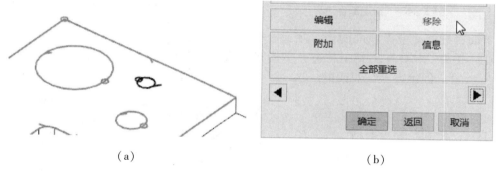

（a）　　　　　　　　　　　　　　　　（b）

图3-42 移除螺钉孔所定义的边界

当移除左上侧的螺钉孔边界后，此时系统会高亮显示左下侧的螺钉孔边界，此时再次单击"编辑边界"对话框的"移除"选项，移除左下侧螺钉孔所定义的边界。如果左下侧的螺钉孔边界没有高亮显示，则单击下一步按钮 ▶ 或上一步按钮 ◀ ，使其遍历到该边界。

按同样的操作，当遍历到由复位杆孔和导套孔所生成的临时边界时，就单击"移除"选项，以移除2个复位杆和导套孔所生成的边界。当移除了动模板左侧顶部的螺钉孔、复位杆孔和导套孔所生成的边界后，就单击"编辑边界"对话框下方的 确定 ，退回到"平面铣"对话框。

步骤3 指定毛坯边界

下面将指定在加工前毛坯的截面形状，以定义最大可能要切除的材料。如图3-43

所示，在"平面铣"对话框的"几何体"选项组中，单击"指定毛坯边界"项右侧的选择或编辑毛坯边界图标⊗，将弹出"边界几何体"对话框。

知识点

◆ **毛坯边界**

"毛坯边界"用来定义加工前材料的原始几何形状，它通常与部件边界一起共同定义刀具要切除的材料量，如图3－44所示。简单地讲，部件边界定义了哪些材料要留下来，而毛坯边界则定义哪些材料要切除。

图3－43　指定部件边界

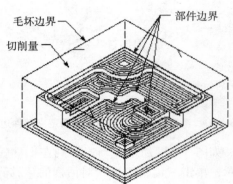

图3－44　毛坯边界

下面将选择动模板顶部的边缘定义一个矩形来定义毛坯边界。如图3－45（a）所示，在"边界几何体"对话框将边界"模式"设置为"曲线/边…"，将弹出如图3－45（a）所示的"创建边界"对话框。

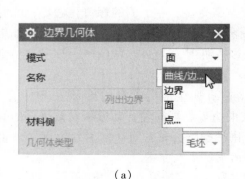

（a）

（b）

图3－45　使用"曲线/边"模式指定毛坯边界

知识点

◆**边界模式：曲线/边**

"曲线/边"模式允许选择曲线或边缘以创建临时边界。当使用"曲线/边"模式创建边界时，需要指定边界的类型、边界的平面高度、边界的材料侧和边界的刀具位置。如果有需要，也可以为每一个部件边界设定不同的边界数据，包括余量和进给率等。

选择曲线或边缘时，既可以直接逐一选择目标曲线或边缘，也可以先在"创建边界"对话框选择"成链"选项后，再在图形窗口分别选择线串的起始曲线和终止曲线，以生成边界。

当完成创建一个边界后，如果需要创建多个边界，则可单击"创建下一个边界"选项后，再选择目标曲线或边缘来创建下一个边界。创建多个边界时，每个边界的类型、平面高度、材料侧和刀具位置都需要重新确定。

如果需要移除已经创建的边界，则可在"创建边界"对话框单击"移除上一个成员"选项。每单击一次，系统将按与创建相反的顺序移除一个边界，直至移除所有边界为止。

◆**边界的类型**

根据边界的起点和终点是否共点，边界可分为开放式边界和封闭式边界。封闭式边界定义了一个区域，此类边界的第一个边界成员的起点与最后一个边界成员的终点为同一点；开放式边界仅定义一个路径，此类边界的第一个边界成员的起点与最后一个边界成员的端点不共点。

判断一个边界是开放式边界还是封闭式边界时，不能仅从表观形状上来确定，有可能看似封闭式边界，但其实是开放式边界。对于封闭的曲线/边缘，可以生成开放式边界，也可以生成封闭式边界；同样，对于不封闭的曲线/边缘，可以生成开放式边界，也可以生成封闭式边界。

生成封闭式边界时，可以选择不连续的曲线或面的边缘。当曲线或边缘投影到

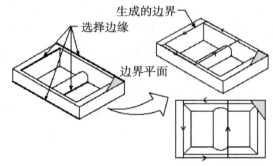

图 3-46　不连续曲线生成封闭式边界

边界平面后，系统将自动沿各边界成员端点的切矢方向延长或缩短以形成平面封闭式边界，如图 3-46 所示。

◆**边界的平面**

可以选择空间任意位置的点、曲线/边缘、面来生成边界，生成的边界总是位于一个平面上。边界平面的位置既可以由选择的对象来确定，也可以由人为指定。边界形状由所有选择的对象按边界平面的法矢方向投影到该平面而生成。

选择对象的类型和位置不同，所生成边界的平面位置也不同：

如果选择点生成边界，则系统默认前三个点所定义的平面作为边界平面。

如果选择直线生成边界，则系统默认前两条直线所定义的平面作为边界平面。

如果选择圆弧生成边界，则系统默认第一个圆弧所定义的平面作为边界平面。

如果选择曲线生成边界，若该曲线为平面曲线，则系统默认曲线所在平面作为边界平面。

如果选择任意点、直线、圆弧、曲线组合生成边界，则系统默认由这些对象中（根据选择顺序）所定义的第一个平面作为边界平面。

如果选择的对象无法定义一个平面，则系统默认当前工作坐标系（WCS）的 XY 平面作为边界平面。当选择三维空间的曲线或面的边缘生成边界时，应指定合适的边界平面，否则，可能得到不正确的刀具路径。

◆ **边界的刀具位置**

刀具与边界成员之间存在三种位置关系："相切""对中"和"接触"。"相切"是指刀具侧刃与边界相切接触对齐，用半箭头表示，如图 3-47（a）所示。"对中"是指沿刀轴或刀具中心与边界对齐，用全箭头表示，如图 3-47（b）所示。"接触"是指在三维空间上刀具与边界接触，用三角形表示，如图 3-47（c）所示，这种位置关系仅适用于固定轴轮廓铣工序类型。

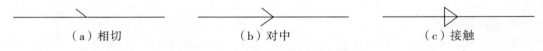

（a）相切　　　　　　　（b）对中　　　　　　　（c）接触

图 3-47　刀具位置的图形显示

首先，在"创建边界"对话框分别设置边界的"类型"为"封闭的"、"平面"为"自动"、"材料侧"为"内部"和刀具"位置"为"相切"。然后，如图 3-48 所示，在图形窗口依顺序选择动模板顶平面上的四条直线边缘。完成选择后，连续单击"创建边界"对话框下方的　确定　，退回到"平面铣"对话框。

步骤4　指定底面几何体

下面将指定底面几何体，以定义刀具最大可能的加工深度。如图 3-49 所示，在"平面铣"对话框的"几何体"选项组中，单击"指定底面"项右侧的选择或编辑底平面几何体图标 ⍟ ，将弹出"平面"对话框。

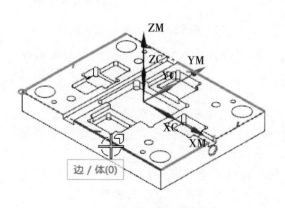

图 3-48　选择边缘定义毛坯边界

图 3-49　指定底面几何体

动模板中部的槽底平面为深度最大的面。默认情况下，平面"类型"为"自动判断"，如图3-50（a）所示，从图形窗口中选择槽的底平面，以定义当前工序的最大加工深度。完成面的选择后，单击"刨"对话框下方的 确定，退回到"平面铣"对话框。

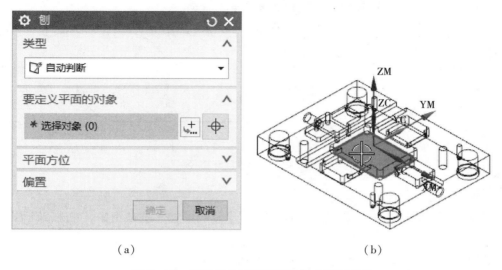

（a） （b）

图3-50 选择槽的底平面定义最大加工深度

步骤5 设定切削模式和步距

如图3-51所示，在"平面铣"对话框的"刀轨设置"选项组中，将"切削模式"设置为"摆线"、"步距"设置为"刀具平直百分比"，并设定"平面直径百分比"为"50"。

知识点

◆ **切削模式：摆线**

摆线切削模式将产生回环切削路径，以控制被嵌入的刀具运动，如图3-52所示，每当刀具被材料包围时，系统就会生成回环的切削路径。当需要限制过大的步距以防止刀具在完全嵌入切口时折断，且需要避免过量切削材料时，可应用此切削模式。

图3-51 指定切削模式和步距

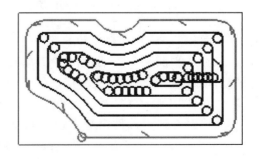

图3-52 摆线切削模式

摆线切削模式允许指定向内或向外的步进切削方向。如果步进方向为向内时，系统将产生如图3-53（a）所示的回环路径，俗称向内摆线。如果步进方向为向外时，系统将产生如图3-53（b）所示的回环路径，俗称向外摆线。应优先使用向外摆线切削模式，它将圆形回环和流畅的跟随运动有效地组合在一起。

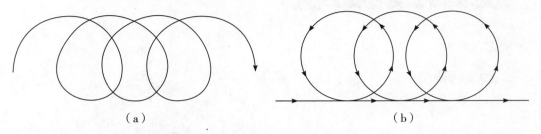

（a）　　　　　　　　　　　　　　（b）

图3-53　摆线回环路径

步骤6　设定切削层参数

如图3-54所示，在"平面铣"对话框的"刀轨设置"选项组中，单击切削层图标 ，将弹出"切削层"对话框。

如图3-55所示，在"切削层"对话框将"类型"设置为"用户定义"，并在"每刀切削深度"选项组中设定"公共"为"0.5"mm。其他参数均接受默认设置，单击 确定 ，退回到"平面铣"对话框。

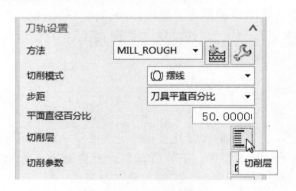

图3-54　设定切削层

图3-55　设定切削层类型和参数

步骤7　设定切削移动参数

在"平面铣"对话框的"刀轨设置"选项组中，单击切削参数图标 ，将弹出"切削参数"对话框。为确保加工质量和防止刀具过切，需要在槽的底部和侧壁留余量。

在"切削参数"对话框选择"余量"选项卡，如图3-56所示，在"余量"选项组中，可以看到"部件余量"已经自动继承了父级加工方法"MILL_ROUGH"的余量值"0.3"mm，设定"最终底面余量"为"0.1"mm，加工底平面时不容易过切，可以预留较少的余量。其他切削参数均接受默认设置，单击"切削参数"对话框下方的 确定 ，退回到"平面铣"对话框。

步骤 8　设定非切削移动参数

在"刀轨设置"选项组中，单击非切削移动图标 ⬚，将弹出"非切削移动"对话框。选择"进刀"选项卡，如图 3－57 所示，在"封闭区域"选项组中，将"进刀类型"设置为"螺旋"，并设定"斜坡角"为"3"、"高度"为"3"mm。

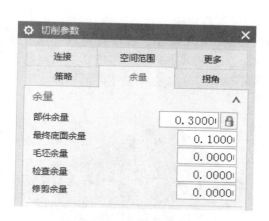

图 3－56　设定加工余量

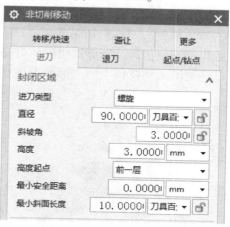

图 3－57　设定封闭区域的进刀类型及参数

在"非切削移动"对话框选择"转移/快速"选项卡，如图 3－58 所示，在"区域内"选项组中，将"转移类型"设置为"前一平面"，并设定"安全距离"为"3"mm。其他参数均接受默认设置，单击该对话框下方的 确定 ，退回到"平面铣"对话框。

图 3－58　设定区域内的转移类型及参数

步骤 9　设定主轴转速和进给

在该"刀轨设置"选项组中，单击进给率和速度图标 🪛，弹出"进给率和速度"对话框。如图 3－59 所示，在"进给率和速度"对话框的"主轴速度"选项组中，单击开启"主轴速度"选项检查符，并设定"主轴速度"为"550"rpm。

再在"进给率"选项组中，首先设定"切削"为"140"mmpm，然后单击"更多"选项组以扩展显示，设定"进刀"为"60"%、"第一刀切削"为"90"%。其他参数接受默认设置。完成设定后，单击 确定 ，退回到"平

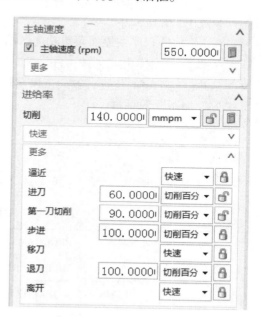

图 3－59　设定各种移动进给率

面铣"对话框。

步骤 10　生成和确认刀轨

在"操作"选项组中，单击生成图标![icon]，系统就生成了粗加工动模板的刀轨路径，如图 3 - 60 所示。在图形窗口中，旋转、局部放大模型，仔细观察刀轨路径特点。

下面将进一步验证刀轨路径的正确性。在"操作"选项组中，单击确认图标![icon]，弹出"刀轨可视化"对话框。先选择"2D 动态"模式，再单击"播放"按钮![icon]，此时刀具开始模拟切削仿真。当虚拟切削仿真完成后，如图 3 - 61 所示，在图形窗口可以看到刀具已经切除了动模板中的大部分毛坯材料，显示了槽的基本形状。当确认刀轨路径正确后，连续单击"刀轨可视化"对话框下方的 ![确定] 退出，即完成了新工序的创建。

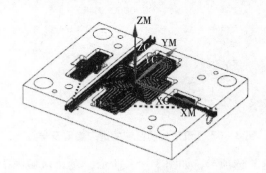

图 3 - 60　生成粗加工槽的刀轨路径

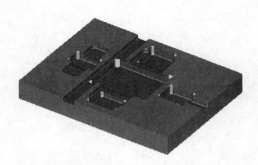

图 3 - 61　动模板粗加工虚拟切削效果

5. 创建精加工槽底面的工序

步骤 1　新建工序

在 NX 软件程序主界面菜单功能区的"主页"选项卡的"插入"工具组中，单击创建工序图标![icon]，弹出"创建工序"对话框。按表 3 - 7 的要求，选择工序类型、工序子类型，并设定工序的位置，输入工序名称。完成设定后，在该对话框下方单击 ![确定]，弹出"底壁加工"对话框。

表 3 - 7　创建精加工槽底面的工序

选项		选项值
工序类型		mill_planar
工序子类型		![icon]
工序位置	程　序	PROGRAM
	刀　具	MILL_D16R1
	几何体	WORKPIECE
	方　法	MILL_FINISH
工序名称		FINISH_FLOOR

步骤2 指定加工几何体

在"底壁加工"对话框的"几何体"选项组中，单击"指定切削区底面"项右侧的图标，将弹出"切削区域"对话框。选择方法已默认设置为"面"。如图3-62所示，在图形窗口选择动模板中所有槽的底平面，完成选择后单击该对话框下方的 确定 ，退回到"底壁加工"对话框。

步骤3 设定切削模式和步距

如图3-63所示，在该对话框的"刀轨设置"选项组中，将"切削区域空间范围"设置为"底面"、"切削模式"设置为"跟随部件"、步距设置为"刀具平直百分比"，并设定"平面直径百分比"为"55"%。

步骤4 设定切削移动参数

在"底壁加工"对话框的"刀轨设置"选项组中，单击切削参数图标，将弹出"切削参数"对话框。在该对话框选择"空间范围"选项卡，如图3-64所示，在该选项卡的"毛坯"选项组中，将"毛坯"设置为"厚度"，并设定"底面毛坯厚度"为"0.2"mm。在"切削区域"选项组中，设定"刀具延展量"为刀具直径的"70"%。

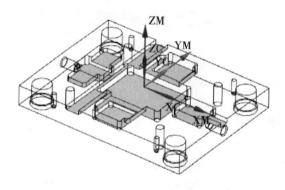

图3-62 选取槽的底平面定义切削区域

图3-63 设定切削模式和步距

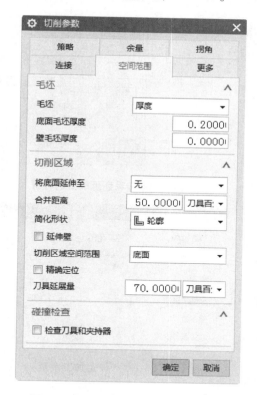

图3-64 设定空间范围选项卡参数

⚙ **知识点**

◆ **刀具延展量**

"刀具延展量"用于指定刀具超出切削边界的距离。毛坯延展距离是指切削面的外边缘与刀具外侧的距离，如果设定了毛坯余量，则该距离是指余量表面与刀具外侧的距离，如图3-65所示。毛坯延展距离必须大于0而小于刀具直径。

当前工序用于加工槽的底面，由于槽的深度较大，为防止刀具切削到槽的侧面，需要在槽的侧壁留余量，这个余量值应略大于上一个粗加工工序的余量值。在"切削参数"对话框选择"余量"选项卡，如图3-66所示，在"余量"选项组中，设定"部件余量"为"0.4"mm、"最终底面余量"为"0"。

再在"切削参数"对话框选择"连接"选项卡，如图3-67所示，在"开放刀路"选项组中，将"开放刀路"设置为"变换切削方向"，其他切削参数接受默认设置。单击 确定，退回到"底壁加工"对话框。

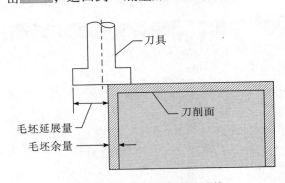

图3-65　毛坯延展量的计算

图3-67　设定连接选项卡参数

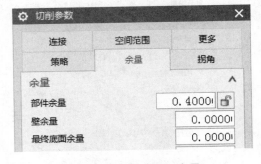

图3-66　设定加工余量

⚙ **知识点**

◆ **开放刀路：变换切削方向**

如果使用"变换切削方向"，则在开放的刀路中，当完成一条刀路切削后，刀具将保持与工件接触作步进移动到下一条刀路的起点，并采用相反的切削方向进行切削，如

图 3 – 68（a）所示。

◆**开放刀路：保持切削方向**

如果使用"保持切削方向"，则在开放的刀路中，当完成一条刀路切削后，刀具将抬刀离开工件并作移刀运动到下一条刀路的起点，以保持每条刀路均采用相同的切削方向，如图 3 – 68（b）所示。

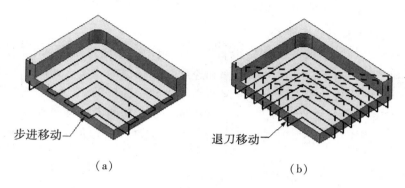

步进移动 —　　　　　　　　　　退刀移动 —

（a）　　　　　　　　　　　　　（b）

图 3 – 68　开放刀路的连接方式

步骤 5　设定切削层参数

当粗加工后，在槽的底面仅余 0.1 mm 的残余材料，仅使用一个切削层就可以切除这些材料，因此无须进行分层切削。如图 3 – 69 所示，在"底壁加工"对话框的"刀轨设置"选项组中，设定"每刀切削深度"为"0"。

步骤 6　设定非切削移动参数

在"刀壁设置"对话框的"刀轨设置"选项组中，单击非切削移动图标 🖫，将弹出"非切削移动"对话框。在该对话框选择"进刀"选项卡，如图 3 – 70 所示，在"封闭区域"选项组中，将进刀类型设置为"螺旋"，并设定"斜坡角"为"3"°、"高度"为"1"mm、"高度起点"为"当前层"。

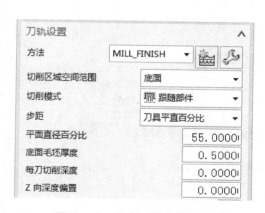

图 3 – 69　设定切削层的深度

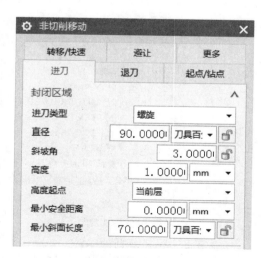

图 3 – 70　设定封闭区域的进刀类型及参数

再在"非切削移动"对话框选择"转移/快速"选项卡，如图 3 – 71 所示，在"区域内"选项组中，将"转移类型"设置为"前一平面"，并设定"安全距离"为"3"mm。其他参数均接受默认设置，单击 确定，退回到"底壁加工"对话框。

图 3 – 71　设定区域内的转移类型及参数

步骤 7　设定主轴转速和进给

在"底壁加工"对话框的"刀轨设置"选项组中，单击进给率和速度图标 ，弹出"进给率和速度"对话框。在"进给率和速度"对话框的"主轴速度"选项组中，单击开启"主轴速度"选项检查符，并设定"主轴速度"为"650"rpm。再在该对话框的"进给率"选项组中，设定"切削"为"180"mmpm，其他参数接受默认设置。完成设定后，单击"进给率和速度"对话框下方的 确定 退回到"底壁加工"对话框。

步骤 8　生成和确认刀轨

在"操作"选项组中，单击生成图标 ，系统在图形窗口生成了精加工槽底面的刀轨路径，如图 3 – 72 所示。旋转、局部放大模型，观察刀轨路径的特点。当确定刀轨路径正确后，单击"底壁加工"对话框下方的 确定 退出"底壁加工"对话框，即完成了新工序的创建。

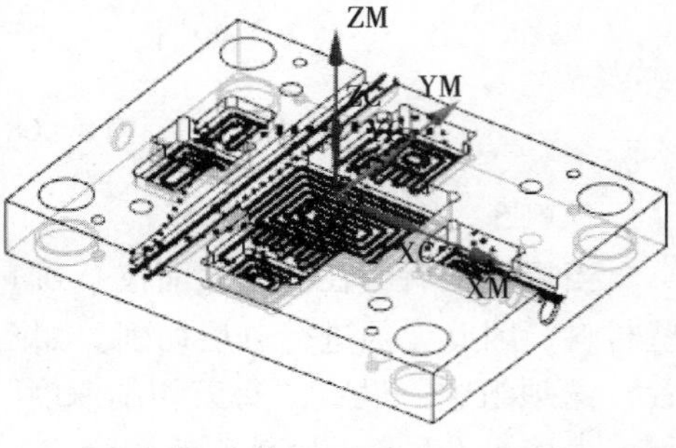

图 3 –72　生成精加工槽底面的刀轨路径

6. 创建精加工槽侧壁的工序

步骤 1　复制粗加工槽的工序

在主界面上边框条的程序顺序视图中，复制粗加工槽的工序"ROUGH"。先将复制的工序排列在资源条的精加工槽底面工序"FINISH_FLOOR"的后面，再将复制的工序更名为"FINISH_WALL"，如图 3 – 73 所示。

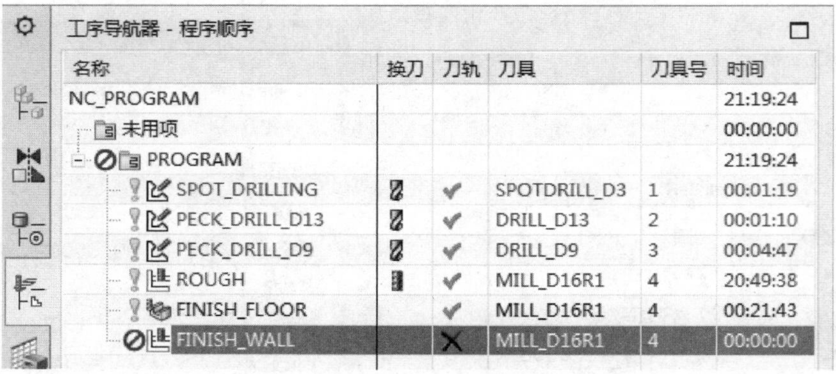

工序导航器 - 程序顺序					
名称	换刀	刀轨	刀具	刀具号	时间
NC_PROGRAM					21:19:24
未用项					00:00:00
－ PROGRAM					21:19:24
SPOT_DRILLING		✔	SPOTDRILL_D3	1	00:01:19
PECK_DRILL_D13		✔	DRILL_D13	2	00:01:10
PECK_DRILL_D9		✔	DRILL_D9	3	00:04:47
ROUGH		✔	MILL_D16R1	4	20:49:38
FINISH_FLOOR		✔	MILL_D16R1	4	00:21:43
FINISH_WALL		✕	MILL_D16R1	4	00:00:00

图 3 – 73　复制粗加工槽的工序并更名

步骤 2　编辑复制的工序

复制的工序与原工序具有相同的参数，并且不会自动生成刀轨路径。下面将编辑复制的工序，改变一些加工参数，使其成为精加工槽侧壁的工序并生成刀轨路径。双击资源条中工序名"FINISH_WALL"，将弹出"平面铣"对话框。

步骤 3 更换加工刀具

单击"平面铣"对话框的"工具"选项组使其展开显示，如图 3-74 所示，单击刀具下拉列表符号"▼"，将刀具更换为 16 mm 的平底铣刀"MILL_D16R0（铣刀-5 参数）"。

步骤 4 更改切削方法和切削模式

经过粗加工和底面精加工后，只有槽的侧壁还有残余材料，当前工序即用于切除这些残余材料。如图 3-75 所示，在"刀轨设置"选项组中，将"方法"设置为"MILL_FINISH"、"切削模式"设置为"轮廓"、设置"步距"为"恒定"，并设定"最大距离"为"1"mm、"附加刀路"为"1"。

图 3-74 更换刀具

图 3-75 更改切削模式为"轮廓"

步骤 5 更改切削层参数

在"平面铣"对话框的"刀轨设置"选项组中，单击切削层图标，将弹出"切削层"对话框。如图 3-76 所示，在"每刀切削深度"选项组中，设定"公共"为"8"mm。其他参数接受默认设置，单击 确定，退回到"平面铣"对话框。

步骤 6 更改切削移动参数

在"平面铣"对话框的"刀轨设置"选项组中，单击切削参数图标，将弹出"切削参数"对话框。选择"余量"选项卡，如图 3-77 所示，设定"最终底面余量"为 0，其他参数接受默认设置。单击 确定，退回到"平面铣"对话框。

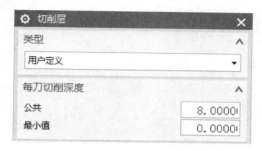

图 3-76 设定切削深度

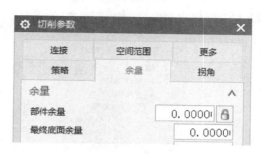

图 3-77 设定加工余量

步骤 7　更改非切削移动参数

在"平面铣"对话框的"刀轨设置"选项组中,单击非切削移动图标 ,将弹出"非切削移动"对话框。如图 3-78 所示,在该对话框"进刀"选项卡的"封闭区域"选项组中,将"进刀类型"设置为"与开放区域相同";在"开放区域"选项组中,将"进刀类型"设置为"圆弧",并设定"半径"为"8"mm、"高度"为"1"mm,其他参数接受默认设置。单击 确定 ,退回到"平面铣"对话框。

步骤 8　更改主轴转速和进给

在"平面铣"对话框的"刀轨设置"选项组中,单击进给率和速度图标 ,将弹出"进给率和速度"对话框。在该对话框的"主轴速度"选项组中,设定"主轴速度"为"450"rpm;在"进给率"选项组中,设定"切削"为"120"mmpm。完成设定后,单击 确定 ,退回到"平面铣"对话框。

步骤 9　产生刀轨路径

在"操作"选项组中,单击生成图标 ,系统即生成了精加工槽侧壁的刀轨路径,如图 3-79 所示。旋转、局部放大模型,观察刀轨路径的特点。当确定刀轨路径正确后,单击 确定 ,退出"平面铣"对话框,即完成了工序的编辑。

7. 创建拐角清理的工序

步骤 1　复制精加工槽侧壁的工序

在资源条程序顺序视图中,复制精加工槽侧壁的工序"FINISH_WALL",先将复制的工序排列在精加工槽侧壁工序"FINISH_WALL"的后面,再将复制的工序更名为"CLEANUP_CORNER",如图 3-80 所示。

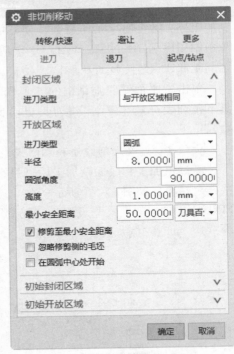

图 3-78　设定进刀移动方式

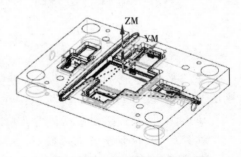

图 3-79　精加工槽侧壁的刀轨路径

名称	换刀	刀轨	刀具	刀具号	时间
NC_PROGRAM					22:14:04
未用项					00:00:00
PROGRAM					22:14:04
SPOT_DRILLING		✓	SPOTDRILL_D3	1	00:01:19
PECK_DRILL_D13		✓	DRILL_D13	2	00:01:10
PECK_DRILL_D9		✓	DRILL_D9	3	00:04:47
ROUGH		✓	MILL_D16R1	4	20:49:38
FINISH_FLOOR		✓	MILL_D16R1	4	00:21:43
FINISH_WALL		✓	MILL_D16R0	5	00:54:28
CLEANUP_CORNER		✗	MILL_D16R0	5	00:00:00

图 3-80　复制精加工槽侧壁的工序并更名

步骤2　编辑复制的工序

复制的工序与原工序具有相同的参数，并且不会自动生成刀轨路径。下面将编辑复制的工序，改变一些加工参数，使其成为切除槽侧壁拐角残余材料的工序并生成刀轨路径。双击工序名"CLEANUP_CORNER"，将弹出"平面铣"对话框。

步骤3　更换加工刀具

单击"平面铣"对话框的"工具"选项组使其展开显示，如图3-81所示，单击"刀具"下拉列表符号"▼"，将刀具更换为10 mm的平底铣刀"MILL_D10R0（铣刀-5参数）"。

步骤4　更改切削层参数

在"平面铣"对话框的"刀轨设置"选项组中，单击切削层图标▤，将弹出"切削层"对话框。如图3-82所示，在该对话框的"每刀切削深度"选项组中，设定"公共"为"5"mm。其他参数接受默认设置，单击 确定 退回到"平面铣"对话框。

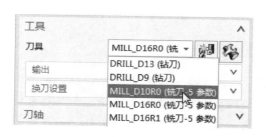

图3-81　更换刀具

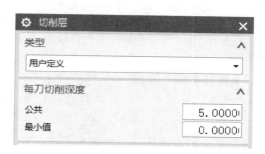

图3-82　设定削层深度

步骤5　更改切削移动参数

在"平面铣"对话框的"刀轨设置"选项组中，单击切削参数图标▨，弹出"切削参数"对话框。选择"空间范围"选项卡，如图3-83所示，先将"处理中的工件"设置为"使用参考刀具"，然后选择精加工侧壁时所使用的刀具"MILL_D16R0"作为参考刀具，并设定"重叠距离"的值为"2"。其他参数接受默认设置，单击 确定 退回到"平面铣"对话框。

步骤6　更改非切削移动参数

在"平面铣"对话框的"刀轨设置"选项组中，单击非切削移动图标▨，弹出"非切削移动"对话框。如图3-84所示，在"非切削移动"对话框"进刀"选项卡的"封闭区域"

图3-83　指定毛坯及选择参考刀具

选项组中，将"进刀类型"设置为"与开放区域相同"；在"开放区域"选项组中，将"进刀类型"设置为"圆弧"，并设定"半径"为"5"mm、"高度"为"0"。

再在"非切削移动"对话框选择"转移/快速"选项卡的"区域内"选项组，如图3－85所示，将"转移类型"设置为"直接"，其他参数接受默认设置。单击 确定 ，退回到"平面铣"对话框。

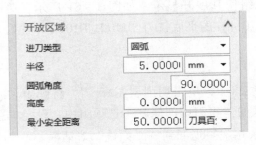

图3－84　设定进刀移动方式

图3－85　设定区域内的刀具转移类型

知识点

◆**转移类型：直接**

"直接"转移类型将使刀具在完成退刀后沿直线直接运动到下一个切削区域的进刀点，如果未指定进刀移动，则直接运动到初始切削点，如图3－86所示。如果遇到障碍物发生干涉时，刀具将抬起到在"安全设置"选项组所指定的安全平面作移刀移动到下一个切削区域的进刀点上方。

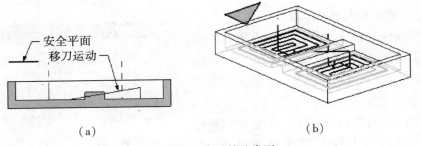

（a）　　　　　　　　　　　　　　　　　（b）

图3－86　直接转移类型

步骤7　更改主轴转速和进给

在"平面铣"对话框的"刀轨设置"选项组中，单击进给率和速度图标 ，将弹出"进给率和速度"对话框。在该对话框的"主轴速度"选项组中，设定"主轴速度"为"600"rpm；在"进给率"选项组中，设定"切削"为"150"mmpm。完成设定后，单击 确定 ，退回到"平面铣"对话框。

步骤8　产生刀轨路径

在"操作"选项组中，单击生成图标 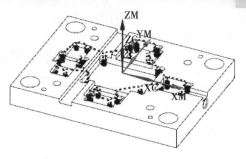，系统就生成了拐角清理的刀轨路径，如图3-87所示。旋转、局部放大模型，观察刀轨路径的特点。当确定刀轨路径正确后，单击 确定 ，退出"平面铣"对话框，即完成了工序的编辑。

图3-87　拐角清角的刀轨路径

3.6　动模板的加工仿真

动模板的加工仿真可参见1.6。仿真结果如图3-88所示。

图3-88　动模板的加工仿真结果

3.7　动模板的刀轨后处理

动模板的刀轨后处理操作可参见1.7底座的刀轨后处理。

3.8　课外作业

3.8.1　思考题

（1）使用哪些方法可以从工件模型中获取底平面的深度尺寸？

（2）创建刀具时必须设定刀具的长度么？哪些刀具参数会影响所生成的加工刀轨？

（3）使用什么方法可以改变钻孔时以切削进给移动时的起始高度位置？

（4）"平面铣"工序子类型是如何确定刀具的切削量？它适用于什么加工场合？

（5）毛坯边界的作用是什么？毛坯边界的材料侧是如何判定的？

（6）什么曲线可以用来指定部件边界？边界平面是如何确定的？

（7）在一个边界中刀具有几种位置？通过边界的显示可以判断是哪一种刀具位置么？

（8）摆线切削模式所生成的刀轨路径有什么特点？它适用于什么加工场合？

（9）想一想，有哪些切削移动和非切削移动的参数，可以减少刀具空切距离，缩短加工时间。

（10）请总结和简述平面类工件拐角清理的关键操作步骤以及需要设定哪些关键参数。

3.8.2 上机题

（1）请从目录"…\mill_parts\exercise"中打开工件模型文件"prj_3_exercise_1.prt"，如图 3-89 所示，仔细理解模型结构，然后应用 NX 软件程序创建加工此零件的加工刀轨。

（2）请从目录"…\mill_parts\exercise"中打开工件模型文件"prj_3_exercise_2.prt"，如图 3-90 所示，仔细理解模型结构，然后应用 NX 软件程序创建加工此零件的加工刀轨。

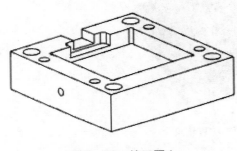

图 3-89 练习题 1

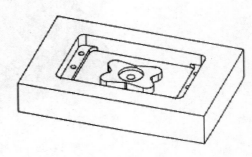

图 3-90 练习题 2

（3）请从目录"…\mill_parts\exercise"中打开工件模型文件"prj_3_exercise_3.prt"，如图 3-91 所示，仔细理解模型结构，然后应用 NX 软件程序创建加工此零件的加工刀轨。

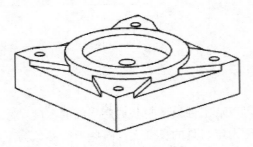

图 3-91 练习题 3

项目 4
底壳型腔镶件加工编程

4.1　底壳型腔镶件的加工项目

4.1.1　底壳型腔镶件的加工任务

图 4 - 1 是一个注塑模底壳型腔镶件的三维模型，零件材料为 718 模具钢，表 4 - 1 是底壳型腔镶件的加工条件。请分析底壳型腔镶件的形状结构，并根据零件加工条件，制定合理的加工工艺，然后使用 NX 软件编写此零件的数控加工 NC 程序。

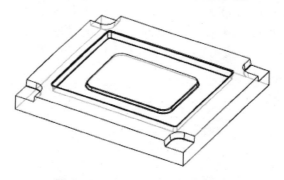

图 4 - 1　底壳型腔镶件三维模型

表 4 - 1　底壳型腔镶件的加工条件

零件名称	生产批量	材料	坯料
底壳型腔镶件	单件	718 模具钢	坯料为 400.00 mm × 350.00 mm × 50.00 mm 的长方体

4.1.2　项目实施：导入底壳型腔镶件的几何模型

首先，从目录"…\mill_parts\start\"中打开文件"prj_4_start.prt"，这就是底壳型腔镶件的三维模型，本项目将编写此模型的数控加工 NC 程序。

然后，将模型另存至目录"…\mill_parts\finish\"中，新文件取名为"***_prj_4_finish.prt"。其中，"***"表示学生学号，例如"20161001"。

4.2 底壳型腔镶件的加工工艺

4.2.1 底壳型腔镶件的图样分析

底壳型腔镶件主要由平面、圆柱面和圆锥面构成，形状结构不复杂，属于典型的曲面类工件。在加工前，需要对底壳型腔镶件进行分析，了解零件模型的结构和几何信息，包括零件的长宽高尺寸、型腔的深度和拐角尺寸等，这些信息用来确定加工工艺的各种参数，尤其是确定刀具尺寸参数。

底壳型腔镶件具有以下几个形状特点：

（1）型腔为一个方形槽，槽的侧壁面为具有一定拔模斜度的平面，型腔的底面为水平面，型腔底面有一个较大的凸台，凸台的侧壁面也是倾斜平面。由于侧壁面为倾斜平面，并且侧壁面拐角处、侧壁面与底平面的连接处都使用了圆柱面连接，这需要用曲面加工的工艺编写加工路径。

（2）在型腔方形槽的 4 个拐角中，如图 4 - 2（a）所示，每一个拐角都有 2 个圆柱面，上部拐角圆柱面的最小半径约为 6.60 mm、下部拐角圆弧面的最小半径约为 5.58 mm。这使得精加工时需使用直径 12 mm 和 10 mm 以下的刀具。

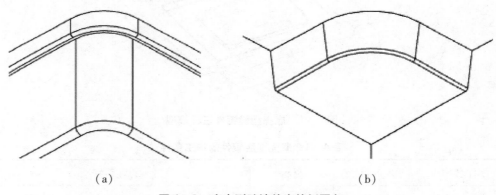

（a）   （b）

图 4 - 2   底壳型腔镶件中的倒圆角

（3）型腔镶件外形的 4 个顶角处均有一个起"锁扣"作用的开口槽，如图 4 - 2（b）所示，开口槽的侧壁面为倾斜面、底面为平面，两侧壁斜面之间为圆锥面，圆锥面的大端圆弧半径为 22.00 mm，侧壁面与底面使用直径为 1.00 mm 的倒圆角连接。这个倒圆角尺寸使得精加工时需使用圆角半径小于 1.00 mm 的圆角刀。

（4）型腔方形槽侧面与底平面、型腔底部凸台的侧面与底平面都使用倒圆角连接，上部型腔侧面与底平面的倒圆角半径为 0.507 5 mm、下部型腔侧面与底平面的倒圆角半径为 1.015 mm。型腔凸台侧面与底平面的倒圆角半径为 1.522 5 mm。这 3 个倒圆角尺寸使得精加工时需使用圆角半径小于 0.5 mm 的圆角刀或球刀。

4.2.2 项目实施：分析底壳型腔镶件的几何信息

1. 指定加工环境

从主界面菜单功能区"应用模块"选项卡中单击加工图标 ，就进入加工应用模块，此时会弹出"加工环境"对话框。从"CAM 会话配置"列表中选择"cam_general"，如图 4 - 3 所示，从"要创建的 CAM 设置"列表中选择"mill_ contour"，然后单击 ，完成加工环境的初始化。

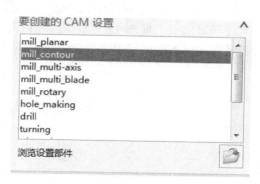

图 4 -3 指定 CAM 设置

知识点

◆CAM 设置：mill_contour

"mill_contour"包括了机床坐标系（MCS）、工件、程序和用于钻、粗铣、半精铣和精铣的方法，并提供了一系列曲面加工的工序模板，主要用于曲面类工件的加工。

2. 模型几何分析

步骤 1 测量底壳型腔镶件模型的外形尺寸

从"分析"选项卡的"测量"工具组中，选择【更多→简单长度】，将弹出"简单长度"对话框。如图 4 -4 所示，分别选择型腔镶件模型中沿 X、Y 和 Z 方向的边缘，可以查看到型腔镶件的长度为 400.00 mm、宽度为 350.00 mm。

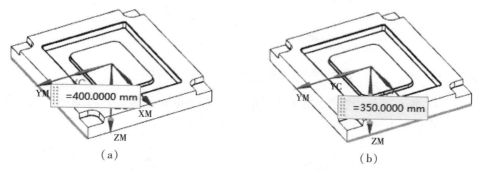

(a)　　　　　　　　　　　　(b)

图 4 -4 测量型腔镶件模型的长和宽尺寸

从"分析"选项卡的"测量"工具组中，选择简单距离图标 ，将弹出"简单距离"对话框。如图 4 -5 所示，分别选择型腔镶件顶面边缘定义起点、底面边缘定义终点，可查看到型腔镶件的厚度为 50.00 mm。

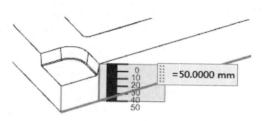

图 4 -5 测量型腔镶件的厚度尺寸

步骤2　测量底壳型腔镶件模型的圆弧尺寸

从"分析"选项卡的"测量"工具组中，单击【更多→ ⚒简单半径 】，将弹出"简单半径"对话框。如图4-6所示，分别选择锁扣开口槽部位的拐角圆弧、侧面与底平面的倒圆角，可测量得到圆弧半径分别为 22.00 mm 和 1.00 mm。

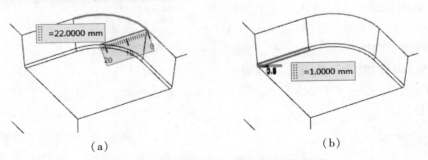

（a）　　　　　　　　　　　　　　（b）

图4-6　测量锁扣开口槽的圆弧半径尺寸

如图4-7所示，分别选择型腔拐角圆弧面，可测量得到上部拐角圆弧面的半径为 6.597 5 mm、下部拐角圆弧面的半径为 5.582 5 mm。

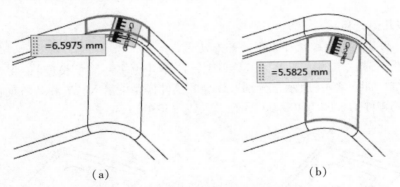

（a）　　　　　　　　　　　　　　（b）

图4-7　测量型腔拐角圆弧面的半径尺寸

如图4-8所示，分别选择型腔侧面与底平面的倒圆角圆弧面，可测量得到上部倒圆角圆弧面的半径为 0.507 5 mm、下部倒圆角圆弧面的半径为 1.015 0 mm。

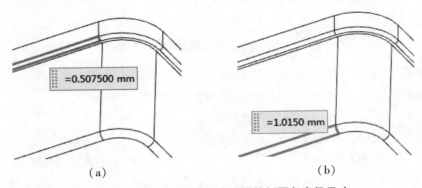

（a）　　　　　　　　　　　　　　（b）

图4-8　测量型腔侧面与底平面的倒圆角半径尺寸

如图 4 − 9 所示，选择型腔凸台侧面与底平面的倒圆角圆弧面，可测量得到倒圆角圆弧面的半径为 1.522 5 mm。

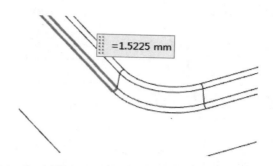

图 4 − 9　测量型腔凸台侧面与底平面的倒圆角半径尺寸

步骤 3　测量底壳型腔镶件模型中各个底平面的深度

从上边框条选择【菜单→分析→NC 助理】，将弹出 "NC 助理" 对话框。在 "要分析的面" 选项组中，在图形窗口中框选型腔模型中的所有面。在 "分析类型" 选项组中，将分析类型设置为 "层"，使用此分析类型能够获取模型中水平面相对于参考面的深度。

在 "参考矢量" 选项组中，先单击 "指定矢量" 项使其高亮显示，再选择型腔镶件的分型平面来定义参考矢量方向，以作为各个底平面深度值计算的正向，如图 4 − 10 (a) 所示。

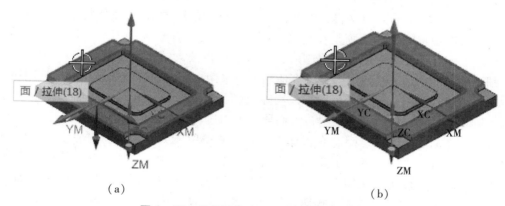

(a)　　　　　　　　　　　　　　　　　(b)

图 4 − 10　选择面指定参考方向和参考平面

在 "参考平面" 选项组中，先单击 "指定平面" 项使其高亮显示，再选择型腔镶件的分型平面作为参考平面，以作为各个底平面深度计算的参考原点，如图 4 − 10 (b) 所示。

其他参数均接受默认设置，在 "操作" 选项组中，单击分析几何体图标 ，完成分析后，模型中的槽底平面会显示不同的颜色，这表示它们的深度值不同。

在 "结果" 选项组中，单击信息图标 ，此时弹出如图 4 − 11 所示的 "信息" 对话框，它列出了不同颜色面所对应的深度值。可以看到，型腔镶件模型中部的底平面为

Deep Blue（深蓝色），其所对应的深度为 18.27 mm，这是本项目任务所要加工的最大深度位置。

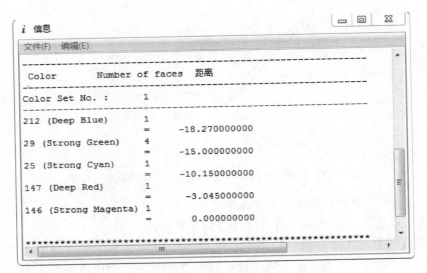

图 4 –11　不同颜色底平面对应的深度值

4.2.3　底壳型腔镶件的加工方法

在加工底壳型腔镶件的形状时，应确保型腔侧壁面和底平面的加工精度和表面粗糙度，在侧壁面上不能有残余材料，以及在刀具有合理使用寿命的前提下使生产率最高。

确定铣削用量的基本原则是在允许范围内尽量先选择较大的刀具、较大的进给量，当受到表面粗糙度和铣刀刚性的限制时，再考虑选择较大的切削速度。铣刀较长、较小时，则取较小的切削速度和吃刀量。高速加工应采用少切削快进给的原则确定切削用量。

底壳型腔的加工应先进行粗加工以切除大部分材料后，再进行半精加工使残余材料均匀，避免在精加工时因局部材料过大而导致弹刀过切，最后再进行精加工。根据经验，铣刀加工侧壁时容易过切，因此在粗加工时应在侧壁留较大的余量、在底平面留较小的加工余量。粗加工时，径向切削宽度为刀具直径的 40% ~ 60%，加工具有拔模锥度的侧壁面时，切削层深度可按粗加工、半精加工和精加工依次适当减小，以确保表面加工的光洁度。在粗加工时采用螺旋方式切入工件，既可以使切削更稳定，保护刀具，又避免预先钻下刀孔。

底壳型腔的工件材料为 718 模具钢，常见硬度在 HB 290 ~ 310 之间，其硬度较高，较难切削，一般需用硬质合金刀具进行加工。经查资料可知，当加工 718 模具钢时，如使用硬质合金刀具（刀片），则切削速度为 80 ~ 120 mpm、每齿进给量为 0.09 ~ 0.5 mmpz。如使用硬质合金刀具（整体），则切削速度为 90 ~ 400 mpm、每齿进给量为 0.02 ~ 0.12 mmpz。因此，铣刀的转速和铣刀的进给率可由公式计算求得。实际的刀具转速和进给率需要考虑机床刚性、刀具直径、刀具材料、工件材料和刀具品牌等诸多因素而选择经验值。

4.2.4　项目实施：设定底壳型腔镶件的加工方法参数

步骤 1　将工序导航器切换到加工方法视图

需要在工序导航器的加工方法视图中设定加工的常用参数。在上边框条中单击加工方法视图图标 ，将工序导航器切换到加工方法视图。

步骤 2　设定粗加工方法参数

双击粗加工方法节点名"MILL_ROUGH"，即弹出"铣削粗加工"对话框。在"余量"选项组中，设定"部件余量"为"0.6"。其他参数均接受默认设置，按 确定 退出。

步骤 3　设定半精加工方法参数

双击半精加工方法节点名"SEMI_MILL_FINISH"，就弹出"铣削半精加工"对话框。如图 4 – 12 所示，在"余量"选项组中，设定"部件余量"为"0.15"。其他参数均接受默认设置，按 确定 退出。

图 4 – 12　设定半精加工方法参数

步骤 4　设定精加工方法参数

双击精加工方法节点名"MILL_FINISH"，就弹出"铣削精加工"对话框。在"余量"选项组中，设定"部件余量"为"0"。在"公差"选项组中，分别设定"内公差"为"0.01"、"外公差"为"0.01"。其他参数均接受默认设置，按 确定 退出。

4.3　底壳型腔镶件的工件安装

4.3.1　底壳型腔镶件的工件装夹

工件在加工中心进行加工时，应根据工件的形状和尺寸选用正确的夹具，以获得可靠的定位和足够的夹紧力。工件装夹前，一定要先将工作台和夹具清理干净。夹具或工件安装在工作台上时，要先使用量表对夹具或工件找正找平后，再用螺钉或压板将夹具或工件压紧在工作台上。

在加工前，底壳型腔镶件的坯料为一个长方体，如图 4 – 13 所示，坯料尺寸为 400.00 mm × 350.00 mm ×50.00 mm，它的 6 个表面已经加工到位。在编程时，可设计这样的长方体并定义作为毛坯几何体。

本项目任务是加工型腔镶件中的方形槽和"锁扣"开口槽。由于是单件加工，且坯料尺寸较大，因此可采用夹板装夹，需要确保刀具移动时不会干涉工件、夹板和螺栓等相关夹具。

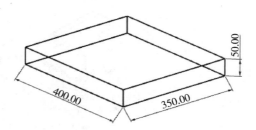

图 4 –13　底壳型腔镶件的长方体坯料

由于型腔镶件尺寸较大，如果直接放置在工作台面上，可能会存在杂质导致不平衡，给加工带来误差。为确保零件保持水平状态，可先在工作台上放置两个等高的长方形垫块，然后将型腔镶件放于垫块之上，再用夹板和螺栓压紧。在夹紧前，需对型腔镶件的基准面在 X 方向进行拖表找正，误差不得超过 0.01 mm。夹紧后，需对型腔镶件顶平面进行 X 和 Y 方向拖表找正，误差不得超过 0.01 mm，以验证其是否保持水平。

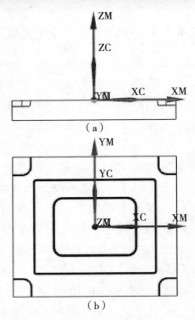

型腔镶件中所有需要加工的面都在同一侧，只需要一次装夹即可完成加工，因此可设置 1 个编程坐标系。编程原点（即加工坐标系原点或机床坐标系原点）设在型腔镶件顶平面（分型面）的中心位置，编程坐标系的 X 轴正向指向右侧、Z 轴正向指向向上，如图 4-14 所示。

图 4-14 底壳型腔镶件加工的机床坐标系方位

4.3.2 项目实施：指定底壳型腔镶件的加工几何体

步骤 1 将工序导航器切换到几何视图

需要在工序导航器的几何视图中指定加工的几何体。在工序导航器的空白处，单击【鼠标右键→ 】，将工序导航器切换到几何视图。单击机床坐标系节点"MCS_MILL"前的"+"号，以扩展显示工件几何体节点"WORKPIECE"。

步骤 2 设定机床坐标系

（1）双击机床坐标系节点名"MCS_MILL"，就弹出"MCS 铣削"对话框。目前机床坐标系的原点位于型腔顶平面（分型面）的中心位置，但其 ZM 轴的指向不正确。对于立式三轴机床来讲，其机床坐标系的 ZM 轴应背向工作台。

如图 4-15（a）所示，单击 YM 轴和 ZM 轴之间的"球形"手柄，并设定"角度"为"180"，使机床坐标系绕 XM 轴旋转 180°，此时 ZM 轴正向指向向上、XM 轴正向指向右侧，如图 4-15（b）所示。

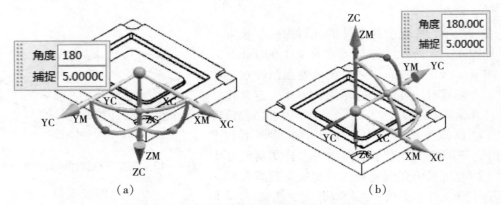

图 4-15 机床坐标系位于模型顶部平面中心位置

（2）在"安全设置"选项组中，安全设置选项已经默认设置为"自动平面"，并且"安全距离"为"10"，这将使得刀具将会抬起到这个高度进行横越运动。单击 确定 ，退出"MCS 铣削"对话框，即完成了机床坐标系和安全平面的设定。

步骤 3　指定工件几何体

（1）继续在工序导航器的几何视图中，双击工件节点名"WORKPIECE"，将弹出"工件"对话框。单击"指定部件"项右侧的图标 ，弹出"部件几何体"对话框。如图 4-16 所示，在图形窗口中选择动模板模型，把它定义为部件几何体。单击 确定 ，退回到"工件"对话框。

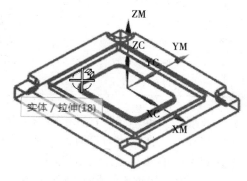

图 4-16　选择型腔镶件模型定义部件几何体

（2）单击"指定毛坯"项右侧的选择或编辑毛坯几何体图标 ，弹出"毛坯几何体"对话框。由于底壳型腔镶件的坯料为长方体，并且 6 个表平面已经完成加工，因此，先将毛坯"类型"设置为"包容块"，并接受默认的限制值为 0，此时系统会自动计算一个方块体来定义毛坯几何体，如图 4-17 所示。

（3）连续单击 确定 ，退出"工件"对话框，完成工件几何体和毛坯几何体的指定。

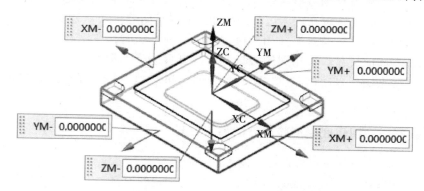

图 4-17　使用自动包容块定义毛坯几何体

4.4　底壳型腔镶件的加工刀具

4.4.1　底壳型腔镶件加工的刀具选择

数控加工的刀具选用要考虑众多因素，包括机床性能、工件材料、切削用量、加工形状和经济成本等。刀具选择的基本原则是安装调整方便、刚性好、耐用度和精度高。在满足加工要求的前提下，尽量选择长度较短的刀柄，以提高加工刚性。

底壳型腔镶件的材料是 718 模具钢，材料硬度较高，难于切削，因此可以使用硬质合金刀具加工。综合考虑各种实际因素，表 4-2 列出了加工底壳型腔镶件时所使用刀具的规格和数量。

表 4 – 2　加工底壳型腔镶件的刀具规格和数量

序号	刀具材料	数量	刀具直径/mm	刀尖半径/mm	刀具用途说明
1	硬质合金铣刀（刀杆刀粒）	1	32	6	用于粗加工型腔和精加工型腔底平面
2	硬质合金铣刀	1	12	0.5	用于半精加工型腔侧面材料
3	硬质合金铣刀	1	12	0.5	用于精加工型腔侧面
4	硬质合金铣刀	1	8	0.5	用于切除型腔拐角残余材料

在加工一个工件时，经常需要使用多把相同尺寸的刀具，分别用于粗加工、半精加工或精加工。在创建刀具时，既可以创建 2 把刀具，也可以仅创建 1 把刀具，可在工序中设定不同的刀具号以实现自动换刀。在实际加工时，为确保加工质量应准备 2 把刀具，1 把刀具用于粗加工，另 1 把刀具用于精加工，并安装在机床刀库中对应的刀槽上，刀槽编号与编程时设定的刀具号应保持一致。

对于机械夹固结构的硬质合金刀具，其可转位刀片固定在刀杆上，在数控加工编程时，则有两种处理方法：

第一种处理方法是更换新刀粒但不更换刀杆。使用这种方法时，在编程时仅创建 1 把刀具，使用同一把刀具编写刀轨路径，也不需要在工序中重新设定刀具号。在实际加工需要使用新刀具时，则可在机床运行程序加工时进行暂停更换新刀粒。

第二种处理方法是更换新刀杆和刀粒。使用这种方法时，在编程创建刀具时，可以创建 2 把名称不同但尺寸参数相同的刀具，也可以只创建 1 把刀具，而在工序中通过设定不同的刀具号来实现自动换刀。在实际加工时，机床刀库的不同刀槽应安装有 2 把尺寸相同的刀具。

4.4.2　项目实施：创建底壳型腔镶件的加工刀具

步骤 1　将工序导航器切换到机床视图

将工序导航器切换到机床视图，可方便查看所创建的刀具。在工序导航器的空白处，单击【鼠标右键→机床视图】，将工序导航器切换到机床视图。

步骤 2　创建直径为 32 mm 的圆角铣刀

在"主页"选项卡的"插入"工具组中，单击创建刀具图标 📇，即弹出"创建刀具"对话框。如图 4 – 18 所示，将刀具"类型"设置为"mill_contour"，并单击刀具子类型图标 🗐，输入刀具"名称"为"MILL_D32R5"，再单击 确定，弹出"铣刀 – 5 参数"对话框。

如图 4 – 19 所示，在"尺寸"选项组中，设定铣刀的"直径"为"32"、"下半径"为"5"。在"编号"选项组中，分别设定"刀具号""补偿寄存器"和"刀具补偿寄存器"为"1"。其他参数均接受默认设定，单击 确定 退出，即完成了刀具的创建。

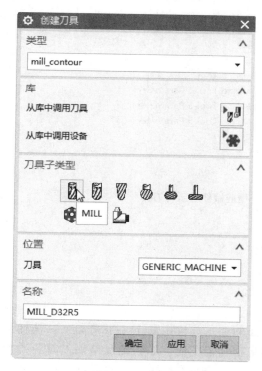

图 4-18　创建用于曲面轮廓加工的圆角铣刀

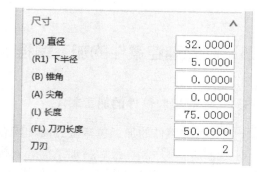

图 4-19　设定圆角铣刀的参数

步骤 3　创建加工型腔镶件的其他刀具

按相同的操作方法，根据表 4-3 列出的刀具类型、刀具直径、刀尖半径和刀具号等参数要求，其他参数均接受默认设置，创建其他 2 把圆角铣刀刀具。为确保加工质量，一般在精加工时，需要更换新刀具，但如果粗加工和精加工所用刀具的参数完全相同，则可以创建 1 把刀，在编程时设定不同的刀具号以更换新刀具。

表 4-3　加工底壳型腔镶件其他刀具的参数

序号	刀具类型	刀具子类型	刀具名称	刀具直径/mm	刀尖半径/mm	刀具锥角/°	刀具号和补偿寄存器
1	mill_contour		MILL_D12R0.5	12	0.5	0	2
2	mill_contour		MILL_D8R0.5	8	0.5	0	3

当完成刀具的创建后，它们将按创建时间的先后顺序，列出于工序导航器机床视图中，如图 4-20 所示。刀具的创建顺序和列出顺序对加工效果没有影响。

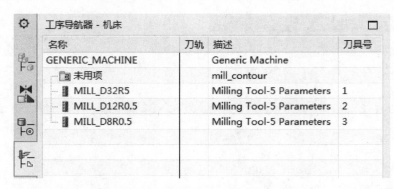

图 4-20　创建加工底壳型腔镶件的所有刀具

4.5　底壳型腔镶件的加工编程

4.5.1　底壳型腔镶件的加工顺序

底壳型腔镶件的加工包括型腔面和配合面的加工。按粗加工→半精加工→精加工的原则安排加工顺序。在最后精加工前，安排半精加工工序，尽量确保精加工时的残余材料均匀，这样既保护刀具寿命，又确保加工质量。表 4-4 列出了型腔镶件加工的工序顺序。

表 4-4　底壳型腔镶件加工的工序顺序

加工顺序		说　明
第 1 次装夹	1	用直径为 32 mm 的圆角刀粗加工型腔，侧面余量为 0.4、底面余量为 0.1
	2	用直径为 12 mm 的圆角刀半精加工型腔侧壁，侧面余量为 0.15
	3	用直径为 32 mm 的圆角刀精加工型腔的底平面，侧面余量为 0.2、底面余量为 0
	4	用直径为 12 mm 的圆角铣刀精加工型腔的侧壁面
	5	用直径为 12 mm 的圆角铣刀精加工型腔镶件中 4 个"锁扣"开口槽侧面，加工余量为 0
	6	用直径为 8 mm 的圆角铣刀切除侧壁拐角的残余材料

4.5.2　项目实施：创建底壳型腔镶件的加工工序

由于工序导航器的程序顺序视图真实反映了工序的实际执行顺序，因此，在工序导航器的空白处，按【鼠标右键→程序顺序视图】，将工序导航器切换到程序顺序视图，这样可直观查看工序的排列顺序是否正确。

1. 创建粗加工型腔的工序

步骤1　新建工序

从"主页"选项卡功能区的"插入"工具组中，单击创建工序图标 ，即弹出"创建工序"对话框。如图 4 – 21 所示，首先将工序"类型"设置为"mill_contour"，单击"型腔铣"工序子类型图标 ，然后指定工序的位置："程序"为"PROGRAM"、"刀具"为"MILL_D32R5（铣刀–5）"、"几何体"为"WORKPIECE"、"方法"为"MILL_ROUGH"，最后输入工序"名称"为"rough"。完成设定后，单击 确定 ，弹出"型腔铣"对话框。

图4–21　创建型腔铣工序

◆工序子类型：型腔铣

"型腔铣"工序子类型为穴型加工的基础工序，可以使用所有切削模式来切除毛坯材料。由于能够高效率地切除平面层中的大量材料，并且在计算刀轨时会考虑侧面的形状，因此在大多数情况下，"型腔铣"工序都是用来进行粗加工，但少数场合也可用于半精加工和精加工，这主要取决于工件模型的形状特点和加工工艺要求。

在穴型加工中，被切除的材料量由毛坯几何体和部件几何体共同确定。如图 4 – 22 所示，系统将计算毛坯几何体和部件几何体的体积差，即 $V_B - V_P = V$，作为理论上需要切除的材料量 V。如果没有指定毛坯几何体，就由部件几何体形成一个封闭的空间来定义待加工的材料量，如果无法形成一个封闭的区域，则系统不会生成加工刀轨。

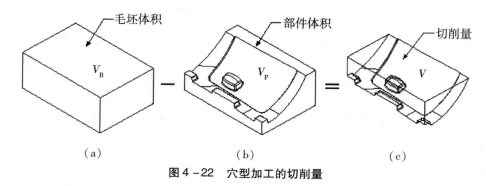

（a）　　　　　　　　（b）　　　　　　　　（c）

图4–22　穴型加工的切削量

在系统产生刀轨时，首先，系统用切削层平面分别与毛坯几何体和部件几何体相交，从而得到两个截面形状，它们分别等同于平面加工中的毛坯边界和部件边界，然后，系统会自动判断这两个截面形状的材料侧，从而确定刀具正确的切削范围，这个切削范围相当于用切削层平面直接与表示加工量的几何体相交而得到的截面形状。因此与平面加工相似，穴型加工产生的刀轨也是以层状方式切除材料的，每一个切削层的刀轨都位于垂直于刀轴的平面内，从上到下完成一个切削层后再进入下一个切削层切削，直至到达最大深度处。因此，穴型加工实质上就是两轴半加工。

步骤2　指定加工几何体

由于在创建工序时已将当前工序指派到父级几何体组"WORKPIECE"，如图4－23所示，可观察到"指定部件"项右侧的图标 和"指定毛坯"右侧的图标 均呈灰色（图中加框部分）显示，这说明当前工序自动继承了父级几何体组"WORKPIECE"所指定的部件几何体和毛坯几何体。

分别单击"指定部件"和"指定毛坯"这两项右侧的显示图标 ，则在图形窗口中将会以不同的颜色高亮显示部件几何体和毛坯几何体。

图4－23　部件和毛坯几何体自动继承父级组的几何体

步骤3　设定切削模式和步距

如图4－24所示，在"刀轨设置"选项组中，将"切削模式"设置为"跟随部件"、"步距"设置为"刀具平直百分比"，并设定"平面直径百分比"为"50"。

步骤4　设定切削层参数

如图4－25所示，在"刀轨设置"选项组中，将"公共每刀切削深度"设置为"恒定"，并设定"最大距离"为"0.8"mm。

图4－24　设定切削模式和步距

图4－25　设定切削层类型和切削层深度

知识点

◆公共每刀切削深度

"公共每刀切削深度"提供了"恒定"和"残余高度"这两个选项以控制切削层深

度的定义方式。"恒定"选项用于直接设定相同的切削层深度值，"残余高度"选项用于设定相邻刀路之间的残余材料高度来定义切削层的深度。

◆ **最大距离**

"最大距离"参数用于设定相邻切削层的深度，系统会使用这个距离值均分整个切削范围，如果刚好能均分，则实际切削层的深度等于"最大距离"值，否则将略小于"最大距离"值。

步骤5 设定切削移动参数

在"刀轨设置"选项组中，单击切削参数图标 ⊿，将弹出"切削参数"对话框。在"策略"选项卡的"切削"选项组中，如图4-26所示，将"切削顺序"设置为"深度优先"。

加工底平面时不容易过切，可以预留较少的余量。选择"余量"选项卡，如图4-27所示，在"余量"选项组中，单击关闭"使底面余量与侧面余量一致"选项检查符，"部件侧面余量"已自动继承了父级加工方法"MILL_ROUGH"的余量值，设定"部件底面余量"为"0.1"。

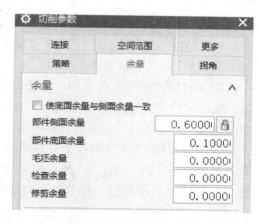

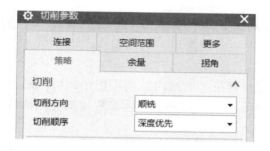

图4-26 设定切削顺序

图4-27 设定加工余量

知识点

表4-5为适用于"型腔铣"工序子类型的加工余量参数及其说明。

表4-5 "型腔铣"工序子类型的加工余量参数说明

余量类型	图示说明	余量说明
部件侧面余量		该余量用于设定部件几何体侧壁上剩余材料的厚度，它是在每个切削层上沿垂直于刀轴的方向（水平）测量的。 该余量适用于型腔铣和深度铣工序

续上表

余量类型	图示说明	余量说明
部件底面余量		该余量用于设定部件几何体底面上剩余材料的厚度，它是沿刀轴矢量方向测量而得。该余量仅应用于定义切削范围或切削层，且与刀轴垂直的水平面。 该余量适用于型腔铣和深度铣工序
使底面余量与侧面余量一致		该选项使得部件侧面余量与部件底面余量相等。 该选项适用于型腔铣和深度铣工序

选择"连接"选项卡，如图 4 - 28 所示，在"开放刀路"选项组中，将"开放刀路"设置为"变换切削方向"。其他参数接受默认设置，单击 确定 ，退回到"型腔铣"对话框。

图 4 - 28 设定开放刀路的方式

步骤 6 设定非切削移动参数

在"刀轨设置"选项组中，单击非切削移动图标 ，将弹出"非切削移动"对话框。选择"进刀"选项卡，如图 4 - 29 所示，在"封闭区域"选项组中，将"进刀类型"设置为"螺旋"，并设定"斜坡角"为"4"。

选择"转移/快速"选项卡，如图 4 - 30 所示，在"区域内"选项组中，将"转移类型"设置为"前一平面"，并设定"安全距离"为"3"mm。其他参数均接受默认设置，单击 确定 ，退回到"型腔铣"对话框。

图 4 - 29 设定封闭区域的进刀类型及参数

图 4 - 30 设定区域内的转移类型及参数

步骤 7 设定主轴转速和进给

在"刀轨设置"选项组中，单击进给率和速度图标 ，弹出"进给率和速度"对话框。在"主轴速度"选项组中，单击开启"主轴速度"选项检查符，并设定"主轴速度"为"2 500"rpm，如图 4 - 31 所示。

如图4-31所示，在"进给率"选项组中，首先设定"切削"为"1 600"mmpm。然后单击"更多"选项组以扩展显示，设定"进刀"为"60"、"第一刀切削"为"90"。其他参数接受默认设置，完成设定后，单击 确定 ，退回到"型腔铣"对话框。

步骤8 生成和确认刀轨

在"操作"选项组中，单击生成图标 ▶，系统即生成了粗加工型腔镶件的刀轨路径，如图4-32所示。在图形窗口中，旋转、局部放大模型，仔细观察刀轨路径特点。如有需要，可单击确认图标 ▥，弹出"刀轨可视化"对话框，对加工刀轨进行虚拟切削仿真，以进一步检查当前刀轨的切削情况。当确认刀轨路径正确后，连续单击 确定 退出，即完成了新工序的创建。

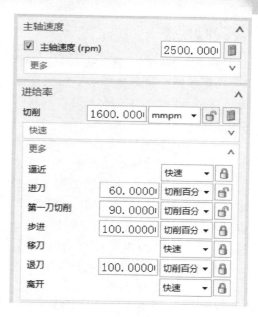

图4-31 设定各种移动进给率

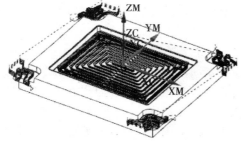

图4-32 生成粗加工型腔镶件的刀轨路径

2. 创建加工残余材料的工序

步骤1 新建工序

从"主页"选项卡功能区的"插入"工具组中，单击创建工序图标 ▶，将弹出"创建工序"对话框。如图4-33所示，首先将工序"类型"设置为"mill_contour"，单击工序子类型剩余铣图标 ▥，然后指定工序的位置："程序"为"PROGRAM"、"刀具"为"MILL_D12R0.5（铣刀-5）"、"几何体"为"WORKPIECE"、"方法"为"MILL_SEMI_FINISH"，接受默认的工序"名称"为"REST_MILLING"。完成设定后，单击 确定 ，弹出"剩余铣"对话框。

图4-33 创建剩余铣工序

⚙️ **知识点**

◆ 工序子类型：剩余铣

"剩余铣"子类型适用于加工以前刀具切削后残留的材料。当粗加工后，如果在工件的局部有较多且不均匀的残余材料，则可以使用"剩余铣"工序生成切削这些残余材料的加工路径。

步骤2　指定加工几何体

由于在创建工序时已将当前工序指派到父级几何体组"WORKPIECE"，所以当前工序自动继承了父级几何体组"WORKPIECE"所指定的部件几何体和毛坯几何体。如果有需要，可分别单击"指定部件"和"指定毛坯"这两项右侧的显示图标 🔌，则在图形窗口中部件几何体和毛坯几何体将会用不同的颜色高亮显示。

步骤3　设定切削模式和步距

如图4-34所示，在"刀轨设置"选项组中，将"切削模式"设置为"轮廓"，并接受默认的切削步距类型和步距值。

步骤4　设定切削层参数

如图4-34所示，在"刀轨设置"选项组中，默认"公共每刀切削深度"为"恒定"，并设定"最大距离"为"0.4"mm。

步骤5　设定切削移动参数

在"刀轨设置"选项组中，单击切削参数图标 🔲，将弹出"切削参数"对话框。选择"策略"选项卡，在"切削"选项组中，将"切削顺序"设置为"深度优先"。

选择"拐角"选项卡，如图4-35所示，在"拐角处的刀轨形状"选项组中，将"光顺"设置为"所有刀路"，并设定"半径"为刀具直径的10%。其他参数均接受默认设置，单击 确定 ，退回到"剩余铣"对话框。

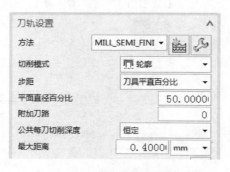

图4-34　设定切削模式和步距

图4-35　设定拐角的刀轨形状

⚙️ **知识点**

◆ 光顺

"光顺"用于控制当刀具沿内凹角移动时，是否在刀轨中增加圆弧运动。如图4-36

所示，如果在内凹角的刀轨中添加圆弧后，就会在凹角的侧壁残留过多的余量。通常在高速加工时，会在内凹角处添加圆弧运动，以生成光顺的刀具移动路径。

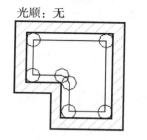

图 4-36   内凹角的刀轨处理方式

在刀轨中添加圆弧运动时，需要设定圆弧半径，可以直接设定圆弧半径值，也可以通过设定刀具直径的百分率来确定圆弧半径值。系统如果无法满足设定尺寸的圆弧，则会自动减小半径值，建议圆弧半径值不宜大于步距的一半。

步骤 6   设定非切削移动参数

在"刀轨设置"选项组中，单击非切削移动图标 ，将弹出"非切削移动"对话框。选择"进刀"选项卡，在"开放区域"选项组中，如图 4-37 所示，将"进刀类型"设置为"圆弧"，并设定"半径"为"6"mm、"高度"为"1"mm。

选择"转移/快速"选项卡，在"区域内"选项组中，将"转移类型"设置为"前一平面"，并设定"安全距离"为"3"。其他参数接受默认设置，单击 确定，退回到"剩余铣"对话框。

步骤 7   设定主轴转速和进给

在"刀轨设置"选项组中，单击进给率和速度图标 ，弹出"进给率和速度"对话框。在"主轴速度"选项组中，单击开启"主轴速度"选项检查符，并设定"主轴速度"为"5 500"rpm。在"进给率"选项组中，设定"切削"为"2 000"mmpm。其他参数接受默认设置，完成设定后，单击 确定，退回到"剩余铣"对话框。

步骤 8   生成和确认刀轨

在"操作"选项组中，单击生成图标 ，系统即生成了半精加工残余材料的刀轨路径，如图 4-38 所示。旋转、局部放大模型，观察刀轨路径的特点。当确定刀轨路径正确后，单击 确定 退出"剩余铣"对话框，即完成了新工序的创建。

图 4-37   设定开放区域的进刀类型和参数

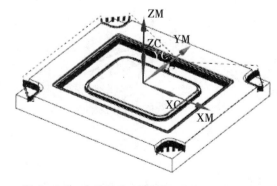

图 4-38   生成切除型腔残余材料的刀轨路径

191

3. 创建精加工型腔底面的工序

步骤 1　新建工序

在"主页"选项卡功能区的"插入"工具组中，单击创建工序图标 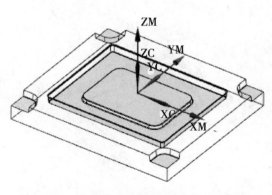，将弹出"创建工序"对话框。按表 4-6 的要求，选择工序类型、工序子类型，并设定工序的位置，输入工序名称。完成设定后，单击 确定，弹出"底壁加工"对话框。

表 4-6　创建精加工型腔底面的工序

选项		选项值
工序类型		mill_planar
工序子类型		⌐
工序位置	程　序	PROGRAM
	刀　具	MILL_D32R5
	几何体	WORKPIECE
	方　法	MILL_FINISH
工序名称		FINISH_FLOOR

步骤 2　指定加工几何体

在"几何体"选项组中，单击选择或编辑切削区域几何体图标 🔲，将弹出"切削区域"对话框。选择方法已默认设置为"面"，如图 4-39 所示，选择型腔底面和零件中 4个拐角部位的底面。完成选择后，单击 确定，退回到"底壁加工"对话框。

步骤 3　设定切削模式和步距

如图 4-40 所示，在"刀轨设置"选项组中，将"切削区域空间范围"设置为"底面"、"切削模式"设置为"跟随部件"、"步距"设置为"刀具平直百分比"，并设定"平面直径百分比"为"55"。

图 4-39　选取型腔模型中底面定义切削区域

图 4-40　设定切削模式和步距

步骤 4　设定切削层参数

当粗加工后，在槽的底面仅余 0.1 mm 厚的残余材料，使用一个切削层就可以切除这些材料，因此无须再进行分层切削。如图 4 - 40 所示，在"刀轨设置"选项组中，设定"底面毛坯厚度"为"0.2"、"每刀切削深度"为"0"，这里假设底面残余材料厚度为 0.2 mm。

步骤 5　设定切削移动参数

在"刀轨设置"选项组中，单击切削参数图标 ✍，将弹出"切削参数"对话框。选择"余量"选项卡，如图 4 - 41 所示，在"余量"选项组中，设定"部件余量"为"0.2"、"最终底面余量"为"0"。当前工序用于加工槽的底面，由于槽的深度较大，为防止刀具侧刃切削到槽的侧面，需要在槽的侧壁面留一定的余量。

选择"空间范围"选项卡，在"切削区域"选项组中，设定"刀具延展量"为刀具直径的

图 4 - 41　设定加工余量

70%，减少刀具悬空的距离。选择"连接"选项卡，在"开放刀路"选项组中，将"开放刀路"设置为"变换切削方向"，减少刀具提刀次数。

选择"拐角"选项卡，在"拐角处的刀轨形状"选项组中，将"光顺"设置为"所有刀路"，并设定"半径"为刀具直径的 10%。选择其他切削参数均接受默认设置，单击 确定 ，退回到"底壁加工"对话框。

步骤 6　设定非切削移动参数

在"刀轨设置"选项组中，单击非切削移动图标 ✍，将弹出"非切削移动"对话框。选择"进刀"选项卡，如图 4 - 42 所示，在"封闭区域"选项组中，将"进刀类型"设置为"螺旋"，并设定"斜坡角"为"3"、"高度"为"1"、"高度起点"为"当前层"。

如图 4 - 43 所示，继续在"进刀"选项卡的"开放区域"选项组中，将"进刀类型"设置为"圆弧"，并设定"半径"为刀具直径的 50%、"高度"为"1"。其他参数均接受默认设置，单击 确定 ，退回到"底壁加工"对话框。

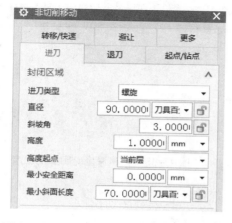

图 4 - 42　设定封闭区域的进刀类型及参数

图 4 - 43　设定开放区域的进刀类型和参数

步骤7 设定主轴转速和进给

在"刀轨设置"选项组中,单击进给率和速度图标 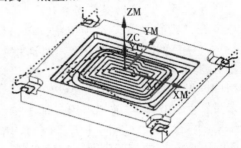,弹出"进给率和速度"对话框。在"主轴速度"选项组中,单击开启"主轴速度"选项检查符,并设定"主轴速度"为"280"rpm。在"进给率"选项组中,设定"切削"为"1 500"mmpm。其他参数接受默认设置,完成设定后,单击 确定,退回到"底壁加工"对话框。

步骤8 生成和确认刀轨

在"操作"选项组中,单击生成图标 ,系统即生成精加工型腔底面的刀轨路径,如图4-44所示。旋转、局部放大模型,观察刀轨路径的特点。当确定刀轨路径正确后,单击 确定 退出"底壁加工"对话框,即完成了新工序的创建。

图 4-44 生成精加工型腔底面的刀轨路径

4. 创建精加工型腔侧壁的工序

步骤1 新建工序

从"主页"选项卡功能区的"插入"工具组中,单击创建工序图标 ,将弹出"创建工序"对话框。如图4-45所示,首先将工序类型设置为"mill_contour",单击工序子类型深度轮廓加工图标 ,然后指定工序的位置:"程序"为"PROGRAM"、"刀具"为"MILL_D12R0.5(铣刀-5)"、"几何体"为"WORKPIECE"、"方法"为"MILL_FINISH",输入工序名称为"cavity_side"。完成设定后,单击 确定,弹出"深度轮廓加工"对话框。

知识点

◆ **工序子类型:深度轮廓加工**

"深度轮廓加工"子类型默认使用"轮廓"切削模式精加工工件的外形。一般常用来加工侧壁面倾斜度较大的工件模型。

步骤2 指定加工几何体

在"几何体"选项组中,单击选择或编辑切削区域几何体图标 ,就弹出"切削区域"对话框。选择方法已默认设置为"面",如图4-46所示,选择型腔底面和零件中4个拐角部位的底面。完成选择后,单击 确定,退回到"深度轮廓加工"对话框。

图 4-45 创建深度轮廓加工工序

步骤3 设定切削层参数

在"刀轨设置"选项组中，单击切削层图标 ▤ ，即弹出"切削层"对话框。如图 4-47 所示，在"范围"选项组中，将"切削层"设置为"最优化"，并设定"最大距离"为"0.3"。其他参数接受默认设置，单击 确定 ，退回到"深度轮廓加工"对话框。

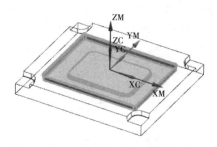

图 4-46 选择型腔表面定义切削区域

图 4-47 设定切削层类型和切削层深度

知识点

◆切削层：最优化

"最优化"切削层使系统自动调整每刀深度以确保均匀的残留材料，但最大的切削深度不会超过设定的"每刀的公共深度"或"每刀的深度"值。在从陡峭区域过渡到平坦区域的位置，系统将会增加切削层的次数，使残余材料均匀。

步骤4 设定切削移动参数

在"刀轨设置"选项组中，单击切削参数图标 ▥ ，即弹出"切削参数"对话框。选择"连接"选项卡，如图 4-48 所示，在"层之间"选项组中，将"层到层"设置为"沿部件斜进刀"，并设定"斜坡角"为"10"。

知识点

◆沿部件斜进刀

"沿部件斜进刀"方式使刀具在完成一个切削层的切削后，在接触部件几何体表面的情况下，按指定的角度倾斜移动到下一个切削层的起始点位置，除了第一和最后一个切削层的刀路外，由于倾斜角度的原因，其他切削层的刀路起始切削点和结束切削点不共点，形成不封闭的切削层刀路，如图 4-49 所示。

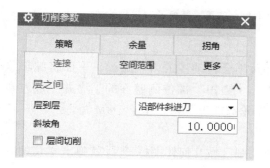

图 4-48 设定层到层的进刀方式及其参数

图 4-49 沿部件斜进刀的进刀方式

选择"拐角"选项卡,在"拐角处的刀轨形状"选项组中,将"光顺"设置为"所有刀路",并设定"半径"为刀具直径的 10%。其他切削参数均接受默认设置,单击 确定 ,退回到"深度轮廓加工"对话框。

步骤 5   设定主轴转速和进给

在"刀轨设置"选项组中,单击进给率和速度图标 ,弹出"进给率和速度"对话框。在"主轴速度"选项组中,单击开启"主轴速度"选项检查符,并设定"主轴速度"为"7 000"rpm。在"进给率"选项组中,设定"切削"为"2 000"mmpm。其他参数接受默认设置,完成设定后,单击 确定 ,退回到"深度轮廓加工"对话框。

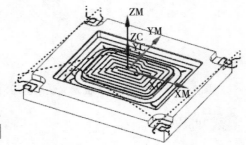

步骤 6   生成和确认刀轨

在"操作"选项组中,单击生成图标 ,系统即生成了精加工型腔侧壁面的刀轨路径,如图 4 – 50 所示。旋转、局部放大模型,观察刀轨路径的特点。当确定刀轨路径正确后,单击 确定 退出"深度轮廓加工"对话框,即完成了新工序的创建。

图 4 – 50   生成精加工型腔侧壁面的刀轨路径

5.创建精加工"锁扣"部位侧壁面的工序

步骤 1   复制精加工型腔侧壁面的工序

在工序导航器的程序顺序视图中,复制精加工型腔侧壁面的工序"CAVITY_SIDE",并将复制的工序排到所有工序的最后面,再将复制的工序更名为"LOCK_SIDE",如图 4 – 51 所示。

工序导航器 - 程序顺序					
名称	换刀	刀轨	刀具	刀具号	时间
NC_PROGRAM					18:47:29
未用项					00:00:00
— PROGRAM					18:47:29
ROUGH		✔	MILL_D32R5	1	06:54:01
REST_MILLING		✔	MILL_D12R0.5	2	05:19:25
FLOOR		✔	MILL_D32R5	6	00:22:14
CAVITY_SIDE		✔	MILL_D12R0.5	5	06:11:01
LOCK_SIDE		✕	MILL_D12R0.5	5	00:00:00

图 4 – 51   复制精加工型腔侧壁的工序并更名

步骤 2   编辑复制的工序

复制的工序与原工序具有相同的参数,并且不会自动生成刀轨路径。下面将编辑复制的工序,改变一些加工参数,使其成为精加工"锁扣"部位侧壁面的工序并生成刀轨路径。双击工序名"LOCK_SIDE",弹出"深度轮廓加工"对话框。

步骤 3   重新指定加工几何体

在"几何体"选项组中,单击选择或编辑切削区域几何体图标 ,就弹出"切削区域"对话框。单击移除图标 ⊠，先将之前工序所指定的面移除，然后如图 4 – 52 所示，选择型腔镶件中 4 个"锁扣"部位的区域表面。完成选择后，单击 确定 ，退回到"深度轮廓加工"对话框。

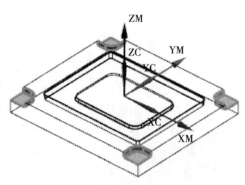

图 4 – 52　选择"锁扣"部位表面定义切削区域

步骤 4　更改切削移动参数

在"刀轨设置"选项组中，单击切削参数图标 ⊡，将弹出"切削参数"对话框。选择"策略"选项卡，如图 4 – 53 所示，在"切削"选项组中，将"切削方向"设置为"混合"。

🔧 知识点

◆ **切削方向：混合**

"混合"选项在相邻两个切削层之间产生交替变换的切削方向，特别适用于加工开放区域的侧壁，在前一个切削层的最后一点处，刀具不再提刀，而是直接沿部件表面移动到下一个切削层，这样产生一个往复模式的切削刀轨，以避免在各层之间进行移刀移动。

选择"连接"选项卡，如图 4 – 54 所示，在"层之间"选项组中，将"层到层"设置为"直接对部件进刀"，其他参数接受默认设置，单击 确定 ，退回到"深度轮廓加工"对话框。

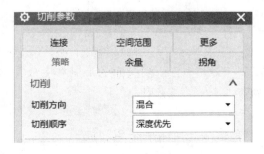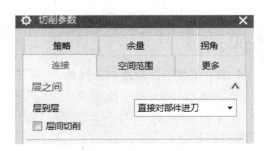

图 4 – 53　设定切削方向　　　　　**图 4 – 54　设定层到层的进刀方式及其参数**

知识点

◆ 直接对部件进刀

"直接对部件进刀"进刀方式使刀具在完成一个切削层的切削后，直接在工件表面移动到下一个切削层的起始点位置，近似于刀具的步进移动，如图4-55所示。对于开放的切削区域，当使用"直接对部件进刀"进刀方式时，则必须使用"混合"切削方向。

步骤5　生成和确认刀轨

在"操作"选项组中，单击生成图标 ⬚，系统即生成了精加工"锁扣"部位侧壁面的刀轨路径，如图4-56所示。旋转、局部放大模型，观察刀轨路径的特点。当确定刀轨路径正确后，单击 确定 退出"深度轮廓加工"对话框，即完成了工序的编辑。

图4-55　直接对部件进刀的进刀方式

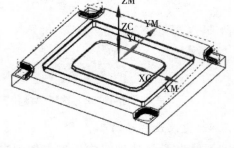

图4-56　生成精加工"锁扣"部位侧壁面的刀轨路径

6. 创建型腔拐角清理的工序

步骤1　新建工序

从"主页"选项卡功能区的"插入"工具组中，单击创建工序图标 ⬚，将弹出"创建工序"对话框。如图4-57所示，首先将工序类型设置为"mill_contour"，单击工序子类型深度加工拐角图标 ⬚，然后指定工序的位置："程序"为"PROGRAM"、"刀具"为"MILL_D8R0.5（铣刀-5）"、"几何体"为"WORKPIECE"、"方法"为"MILL_FINISH"，接受默认工序"名称"为"ZLEVEL_CORNER"。完成设定后，单击 确定，弹出"深度加工拐角"对话框。

知识点

◆ 工序子类型：深度加工拐角

"深度加工拐角"子类型适用于使用"轮廓"切削模式精加工之前刀具在工件侧壁拐角部位无法加工的区域。

图4-57　创建深度加工拐角工序

步骤2　指定加工几何体

在"几何体"选项组中，单击选择或编辑切削区域几何体图标 🖱，即弹出"切削区域"对话框。选择方法已默认设置为"面"，如图 4-58 所示，选择型腔侧壁面和底面。完成选择后，单击 确定，退回到"深度加工拐角"对话框。

步骤3　指定参考刀具

当前工序用于切除型腔侧壁拐角的残余材料，因此需要指定之前加工型腔侧壁的刀具。如图 4-59 所示，在"参考刀具"选项组中，选择精加工型腔侧壁的刀具"MILL_D12R0.5（铣刀-5 参数）"作为参考刀具。

步骤4　设定切削层参数

在"刀轨设置"选项组中，单击切削层图标 ☰，即弹出"切削层"对话框。如图 4-60 所示，在"范围"选项组中，将"切削层"设置为"最优化"，并设定"最大距离"为"0.2"mm。其他参数接受默认设置，单击 确定，退回到"深度加工拐角"对话框。

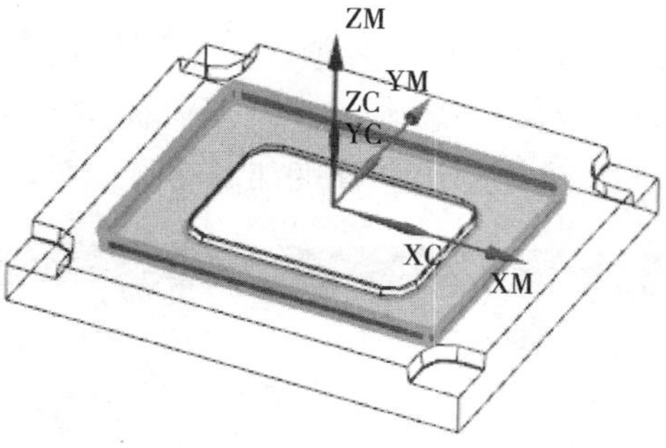

图 4-58　选择型腔侧壁面和底平面定义切削区域

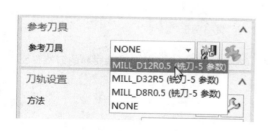

图 4-59　指定参考刀具

图 4-60　设定切削层类型和切削层深度

步骤5　设定切削移动参数

在"刀轨设置"选项组中，单击切削参数图标 🔳，即弹出"切削参数"对话框。选择"空间范围"选项卡，如图 4-61 所示，在"重叠"选项组中，设定"重叠距离"为"1"。其他切削参数均接受默认设置，单击 确定，退回到"深度加工拐角"对话框。

步骤6　更改非切削移动参数

在"刀轨设置"选项组中，单击非切削移动图标 🔳，弹出"非切削移动"对话框。选择"转移/快速"选项卡，如图 4-62 所示，在"区域内"选项组，将"转移类型"设置为"直接"。其他参数接受默认设置，单击 确定，退回到"平面铣"对话框。

步骤7　设定主轴转速和进给

在"刀轨设置"选项组中，单击进给率和速度图标 🔧，弹出"进给率和速度"对话框。在"主轴速度"选项组中，单击开启"主轴速度"选项检查符，并设定"主轴速度"为"8 500"rpm。在"进给率"选项组中，设定"切削"为"2 000"mmpm。其他参数接受默认设置，完成设定后，单击 确定，退回到"深度加工拐角"对话框。

步骤8　生成和确认刀轨

在"操作"选项组中，单击生成图标 ，系统即生成了切除型腔拐角的刀轨路径，如图4-63所示。旋转、局部放大模型，观察刀轨路径的特点。当确定刀轨路径正确后，单击 确定 退出"深度加工轮廓"对话框，即完成了新工序的创建。

图4-61　设定重叠距离

图4-62　设定区域内的刀具转移类型

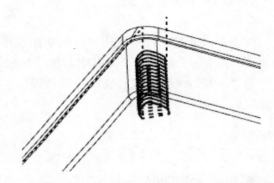

图4-63　生成切除型腔拐角残余材料的刀轨路径

4.6　底壳型腔镶件的加工仿真

底壳型腔镶件的加工仿真操作可参见1.6，完成切削仿真动画后，模拟切削情况如图4-64所示。

图4-64　底壳型腔镶件的加工仿真结果

4.7　底壳型腔镶件的刀轨后处理

　　在实际加工中，大多数情况都会利用机床自动换刀功能，减少人工换刀的耗时，以提高加工效率。本项目任务在编写加工路径时，已经设定了刀具的编号，因此可以对这些工序进行一起后处理，生成一个 NC 程序，机床会自动从刀库中更换程序所设定的刀具。

　　底壳型腔镶件的刀轨后处理操作可参见 1.7。

4.8　课外作业

4.8.1　思考题

　　（1）在开始编写加工刀轨前，是否必须摆正工件模型，使其与在机床装夹时的方位保持一致？

　　（2）"型腔铣"工序子类型是如何确定刀具的切削量？它适用于什么加工场合？

　　（3）"剩余铣"工序子类型是如何确定刀具的切削量？它适用于什么加工场合？

　　（4）"深度轮廓加工"工序子类型所产生的刀轨路径有什么特点？它适用于什么加工场合？

　　（5）设定哪些参数可以产生光顺的加工刀轨，有利于高速加工？

　　（6）切削区域几何体有什么作用？选取切削区域时应注意哪些事项？

　　（7）"重叠距离"参数是如何测量距离的？它有什么实际加工作用？

　　（8）在"深度轮廓加工"工序子类型中，当完成一个切削层的加工后，刀具必须提刀离开工件，并在指定的高度平面移动到下一个位置，再重新进入切削么？如果不是，还有哪些移动方式？

　　（9）在机床刀库中有两把相同尺寸的刀具，分别用于粗加工和精加工。小王经过思考后，仅创建了一把刀具就完成了某工件的加工编程任务，在机床加工时能自动换刀分别调用这两把刀具进行粗加工和精加工，小王的做法是否可行？如果可行，你猜想小王是如何做到的么？

　　（10）在编写某工件的加工刀轨时，小李发现精加工和粗加工的工序类型相同，并且大部分的加工参数也与粗加工的相同，为避免重复设定以提高编程效率，小李希望利用此粗加工工序以快速创建一个用于精加工的新工序，请你告诉小李应该怎样操作？

4.8.2　上机题

　　（1）请从目录"…\mill_parts\exercise"中打开工件模型文件"prj_4_exercise_1.prt"，如图 4-65 所示，仔细理解模型结构，然后应用 NX 软件程序创建加工此零件的加工刀轨。

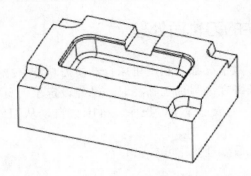

图 4 – 65 练习题 1

（2）请从目录"…\ mill＿parts \ exercise"中打开工件模型文件"prj＿4＿exercise＿2. prt"，如图 4 – 66 所示，仔细理解模型结构，然后应用 NX 软件程序创建加工此零件的加工刀轨。

（3）请从目录"…\ mill＿parts \ exercise"中打开工件模型文件"prj＿4＿exercise＿3. prt"，如图 4 – 67 所示，仔细理解模型结构，然后应用 NX 软件程序创建加工此零件的加工刀轨。

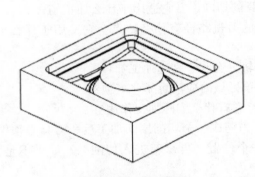

图 4 – 66 练习题 2

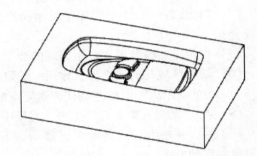

图 4 – 67 练习题 3

项目 5
面板型芯镶件加工编程

5.1　面板型芯镶件的加工项目

5.1.1　面板型芯镶件的加工任务

图 5 – 1 是一个注塑模面板型芯镶件的三维模型，零件材料为 718 模具钢，表 5 – 1 是面板型芯镶件的加工条件。请分析面板型芯镶件的形状结构，并根据零件加工条件，制定合理的加工工艺，然后使用 NX 软件编写此零件的数控加工 NC 程序。

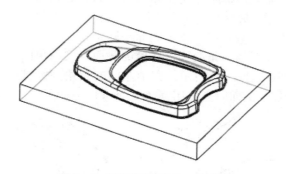

图 5 – 1　面板型芯镶件三维模型

表 5 – 1　面板型芯镶件的加工条件

零件名称	生产批量	材料	坯料
面板型芯镶件	单件	718 模具钢	坯料是 190.00 mm × 135.00 mm × 37.50 mm 的长方体

5.1.2　项目实施：导入面板型芯镶件的几何模型

首先，从目录"…\mill_parts\start\"中打开文件"prj_5_start. prt"，这就是面板型芯镶件的三维模型，本项目将编写此模型的数控加工 NC 程序。

然后，将模型另存至目录"…\mill_parts\finish\"中，新文件取名为"***_prj_5_finish. prt"。其中，"***"表示学生学号，例如"20161001"。

5.2 面板型芯镶件的加工工艺

5.2.1 面板型芯镶件的图样分析

面板型芯镶件主要由曲面构成，形状结构较复杂，属于典型的曲面类工件。在加工前，需要对面板型芯镶件进行分析，了解零件模型的结构和几何信息，包括零件的长宽高尺寸、型芯的深度和圆角尺寸等，这些信息用来确定加工工艺的各种参数，尤其是确定刀具尺寸参数。

面板型芯镶件具有以下几个形状特点：

（1）型芯镶件的结构分为两大部分：底座和型芯。底座是一个尺寸为 190.00 mm × 135.00 mm × 20.00 mm 的长方体。型芯的侧面为陡峭拉伸面、顶部则为平坦的多个曲面，曲面之间使用倒圆角连接过渡。这需用曲面加工的工艺编写刀轨路径。

（2）底座的顶面和型芯中部的异形槽底部都是一个尺寸较大的平面，这可以使用平底铣刀或圆角铣刀进行加工。型芯外侧面和异形槽侧面的底部都有一个台阶，型芯外侧面和异形槽侧面与台阶面、底面均为尖角连接，因此需使用平底铣刀进行精加工。

（3）型芯的中部有一个异形槽，槽的侧面是陡峭拉伸面、槽的侧面与顶部曲面之间是一个宽度尺寸变化的异形倒斜角曲面，在槽的侧面、倒斜角曲面和顶部曲面之间都使用了倒圆角连接。如图 5-2（a）所示，在槽左侧的拐角为圆锥曲面，其小端圆弧半径约为 11.24 mm，在精加工侧面时需使用直径 20 mm 以下的刀具。

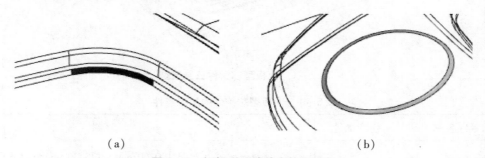

| (a) | (b) |

图 5-2　面板型芯镶件中的倒圆角

（4）型芯的左侧顶部曲面上有一个球形凸起面，球面与曲面之间使用倒圆角连接过渡，如图 5-2（b）所示，它的倒圆角半径约为 3.02 mm，这使得精加工时需使用直径小于 6 mm 的球刀。

（5）如图 5-3 所示，型芯中部异形槽的侧面与顶部曲面之间是一个异形倒斜角曲面，这个曲面在拐角处形成了一个内凹的曲面特征，它的最小曲率半径约为 5.77 mm，这使得精加工时需使用直径小于 10 mm 的球刀。

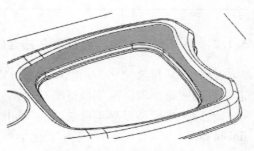

图 5-3　异形倒斜角曲面

5.2.2　项目实施：分析面板型芯镶件的几何信息

1.　指定加工环境

从主菜单中选择【应用模块→加工】，进入加工应用模块，此时会弹出"加工环境"对话框。从"CAM 会话配置"列表中选择"cam_general"，从"要创建的 CAM 设置"列表中选择"mill_contour"，然后单击"确定"，完成加工环境的初始化。

2.　模型几何分析

步骤1　测量面板型芯镶件底座的外形尺寸

从"分析"选项卡功能区的"测量"工具组中，单击【更多→ 简单长度 】，将弹出"简单长度"对话框。如图 5－4 所示，分别选择型芯模型中沿 X、Y 和 Z 方向的边缘，可以查看到型芯镶件底座的长度为 190.00 mm、宽度为 135.00 mm 和高度为 20.00 mm。

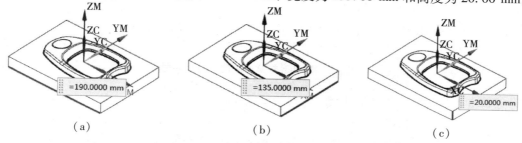

（a）　　　　　　　　　　（b）　　　　　　　　　　（c）

图5－4　测量型腔镶件的底座尺寸

步骤2　测量面板型芯镶件模型的总高度尺寸

从"分析"选项卡的"测量"工具组中，单击图标 测量距离 ，将弹出"测量距离"对话框。如图 5－5 所示，将测量"类型"设置为"投影距离"，然后在"矢量"选项组中，选择"＋ZC"作为测量方向。

型芯镶件的最高点位置位于型芯左侧顶部的球面上。在"起点"选项组中，选择如图5－6（a）所示的型芯镶件模型底面，在"终点"选项组中，选择如图5－6（b）所示的球面。

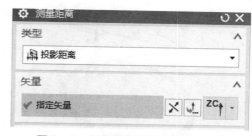

图5－5　指定测量类型和测量矢量

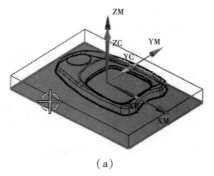

（a）

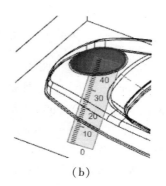

（b）

图5－6　选择测量的起点和终点

球面与型芯模型底平面的最大距离将确定整个型芯镶件的高度尺寸。如图 5 - 7 所示，在"测量"选项组中，将"距离"设置为"最大间隙"，此时在图形窗口中将会显示所选对象在 + Z 方向上测量的最大距离为 37.102 mm，这就是型芯模型的最大高度尺寸。

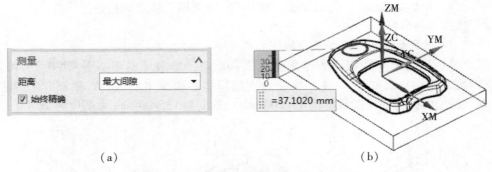

（a）   （b）

图 5 - 7　显示型芯镶件的最大高度尺寸

步骤 3　测量面板型芯镶件模型中的曲面最小半径尺寸

从"分析"选项卡功能区的"测量"工具组中，单击【更多→ 最小半径 】，将弹出"最小半径"对话框。选择如图 5 - 8（a）所示的型芯左侧顶部的倒圆角曲面，再单击 确定 ，弹出"信息"对话框，对话框列出了此倒圆角曲面的最小半径值为 3.018 0 mm，如图 5 - 8（b）所示。

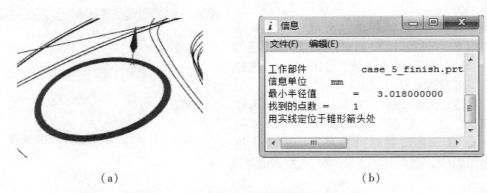

（a）   （b）

图 5 - 8　测量型芯左侧倒圆角面的最小半径尺寸

关闭"信息"对话框，如图 5 - 9（a）所示，选择型芯异形槽的左侧拐角圆锥面，再单击 确定 ，弹出"信息"对话框，对话框列出了此圆锥面的最小半径值约为 11.236 8 mm，如图 5 - 9（b）所示。

关闭"信息"对话框，如图 5 - 10（a）所示，选择型芯顶部异形倒斜角曲面，再单击 确定 ，弹出"信息"对话框，列出了此异形倒斜角曲面的最小半径值约为 5.766 0 mm，如图 5 - 10（b）所示。

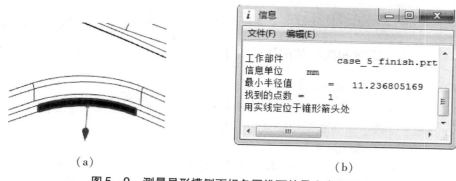

（a）　　　　　　　　　　　（b）

图 5 - 9　测量异形槽侧面拐角圆锥面的最小半径尺寸

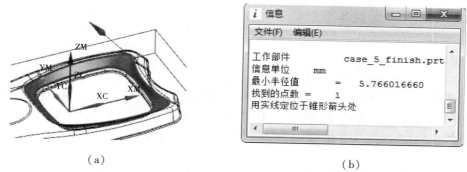

（a）　　　　　　　　　　　（b）

图 5 - 10　测量型芯异形倒斜角曲面的最小半径尺寸

5.2.3　面板型芯镶件的加工方法

在加工面板型芯镶件的形状时，应确保型芯侧壁面和底平面的加工精度和表面粗糙度，在侧壁面上不能有残余材料，以及在刀具有合理使用寿命的前提下，使生产率最高。

确定铣削用量的基本原则是在允许范围内尽量先选择较大的刀具、较大的进给量，当受到表面粗糙度和铣刀刚性的限制时，再考虑选择较大的切削速度。铣刀较长、较小时，则取较小的切削速度和吃刀量。高速加工应采用少切削快进给的原则确定切削用量。

面板型芯的加工应先进行粗加工以切除大部分材料后，再进行半精加工使残余材料均匀，避免在精加工时因局部材料过大而导致弹刀过切，最后再进行精加工。根据经验，铣刀加工侧壁时容易过切，因此在粗加工时应在侧壁留较大的余量、在底平面留较小的加工余量。粗加工时，径向切削宽度为刀具直径的 40% ~ 60%，加工具有拔模锥度的侧壁面时，切削层深度可按粗加工、半精加工和精加工依次适当减小，以确保表面加工的光洁度。在粗加工时采用螺旋方式切入工件，既可以使切削更稳定，保护刀具，又避免预先钻下刀孔。

面板型芯的工件材料为 718 模具钢，常见硬度在 HB290 ~ 310 之间，其硬度较高，较难切削，一般需用硬质合金刀具进行加工。经查资料可知，当使用硬质合金刀具（整体）加工 718 模具钢时，则切削速度为 90 ~ 400 mpm、每齿进给量为 0.02 ~ 0.12 mmpz。

因此，铣刀的转速和铣刀的进给率可由公式计算求得。实际的刀具转速和进给率需要考虑机床刚性、刀具直径、刀具材料、工件材料和刀具品牌等诸多因素而选择经验值。

5.2.4 项目实施：设定面板型芯镶件的加工方法参数

步骤 1 将工序导航器切换到加工方法视图

需要在工序导航器的加工方法视图中设定加工的常用参数。在上边框条中单击加工方法视图图标 ，将工序导航器切换到加工方法视图。

步骤 2 设定粗加工方法参数

双击粗加工方法节点名"MILL_ROUGH"，即弹出"铣削粗加工"对话框。在"余量"选项组中，设定"部件余量"为"0.6"。其他参数均接受默认设置，按 确定 退出。

步骤 3 设定半精加工方法参数

双击半精加工方法节点名"SEMI_MILL_FINISH"，即弹出"铣削半精加工"对话框。在"余量"选项组中，设定"部件余量"为"0.15"。其他参数均接受默认设置，按 确定 退出。

步骤 4 设定精加工方法参数

双击精加工方法节点名"MILL_FINISH"，就弹出"铣削精加工"对话框。在"余量"选项组中，设定"部件余量"为"0"。在"公差"选项组中，分别设定"内公差"为"0.01"、"外公差"为"0.01"。其他参数均接受默认设置，按 确定 退出。

5.3 面板型芯镶件的工件安装

5.3.1 面板型芯镶件的工件装夹

工件在加工中心进行加工时，应根据工件的形状和尺寸选用正确的夹具，以获得可靠的定位和足够的夹紧力。工件装夹前，一定要先将工作台和夹具清理干净。夹具或工件安装在工作台上时，要先使用量表对夹具或工件找正找平后，再用螺钉或压板将夹具或工件压紧在工作台上。

在加工前，面板型芯镶件的坯料为 190.00 mm×135.00 mm×37.50 mm 的长方体，如图 5 –11 所示，它的 6 个表面已经加工到位。在编程时，可设计这样的长方体并定义作为毛坯几何体。

本项目任务是加工面板型芯镶件中的型芯成型部位。在加工时，刀具需要将长方体坯料的上部材料切除，以加工出型芯的成型

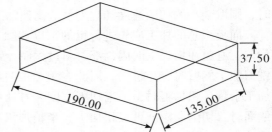

图 5 –11 面板型芯镶件的长方体坯料

形状，因此无法直接使用夹板的方式进行装夹。由于面板型芯镶件的坯料尺寸不大，使用较小吃刀量时，切削力不大，又是单件加工，因此可采用虎钳装夹，需要确保刀具移动时不会干涉工件和虎钳。也可以使用螺丝先将型芯镶件安装在动模板的安装槽后，再

与动模板一起放在工作台上，使用夹板压紧动模板进行装夹。

为确保坯料保持水平状态，可先在坯料底部放置两个等高的长方形垫块，垫块应足够高，使坯料高出钳口板 3 mm 以上，以防止刀具切削到虎钳。装夹坯料前，需对虎钳固定钳板在 X 方向进行拖表找正，误差不得超过 0.01 mm。夹紧后，需对坯料顶平面进行 X 和 Y 方向拖表找正，误差不得超过 0.01 mm。如有偏差需要校正。

面板型芯镶件中所有需要加工的面都在同一侧，只需要一次装夹就可完成，因此可设置 1 个编程坐标系。编程原点（即机床坐标系原点）设在型芯长方体坯料顶平面的中心位置，编程坐标系的 X 轴正向指向右侧、Z 轴正向指向向上，如图 5 - 12 所示。

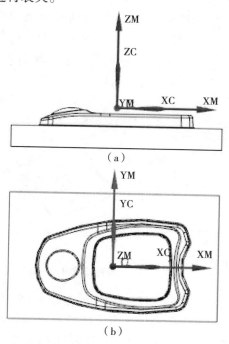

图 5 - 12　面板型芯镶件加工的机床坐标系方位

5.3.2　项目实施：指定面板型芯镶件的加工几何体

步骤 1　将工序导航器切换到几何视图

需要在工序导航器的几何视图中指定加工的几何体。在图形窗口顶部的上边框条中单击几何视图图标 🖳，将工序导航器切换到几何视图。单击机床坐标系节点 "MCS_MILL" 前的 " + " 号，以扩展显示工件几何体节点 "WORKPIECE"。

步骤 2　设定机床坐标系

双击机床坐标系节点名 "MCS_MILL"，即弹出【MCS 铣削】对话框。目前机床坐标系的原点位于型芯分型面（型芯底座顶平面）的中心位置。

一般情况下，常将机床坐标系放置在工件的最高位置。如图 5 - 13 所示，在参数框中设定 Z 为 "17.5"，将机床坐标系（MCS）设置在坯料顶平面的中心位置，使得坐标系的 ZM 轴正向指向向上、XM 轴正向指向右侧。

在 "安全设置" 选项组中，先将安全设置选项设置为 "平面"，然后如图 5 - 14 所示，选择型芯镶件的分型面，并设定 "距离" 为 "30" mm，使刀具抬起到这个高度进行横越运动。单击 确定 退出 "MCS 铣削" 对话框，即完成了机床坐标系和安全平面的设定。

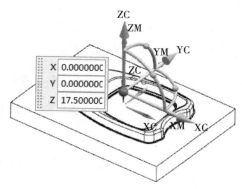

图 5 - 13　将机床坐标系原点放置在坯料的顶平面中心位置

步骤3　指定工件几何体

继续在工序导航器的几何视图中，双击工件节点名"WORKPIECE"，将弹出"工件"对话框。单击选择或编辑部件几何体图标，将弹出"部件几何体"对话框。如图5-15所示，在图形窗口中选择型芯镶件模型，把它定义为部件几何体。单击 确定 ，退回到"工件"对话框。

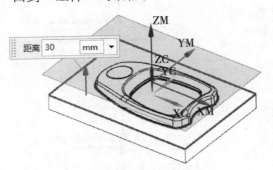

图5-14　设定安全平面高度

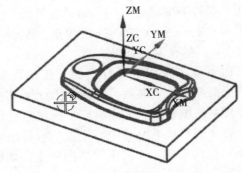

图5-15　选择面板型芯镶件模型定义部件几何体

单击选择或编辑毛坯几何体图标，弹出"毛坯几何体"对话框。使用包容块自动定义一个毛坯几何体，可加快编程效率。先将毛坯"类型"设置为"包容块"，并设定+ZM为"1"（这比实际坯料高度尺寸略大），其他方向接受默认的限制值为0，此时系统会自动计算一个方块体来定义毛坯几何体，如图5-16所示。连续单击 确定 退出，就完成了工件几何体和毛坯几何体的指定。使用包容块自动定义一个毛坯几何体，不需要人为创建一个方块体，可加快编程效率。

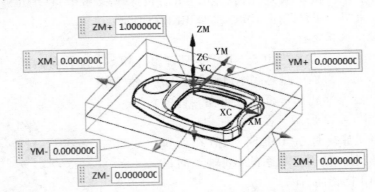

图5-16　使用自动包容块定义毛坯几何体

5.4　面板型芯镶件的加工刀具

5.4.1　面板型芯镶件加工的刀具选择

数控加工的刀具选用要考虑众多因素，包括机床性能、工件材料、切削用量、加工形状和经济成本等。刀具选择的基本原则是安装调整方便、刚性好、耐用度和精度高。在满足加工要求的前提下，尽量选择长度较短的刀柄，以提高加工刚性。

　　面板型芯镶件的材料是 718 模具钢，材料硬度较高，难于切削，因此可以使用硬质合金刀具加工。综合考虑各种实际因素，表 5-2 列出了加工面板型芯镶件时所使用刀具的规格和数量。

表 5-2　加工面板型芯镶件的刀具规格和数量

序号	刀具材料	数量	刀具直径/mm	刀尖半径/mm	刀具用途说明
1	硬质合金铣刀	1	12	0.5	用于粗加工和半精加工型芯曲面
2	硬质合金铣刀	1	12	0.5	用于精加工型芯陡峭侧面和分型面
3	硬质合金铣刀	1	12	0	用于清除型芯侧面与底平面连接处的尖角残余材料
4	硬质合金铣刀	1	8	4	用于精加工型芯平坦区域的曲面
5	硬质合金铣刀	1	5	2.5	用于切除型芯中曲面圆角的残余材料

　　在加工一个工件时，经常需要使用多把相同尺寸的刀具，分别用于粗加工、半精加工或精加工。在创建刀具时，既可以创建 2 把刀具，也可以仅创建 1 把刀具，可在工序中设定不同的刀具号以实现自动换刀。在实际加工时，为确保加工质量应准备 2 把刀具，1 把刀具用于粗加工，另 1 把刀具用于精加工，并安装在机床刀库中对应的刀槽上，刀槽编号与编程时设定的刀具号应保持一致。

　　对于机械夹固结构的硬质合金刀具，其可转位刀片固定在刀杆上，在数控加工编程时，则有两种处理方法：

　　第一种处理方法是更换新刀粒但不更换刀杆。使用这种方法时，在编程时仅创建 1 把刀具，使用同一把刀具编写刀轨路径，也不需要在工序中重新设定刀具号。在实际加工需要使用新刀具时，则可在机床运行程序加工时进行暂停更换新刀粒。

　　第二种处理方法是更换新刀杆和刀粒。使用这种方法时，在编程创建刀具时，可以创建 2 把名称不同但尺寸参数相同的刀具，也可以只创建 1 把刀具，而在工序中通过设定不同的刀具号来实现自动换刀。在实际加工时，机床刀库的不同刀槽则应安装有 2 把尺寸相同的刀具。

5.4.2　项目实施：创建面板型芯镶件的加工刀具

　　步骤 1　将工序导航器切换到机床视图

　　将工序导航器切换到机床视图，可方便查看所创建的刀具。在图形窗口顶部的上边框条中单击机床视图图标 🔧，将工序导航器切换到机床视图。

步骤2 创建直径为 8 mm 的球头铣刀

在"主页"选项卡功能区的"插入"工具组中，单击创建刀具图标 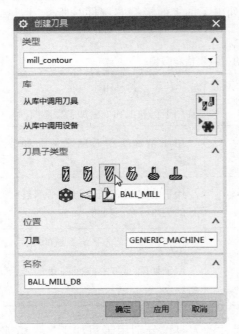，即弹出"创建刀具"对话框。如图 5 - 17 所示，将刀具"类型"设置为"mill_contour"，并单击刀具子类型 BALL_MILL 图标 ，输入刀具"名称"为"BALL_MILL_D8"，再单击 确定 ，弹出"铣刀 - 5 参数"对话框。

如图 5 - 18 所示，在"尺寸"选项组中，设定铣刀的"球直径"为"8"。在"编号"选项组中，分别设定"刀具号""补偿寄存器"和"刀具补偿寄存器"为"3"。其他参数均接受默认设定，单击 确定 退出，即完成了刀具的创建。

尺寸	∧
(D) 球直径	8.0000
(B) 锥角	0.0000
(L) 长度	75.0000
(FL) 刀刃长度	50.0000
刀刃	2

图 5 - 17 创建用于曲面精加工的球头铣刀   图 5 - 18 设定球刀的尺寸参数

步骤3 创建加工型芯镶件的其他刀具

按相同的操作方法，根据表 5 - 3 列出的刀具类型、刀具直径、刀尖半径和刀具号等参数要求，其他参数均接受默认设置，创建其他 3 把刀具。为确保加工质量，一般在精加工时，需要更换新刀具，但如果粗加工和精加工所用刀具的参数完全相同，则可以创建 1 把刀，在编程时设定不同的刀具号以更换新刀具。

表 5 - 3 加工底壳型腔镶件其他刀具的参数

序号	刀具类型	刀具子类型	刀具名称	刀具直径/mm	刀尖半径/mm	刀具锥角/°	刀具号和补偿寄存器
1	mill_contour		MILL_D12R0.5	12	0.5	0	1
2	mill_contour		MILL_D12R0	12	0	0	2
3	mill_contour		BALL_MILL_D5	5	2.5	0	4

当完成刀具的创建后，它们将按创建时间的先后顺序，列出于工序导航器机床视图中，如图 5-19 所示。刀具的创建顺序和列出顺序对加工效果没有影响。

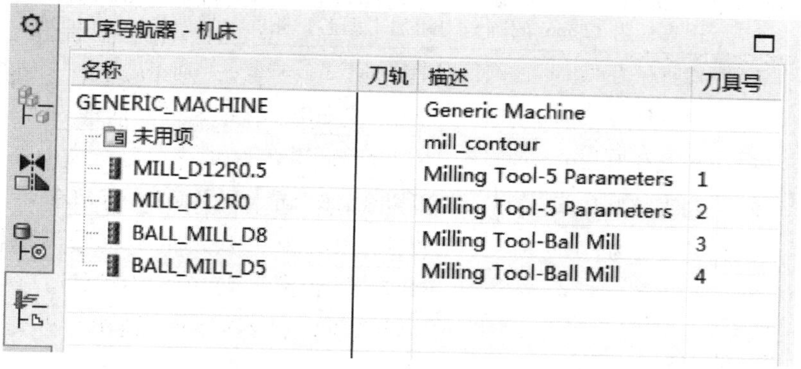

图 5-19　已创建加工面板型芯镶件的所有刀具

5.5　面板型芯镶件的加工编程

5.5.1　面板型芯镶件的加工顺序

为确保加工质量，在数控加工编程时，加工工序的安排一般应遵循以下主要原则：

（1）工序最大限度集中、一次定位原则。零件在一次装夹中应尽可能完成所能加工的大部分部位。尽量减少装夹次数，以减少不必要的定位误差。在同一次装夹加工时，先安排加工不影响工件刚性的部位，确保加工时有足够的刚性。

（2）先粗后精原则。对于某一加工面，应按粗加工→半精加工→精加工的工序安排加工，先完成所有粗加工的工序后，再进行半精加工和精加工工序。

（3）刀具最少调用次数原则。同一把刀具的工序应尽量集中，即在一次装夹加工中，用一把刀完成可加工的全部加工部位后，再换第二把刀加工其他部位，以减少换刀次数和空程时间。

（4）走刀路线最短原则。在保证加工质量的前提下，使加工程序具有最短的走刀路线，不仅可以节省加工时间，还能减少一些不必要的刀具磨损。

（5）切削量和切削力恒定原则。在精加工前应安排合理的半精加工工序进行局部加工，使工件表面保持均匀的残余材料，防止刀具突然因切削量过大而出现振刀过切，甚至崩刀现象，这既保护刀具、延长刀具寿命，又确保加工质量。

面板型芯镶件的加工包括型腔面和配合面的加工。按粗加工→半精加工→精加工的原则安排加工顺序。在最后精加工前安排半精加工工序，尽量确保精加工时的残余材料均匀，起到既保护刀具寿命，又确保加工质量的作用。表 5-4 列出了型芯镶件加工的工序顺序。

表 5 - 4　面板型芯镶件加工的工序顺序

加工顺序		说　　明
第 1 次装夹	1	用直径为 12 mm 的圆角刀粗加工型芯，侧面余量为 0.6、底面余量为 0.1
	2	用直径为 12 mm 的圆角刀半精加工型芯侧壁，侧面余量为 0.15
	3	用直径为 12 mm 的圆角刀精加工型芯中的底平面，侧面余量为 0.2
	4	用直径为 12 mm 的圆角刀精加工型芯侧壁陡峭面
	5	用直径为 10 mm 的平底铣刀切除型芯侧壁与底平面之间尖角连接处的残余材料
	6	用直径为 8 mm 的球头铣刀精加工型芯中平坦区域的曲面，加工余量为 0
	7	用直径为 5 mm 的球头铣刀切除型芯曲面中倒圆角的残余材料

5.5.2　项目实施：创建面板型芯镶件的加工工序

由于工序导航器的程序顺序视图真实反映工序的实际执行顺序，因此，在图形窗口顶部的上边框条中单击程序顺序视图图标 ，将工序导航器切换到程序顺序视图，这样可直观查看工序的排列顺序是否正确。

1. 创建粗加工型芯的工序

步骤 1　新建工序

在"主页"选项卡功能区的"插入"工具组中，单击创建工序图标 ，弹出"创建工序"对话框。按表 5 - 5 的要求，选择工序类型、工序子类型，并设定工序的位置，输入工序名称。完成设定后，单击 确定 ，弹出"型腔铣"对话框。

表 5 - 5　创建粗加工型芯的工序

选项		选项值
工序类型		mill_contour
工序子类型		
工序位置	程　序	PROGRAM
	刀　具	MILL_D12R0.5
	几何体	WORKPIECE
	方　法	MILL_ROUGH
工序名称		ROUGH

步骤 2　指定加工几何体

由于在创建工序时已将当前工序指派到父级几何体组"WORKPIECE"，当前工序已自动继承了几何体组"WORKPIECE"所指定的部件几何体和毛坯几何体。如果有需要，可分别单击"指定部件"和"指定毛坯"这两项右侧的显示图标 ，则在图形窗口中将会用不同的颜色高亮显示部件几何体和毛坯几何体。

步骤 3 设定切削模式和步距

如图 5 - 20 所示，在"刀轨设置"选项组中，将"切削模式"设置为"跟随周边"、"步距"设置为"刀具平直百分比"，并设定"平面直径百分比"为"50"。

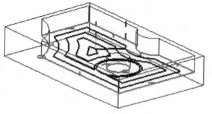

图 5 - 20 设定切削模式和步距

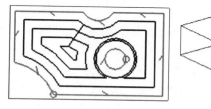

知识点

◆ **切削模式：跟随周边**

"跟随周边"切削模式将产生一系列跟随切削区域外轮廓的同心刀路，如图 5 - 21 所示，每一个切削刀路均由区域轮廓偏置一个步距值而成，当刀路与区域内部形状重叠时，系统将合并为一个刀路，因此，此种切削模式生成的切削刀路是封闭的。

图 5 - 21 "跟随周边"切削模式

如果步距非常大（步距大于刀具直径的 50% 但小于刀具直径的 100%）时，在连续的切削刀路之间可能有些区域无法切削，此时，系统会产生如图 5 - 22 所示的对角运动刀路（又称"榫眼"）以切除材料。

步骤 4 设定切削层参数

如图 5 - 23 所示，在"刀轨设置"选项组中，将"公共每刀切削深度"设置为"恒定"，并设定"最大距离"为"0.6"mm。

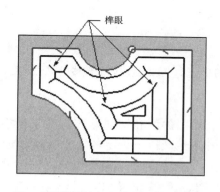

公共每刀切削深度	恒定	
最大距离	0.6000	mm

图 5 - 22 "跟随周边"切削模式产生的榫眼刀路 图 5 - 23 设定切除层类型及深度

步骤 5 设定切削移动参数

在"刀轨设置"选项组中，单击切削参数图标 ⚏ ，将弹出"切削参数"对话框。

加工底平面时不容易过切，可以设定较少的底面余量。选择"余量"选项卡，如图 5-24 所示，在"余量"选项组中，单击关闭"使底面余量与侧面余量一致"选项检查符，"部件侧面余量"已自动继承了父级加工方法"MILL_ROUGH"的余量值，设定"部件底面余量"为"0.1"。其他参数接受默认设置，单击 确定 ，退回到"型腔铣"对话框。

图 5-24　设定加工余量

步骤 6　设定非切削移动参数

在"刀轨设置"选项组中，单击非切削移动图标 ，将弹出"非切削移动"对话框。选择"进刀"选项卡，如图 5-25 所示，在"封闭区域"选项组中，将"进刀类型"设置为"螺旋"，并设定"斜坡角"为"4"、"高度"为"1"。

选择"转移/快速"选项卡，如图 5-26 所示，在"区域内"选项组中，将"转移类型"设置为"前一平面"，并默认设定"安全距离"为"3"。其他参数均接受默认设置，单击 确定 ，退回到"型腔铣"对话框。

图 5-25　设定封闭区域的进刀类型及参数　　　图 5-26　设定区域内的转移类型及参数

步骤 7　设定主轴转速和进给

实际编程时，应根据当前工件材料、刀具材料、切削深度和切削方式，再综合考虑机床刚性和刀具性能等因素，设定合理的主轴转速和进给。以下设定的主轴转速和进给值仅供参考。

在"刀轨设置"选项组中，单击进给率和速度图标 ，将弹出"进给率和速度"对话框。在"主轴速度"选项组中，单击开启"主轴速度"选项检查符，并设定"主轴速度"为"5 500"rpm，如图 5-27 所示。

在"进给率"选项组中，首先设定"切削"为"1 800"mmpm。然后单击"更多"

选项组以扩展显示，设定"进刀"为"60"％、"第一刀切削"为"90"％。其他参数接受默认设置，完成设定后，单击 确定 ，退回到"型腔铣"对话框。

步骤8　生成和确认刀轨

在"操作"选项组中，单击生成图标 ，系统即生成了粗加工型芯镶件的刀轨路径，如图5-28所示。在图形窗口中，旋转、局部放大模型，仔细观察刀轨路径特点。如有需要，可单击确认图标 ，将弹出"刀轨可视化"对话框，对加工刀轨进行虚拟切削仿真，以进一步检查刀轨的切削情况。当确认刀轨路径正确后，连续单击 确定 退出，即完成了新工序的创建。

图5-27　设定主轴转速和各种移动进给率

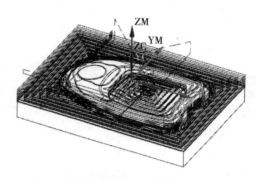

图5-28　生成粗加工型芯镶件的刀轨路径

2. 创建切除残余材料的工序

步骤1　新建工序

在"主页"选项卡功能区的"插入"工具组中，单击创建工序图标 ，将弹出"创建工序"对话框。按表5-6的要求，选择工序类型、工序子类型，并设定工序的位置，输入工序名称。完成设定后，单击 确定 ，弹出"剩余铣"对话框。

表5-6　创建切除残余材料的工序

选项		选项值
工序类型		mill_contour
工序子类型		
工序位置	程　序	PROGRAM
	刀　具	MILL_D12R0.5
	几何体	WORKPIECE
	方　法	MILL_SEMI_FINISH
工序名称		REST_MILLING

步骤2 指定加工几何体

由于在创建工序时已将当前工序指派到父级几何体组"WORKPIECE",当前工序已自动继承了父级几何体组"WORKPIECE"所指定的部件几何体和毛坯几何体。

步骤3 设定切削模式和步距

由于工件模型的局部拐角(曲率)半径较大,因此在粗加工后,工件局部不会残留太厚的材料。如图5-29所示,在"刀轨设置"选项组中,将"切削模式"设置为"轮廓",并接受默认的切削步距类型和步距值。

步骤4 设定切削层参数

在精加工前,尽可能使工件模型表面残余较小且均匀的材料。如图5-29所示,在"刀轨设置"选项组中,默认"公共每刀切削深度"设置为"恒定",并设定"最大距离"为"0.3"mm。

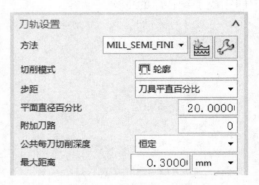

图5-29 设定切削模式和步距

步骤5 设定切削移动参数

在"刀轨设置"选项组中,单击切削参数图标,将弹出"切削参数"对话框。选择"策略"选项卡,如图5-30所示,在"切削"选项组中,将"切削顺序"设置为"深度优先"。其他参数均接受默认设置,单击 确定 ,退回到"剩余铣"对话框。

步骤6 设定非切削移动参数

在"刀轨设置"选项组中,单击非切削移动图标,将弹出"非切削移动"对话框。选择"进刀"选项卡,在"开放区域"选项组中,如图5-31所示,将"进刀类型"设置为"圆弧",并设定"半径"为"6"mm、"高度"为"1"mm。

选择"转移/快速"选项卡,在"区域内"选项组中,将"转移类型"设置为"前一平面",并设定"安全距离"为"3"。其他参数接受默认设置,单击 确定 ,退回到"剩余铣"对话框。

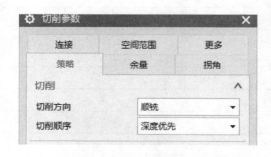

图5-30 设定切削顺序

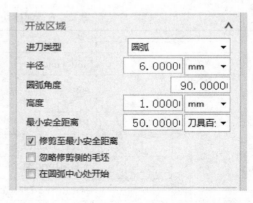

图5-31 设定开放区域的进刀类型和参数

步骤7　设定主轴转速和进给

在"刀轨设置"选项组中，单击进给率和速度图标 🏝，弹出"进给率和速度"对话框。在"主轴速度"选项组中，单击开启"主轴速度"选项检查符，并设定"主轴速度"为"6 000"rpm。在"进给率"选项组中，设定"切削"为"2 000"mmpm。其他参数接受默认设置，完成设定后，单击 确定 ，退回到"剩余铣"对话框。

步骤8　生成和确认刀轨

在"操作"选项组中，单击生成图标 🏝，系统即生成了半精加工残余材料的刀轨路径，如图5-32所示。旋转、局部放大模型，观察刀轨路径的特点。当确定刀轨路径正确后，单击 确定 退出"剩余铣"对话框，即完成了新工序的创建。

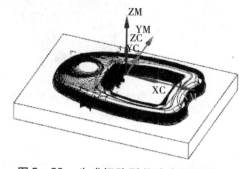

图5-32　生成切除型芯残余材料的刀轨路径

3. 创建精加工型芯底平面的工序

步骤1　新建工序

在"主页"选项卡功能区的"插入"工具组中，单击创建工序图标 🏝，将弹出"创建工序"对话框。按表5-7的要求，选择工序类型、工序子类型，并设定工序的位置，输入工序名称。完成设定后，单击 确定 ，弹出"底壁加工"对话框。

表5-7　创建精加工型芯底平面的工序

选项		选项值
工序类型		mill_planar
工序子类型		🔲
工序位置	程　序	PROGRAM
	刀　具	MILL_D12R0.5
	几何体	WORKPIECE
	方　法	MILL_FINISH
工序名称		FINISH_FLOOR

步骤2　指定加工几何体

当前工序已自动继承了父级几何体组"WORKPIECE"所指定的部件几何体。下面将指定切削区域以限定刀具的切削范围，定义切削区域的表面必须属于部件几何体。

在"几何体"选项组中，单击选择或编辑切削区域几何体图标 🏝，将弹出"切削区域"对话框。选择方法已默认设置为"面"，如图5-33所示，选择型芯分型面和型芯异形槽的底平面。完成选择后，单击 确定 ，退回到"底壁加工"对话框。

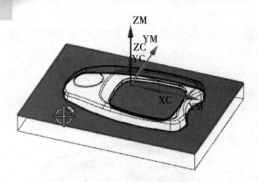

图 5 - 33　选取型芯模型中的底平面
定义切削区域

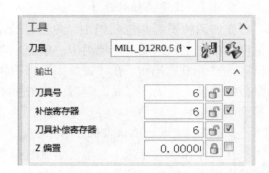

图 5 - 34　重新设定刀具号以更换新刀具

步骤 3　指定加工刀具

当前工序将用于精加工型芯中的底平面，因此需要更换新刀具。先单击"刀具"选项组，再单击"输出"选项组以扩展显示，如图 5 - 34 所示，将"刀具号""补偿寄存器"和"刀具补偿寄存器"均设定为"6"，这表示将更换为刀库中的第 6 号刀具。

步骤 4　设定切削模式和步距

如图 5 - 35 所示，在"刀轨设置"选项组中，将"切削区域空间范围"设置为"底面"、"切削模式"设置为"跟随周边"、"步距"设置为"刀具平直百分比"，并设定"平面直径百分比"为"60"。

步骤 5　设定切削层参数

当粗加工后，在槽的底面仅余 0.1 mm 厚的残余材料，使用一个切削层即可以切除这些材料，因此无须进行分层切削。如图 5 - 35 所示，在"刀轨设置"选项组中，设定"底面毛坯厚度"为"0.2"、"每刀切削深度"为"0"，这里假设底面残余材料厚度为 0.2 mm。

步骤 6　设定切削移动参数

在"刀轨设置"选项组中，单击切削参数图标 ，将弹出"切削参数"对话框。当前工序用于加工型芯的底平面，由于型芯的高度较

图 5 - 35　设定切削模式和步距

大，为防止刀具切削到型芯的侧面，需要在型芯的侧壁留一定余量。选择"余量"选项卡，如图 5 - 36 所示，在"余量"选项组中，设定"部件余量"为"0.2"、"最终底面余量"为"0"。

在高速加工中，尽量生成光顺无尖角的刀路。选择"拐角"选项卡，如图 5 - 37 所示，在"拐角处的刀轨形状"选项组中，将"光顺"设置为"所有刀路"，并设定"半径"为刀具直径的"10"%。其他切削参数均接受默认设置，单击 确定 ，退回到"底壁加工"对话框。

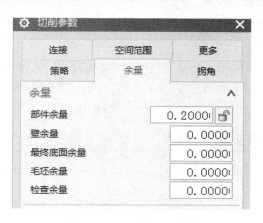

图 5 – 36　设定加工余量　　　　　　图 5 – 37　设定拐角处的刀轨形状

步骤 7　设定非切削移动参数

在"刀轨设置"选项组中，单击非切削移动图标 ，将弹出"非切削移动"对话框。选择"进刀"选项卡，如图 5 – 38 所示，在"封闭区域"选项组中，将"进刀类型"设置为"螺旋"，并设定"斜坡角"为"3"、"高度"为"1"、"高度起点"为"当前层"。尽量减少刀具空切的高度以节省时间。其他参数均接受默认设置，单击 确定 ，退回到"底壁加工"对话框。

步骤 8　设定主轴转速和进给

在"刀轨设置"选项组中，单击进给率和速度图标 ，弹出"进给率和速度"对话框。在"主轴速度"选项组中，单击开启"主轴速度"选项检查符，并设定"主轴速度"为"4 000"rpm。在"进给率"选项组中，设定"切削"为"600"mmpm。其他参数接受默认设置，完成设定后，单击 确定 ，退回到"底壁加工"对话框。

步骤 9　生成和确认刀轨

在"操作"选项组中，单击生成图标 ，系统即生成精加工型芯底平面的刀轨路径，如图 5 – 39 所示。旋转、局部放大模型，观察刀轨路径的特点。当确定刀轨路径正确后，单击 确定 退出"底壁加工"对话框，即完成了新工序的创建。

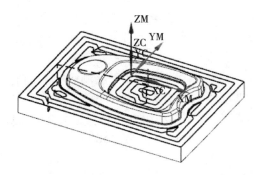

图 5 – 38　设定封闭区域的进刀类型及参数　　　图 5 – 39　生成精加工型芯底平面的刀轨路径

4. 创建精加工型芯陡峭侧面的工序

步骤 1　新建工序

在"主页"选项卡功能区的"插入"工具组中，单击创建工序图标 ，将弹出"创建工序"对话框。按表 5-8 的要求，选择工序类型、工序子类型，并设定工序的位置，输入工序名称。完成设定后，单击 ，弹出"深度轮廓加工"对话框。

表 5-8　创建精加工型芯陡峭侧面的工序

选项		选项值
工序类型		mill_contour
工序子类型		
工序位置	程　序	PROGRAM
	刀　具	MILL_D12R0.5
	几何体	WORKPIECE
	方　法	MILL_FINISH
工序名称		FINISH_SIDE

步骤 2　指定加工几何体

当前工序已自动继承了父级几何体组"WORKPIECE"所指定的部件几何体。下面将指定切削区域以限定刀具的切削范围，定义切削区域的表面必须属于部件几何体。

在"几何体"选项组中，单击选择或编辑切削区域几何体图标 ，就弹出"切削区域"对话框。选择方法已默认设置为"面"，如图 5-40 所示，选择型芯模型的所有表面。完成选择后，单击 ，退回到"深度轮廓加工"对话框。

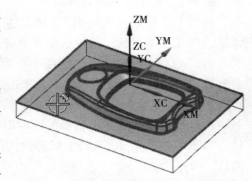

图 5-40　选择型芯模型表面定义切削区域

步骤 3　更换加工刀具

当前工序将用于精加工型芯的陡峭侧面，因此需要更换新刀具。先单击"刀具"选项组，再单击"输出"选项组以扩展显示，如图 5-41 所示，将"刀具号""补偿寄存器"和"刀具补偿寄存器"均设定为"6"，这表示将更换为刀库中的第 6 号刀具。

步骤 4　指定陡峭空间范围

当前工序将用于加工陡峭区域的曲面，较平坦区域的曲面则在后面使用另外一个工序进行加工，需要设定一个陡峭度来识别陡峭区域和非陡峭区域。如图 5-42 所示，在"刀轨设置"选项组中，将"陡峭空间范围"设置为"仅陡峭的"，并设定"角度"为"65"、"合并距离"为"50"。

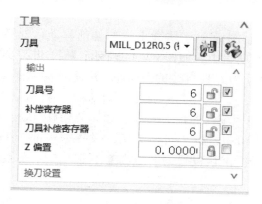

图 5-41　重新设定刀具号以更换新刀具

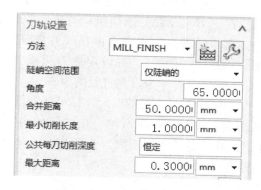

图 5-42　设定陡峭空间范围

知识点

◆ 陡峭空间范围

"陡峭空间范围"用来控制是否根据部件几何体的陡峭度来限制切削区域。切削区域中任意一点的曲面法向与刀轴方向的夹角，俗称陡峭度。陡峭度大于指定角度的区域称为陡峭区域，而另一部分区域则为平坦区域。

如果"陡峭空间范围"设置为"无"时，则刀具将切削整个可切削区域，包括部件几何体中的陡峭和平坦区域，如图 5-43（a）所示。如果"陡峭空间范围"设置为"仅陡峭"时，系统将仅会产生加工陡峭度大于设定值的陡峭区域的刀轨，而忽略平坦区域，如图 5-43（b）所示。

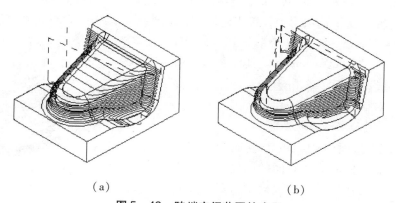

（a）　　　　　　　　　　　　（b）

图 5-43　陡峭空间范围的应用

步骤 5　设定切削层参数

为获得较好的表面加工质量，需要设定较小的切削层深度。如图 5-42 所示，在"刀轨设置"选项组中，默认设置"公共每刀切削深度"为"恒定"，并设定"最大距离"为"0.3"。

步骤6 设定非切削移动参数

在"刀轨设置"选项组中,单击非切削移动图标 📐,将弹出"非切削移动"对话框。选择"进刀"选项卡,在"开放区域"选项组中,如图5-44所示,将"进刀类型"设置为"圆弧",并设定进刀圆弧"半径"为刀具直径的50%、"高度"为"1"、"最小安全距离"为刀具直径的30%。

为减少刀具空切的时间,尽可能降低刀具在区域内的抬刀高度。选择"转移/快速"选项卡,如图5-45所示,在"区域内"选项组中,将"转移类型"设置为"前一平面",并设定"安全距离"为"1"。其他参数接受默认设置,单击 确定 ,退回到"深度轮廓加工"对话框。

图5-44 设定开放区域的进刀类型和参数   图5-45 设定区域内的转移类型和安全距离

步骤7 设定主轴转速和进给

在"刀轨设置"选项组中,单击进给率和速度图标 🐂,弹出"进给率和速度"对话框。在"主轴速度"选项组中,单击开启"主轴速度"选项检查符,并设定"主轴速度"为"7 000"rpm。在"进给率"选项组中,设定"切削"为"2 000"mmpm。其他参数接受默认设置,完成设定后,单击 确定 ,退回到"深度轮廓加工"对话框。

步骤8 生成和确认刀轨

在"操作"选项组中,单击生成图标 🏃,系统即生成精加工型芯陡峭侧面的刀轨路径,如图5-46所示。旋转、局部放大模型,观察刀轨路径的特点。当确定刀轨路径正确后,单击 确定 退出"深度轮廓加工"对话框,即完成了新工序的创建。

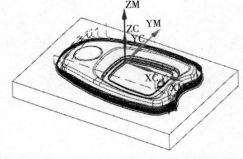

图5-46 生成精加工型芯陡峭侧面的刀轨路径

5. 创建切除型芯侧面与底平面尖角处残余材料的工序

步骤1 新建工序

在"主页"选项卡功能区的"插入"工具组中,单击创建工序图标 🏃,将弹出"创建工序"对话框。按表5-9的要求,选择工序类型、工序子类型,并设定工序的位置，输入工序名称。完成设定后，单击 确定 ，弹出"底壁加工"对话框。

表5-9　创建精加工型芯底平面的工序

选项		选项值
工序类型		mill_planar
工序子类型		凹
工序位置	程　序	PROGRAM
	刀　具	MILL_D12R0
	几何体	WORKPIECE
	方　法	MILL_FINISH
工序名称		CLEANUP_SIDE

步骤2　指定加工几何体

当前工序已自动继承了父级几何体组"WORKPIECE"所指定的部件几何体。下面将指定切削区域以限定刀具的切削范围，定义切削区域的表面必须属于部件几何体。

在"几何体"选项组中，单击选择或编辑切削区域几何体图标 ，就弹出"切削区域"对话框。如图5-47所示，选择型芯分型面和异形槽的底平面和2个台阶平面。完成选择后，单击 确定 ，退回到"底壁加工"对话框。

步骤3　指定切削范围和切削模式

型芯侧面与底面形成了尖角连接，而侧面精加工使用了圆角半径为0.5 mm的刀具，因此会在尖角处残留材料，当前工序用于切除尖角处的残余材料，这需要使用侧壁面来计算每个切削层的刀轨路径，每个切削层的径向只需要一个刀路即可。如图5-48所示，在"刀轨设置"选项组中，将"切削区域空间范围"设置为"壁"、"切削模式"设置为"轮廓"。

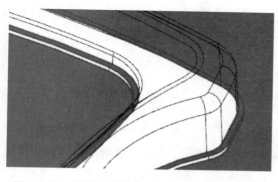

图5-47　选择型芯模型中的平面定义切削区域

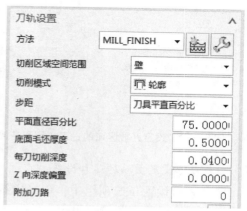

图5-48　指定切削区域空间范围和切削模式

步骤4 设定分层切削参数

在精加工型芯侧面时使用了圆角半径为 0.5 mm 的刀具进行加工，因此在侧面与底平面的连接处，理论上的残余材料高度为 0.5 mm。基于加工工艺的考虑，这里假设残余材料的厚度为 0.5 mm。如图 5 - 48 所示，设定"底面毛坯厚度"为"0.5"、"每刀切削深度"为"0.04"。

步骤5 设定切削移动参数

在"刀轨设置"选项组中，单击切削参数图标 ，将弹出"切削参数"对话框。选择"空间范围"选项卡，如图 5 - 49 所示，在"切削区域"选项组中，设定"刀具延展量"为刀具直径的 100%。其他参数均接受默认设置，单击 确定 ，退回到"底壁加工"对话框。

图5-49 设定刀具延展量

步骤6 设定非切削移动参数

在"刀轨设置"选项组中，单击非切削移动图标 ，弹出"非切削移动"对话框。选择"进刀"选项卡，在"开放区域"选项组中，如图 5 - 50 所示，将"进刀类型"设置为"圆弧"，并设定圆弧"半径"为刀具直径的 50%、"高度"为"0"。

每一个区域的切削起始点都在同一个位置，为减少刀具空切时间，刀具在退刀后可直接移动到下一切削层的进刀位置。选择"转移/快速"选项卡，如图 5 - 51 所示，在"区域内"选项组中，将"转移类型"设置为"直接"。其他参数接受默认设置，单击 确定 ，退回到"深度轮廓加工"对话框。

图5-50 设定开放区域的进刀类型和参数

图5-51 设定区域内的转移类型

步骤7 设定主轴转速和进给

在"刀轨设置"选项组中，单击进给率和速度图标 ，弹出"进给率和速度"对话框。在"主轴速度"选项组中，单击开启"主轴速度"选项检查符，并设定"主轴速度"为"2 500"rpm。在"进给率"选项组中，设定"切削"为"500"mmpm。其他参数接受默认设置，完成设定后，单击 确定 ，退回到"底壁加工"对话框。

步骤8　生成和确认刀轨

在"操作"选项组中，单击生成图标 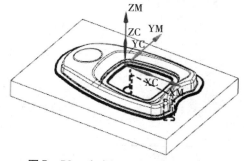，系统即生成切除型芯侧面与底平面尖角处残余材料的刀轨路径，如图5－52所示。旋转、局部放大模型，观察刀轨路径的特点。当确定刀轨路径正确后，单击 确定 退出"底壁加工"对话框，即完成了新工序的创建。

图5－52　生成切除型芯侧面与底平面
尖角处残余材料的刀轨路径

图5－53　创建固定轮廓铣工序

6. 创建精加工型芯平坦区域曲面的工序

步骤1　新建工序

从"主页"选项卡功能区的"插入"工具组中，单击创建工序图标 ，将弹出"创建工序"对话框。如图5－53所示，首先将工序"类型"设置为"mill_contour"，单击工序子类型固定轮廓铣图标 ，然后指定工序的位置："程序"为"PROGRAM"、"刀具"为"BALL_MILL_D8"、"几何体"为"WORKPIECE"、"方法"为"MILL_FINISH"，接受默认工序名称为"nonsteep_area"。完成设定后，单击 确定，弹出"固定轮廓铣"对话框。

知识点

◆工序子类型：固定轮廓铣

"固定轮廓铣"工序子类型为固定轴曲面轮廓加工的基础工序，提供了各种驱动方法，涵盖了曲面加工所需的功能，适用于曲面类型工件的半精加工和精加工。

如图5－54所示，在固定轮廓加工中，系统首先由驱动几何体产生一系列的驱动点，然后驱动点沿着投影矢量方向投影到部件几何体的表面上。刀具定位到与部件几何体接触的位置上。根据接触点的曲率半径、刀具半径等因素，系统自动计算出刀具定位点的位置。当刀具在部件几何体表面从一个接触点移动到下一个接触点时，刀尖就形成一个运动轨迹，这即是固定轮廓铣的加工刀轨。

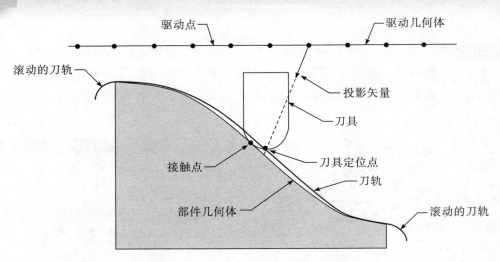

图 5 – 54　固定轮廓铣的刀轨产生原理

步骤 2　指定加工几何体

由于在创建工序时已将当前工序指派到父级几何体组 "WORKPIECE"，当前工序已自动继承了父级几何体组 "WORKPIECE" 所指定的部件几何体。如果有需要，可单击 "指定部件" 项右侧的显示图标 ✎，则在图形窗口中部件几何体将会用不同的颜色高亮显示。

在 "几何体" 选项组中，单击选择或编辑切削区域几何体图标 ▣，即弹出 "切削区域"

图 5 – 55　选择型芯顶部的平坦区域表面定义切削区域

对话框。如图 5 – 55 所示，选择型芯顶部较平坦的区域表面，包括侧面与顶部曲面的过渡连接圆角面。完成选择后，单击 确定 ，退回到 "固定轮廓铣" 对话框。

步骤 3　设定驱动方法

如图 5 – 56（a）所示，将 "驱动方法" 设置为 "区域铣削"，此时会弹出如图 5 – 56（b）所示的 "驱动方法" 对话框，单击 确定 选项，弹出 "区域铣削驱动方法" 对话框。

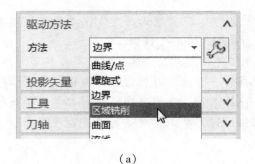

（a）

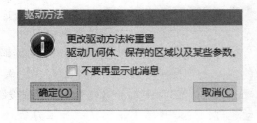

（b）

图 5 – 56　设定驱动方法为 "区域铣削"

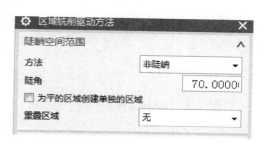

◆ 驱动方法：区域铣削

"区域铣削"驱动方法不需要指定驱动几何体，它根据部件几何体或者切削区域的外部轮廓与刀具的定位关系，使用一种稳固的自动免碰撞空间范围来计算切削刀轨。因此，应尽可能使用区域铣削驱动方法代替边界驱动方法。"区域铣削"驱动方法也无须指定驱动点的投影方向，系统将默认使用刀轴（+ZM）作为投影矢量方向。

型芯模型中陡峭度较大的侧面已经完成了精加工，当前工序用于加工平坦区域的表面。由于加工陡峭部分侧面时的陡角为65°，为使两个工序加工的连接处在加工后不会留下残余材料，两个工序的刀轨应该要有一定程度的重叠，因此需要设定稍大的陡角。在"陡峭空间范围"选项组中，如图 5 - 57 所示，将"方法"设置为"非陡峭"，并设定"陡角"为"70"°。

图 5 - 57　设定陡峭空间范围的方法

◆ 陡峭空间范围

陡峭空间范围提供了"无""非陡峭""定向陡峭"和"陡峭和非陡峭"这 4 种选项方法，用于限制刀具的切削区域，用户可以根据部件几何体表面的陡峭程度选择任一种方法。表 5 - 10 是这些方法的简单说明。

表 5 - 10　陡峭空间范围的方法说明

方法	方法说明
无	该方法不使用陡角限制刀具切削范围，刀具将切削整个加工区域
非陡峭	该方法使刀具仅在小于指定陡角的切削区域范围内进行切削加工
定向陡峭	该方法将沿指定的切削方向按指定的陡角划分陡峭区域，并使刀具仅在大于指定陡角的切削区域范围内进行切削加工
陡峭和非陡峭	该方法根据指定的陡角对切削区域划分为陡峭区域和非陡峭区域，并且使用不同的切削模式和参数进行切削加工

如图 5 - 58 所示，接受默认的"非陡峭切削模式"和"切削方向"，将"步距"设置为"恒定"，并设定"最大距离"为"0.3"mm，最后将"剖切角"设置为"指定"，并设定"与 XC 的夹角"为"55"。完成设定后，单击 确定 ，退回到"固定轮廓铣"对话框。

步骤 4　设定主轴转速和进给

在"刀轨设置"选项组中，单击进给率和速度图标 ⬆，弹出"进给率和速度"对话框。在"主轴速度"选项组中,单击开启"主轴速度"选项检查符,并设定"主轴速度"为"7 500"rpm。在"进给率"选项组中,设定"切削"为"2 200"mmpm。其他参数接受默认设置,完成设定后,单击 确定 ,退回到"固定轮廓铣"对话框。

步骤5 生成和确认刀轨

在"操作"选项组中,单击生成图标 ▶,系统即生成精加工型芯平坦区域表面的刀轨路径,如图5-59所示。旋转、局部放大模型,观察刀轨路径的特点。当确定刀轨路径正确后,单击 确定 退出"固定轮廓铣"对话框,即完成了新工序的创建。

图5-58 设定非陡峭区域切削的驱动参数 图5-59 生成精加工型芯平坦区域曲面的刀轨路径

7. 创建型芯曲面清根的工序

步骤1 复制精加工型芯平坦区域曲面的工序

在程序顺序视图中,复制精加工型芯平坦区域曲面的工序"NONSTEEP_AREA",并将复制的工序排列到所有工序的最后面,再将复制的工序更名为"CLEANUP",如图5-60所示。

名称	换刀	刀轨	刀具	刀具号	时间
NC_PROGRAM					14:16:25
未用项					00:00:00
PROGRAM					14:16:25
ROUGH		✓	MILL_D12R0.5	1	08:44:06
REST_MILLING		✓	MILL_D12R0.5	1	01:53:43
FINISH_FLOOR		✓	MILL_D12R0.5	6	00:13:29
STEEP_SIDE		✓	MILL_D12R0.5	6	00:29:29
CLEANUP_SIDE		✓	MILL_D12R0	5	00:53:25
NONSTEEP_AREA		✓	BALL_MILL_D8	3	02:01:37
CLEANUP		✕	BALL_MILL_D8	3	00:00:00

图5-60 复制精加工型芯平坦区域曲面的工序并更名

步骤2 编辑复制的工序

复制的工序与原工序具有相同的参数,并且不会自动生成刀轨路径。下面将编辑复制的工序，改变一些加工参数，使其成为切除型芯顶部曲面倒圆角处残余材料的工序并生成刀轨路径。双击工序名"CLEANUP"，弹出"固定轮廓铣"对话框。

步骤 3　更换加工刀具

单击"工具"选项组使其展开显示，如图 5 - 61 所示，单击刀具下拉列表符号"▼"，将"刀具"更换为 5 mm 的球刀"BALL_MILL_D5（铣刀 - 球头铣）"。

步骤 4　更改驱动方法

当前工序用于切除在型芯表面上的残余材料，为产生仅切除这些残余材料的加工刀轨，需要更改驱动方法。如图 5 - 62 所示，将驱动"方法"设置为"清根"，此时会弹出"驱动方法"对话框，单击 确定，弹出"清根驱动方法"对话框。

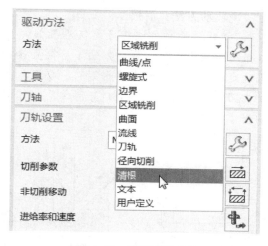

图 5 -61　更换新刀具

图 5 -62　更换驱动方法

如何确定有多少残余材料需要切除？如图 5 - 63 所示，在"驱动设置"选项组中，确认"清根类型"设置为"参考刀具偏置"。在"陡峭空间范围"选项组中，设定"陡角"为"70"。

图 5 -63　设定清根类型和陡角

有多大范围的残余材料需要切除？这需要指定精加工工序所使用的刀具尺寸，以计算残余材料的区域范围。如图 5 - 64 所示，在"参考刀具"选项组中，选择"参考刀具"为"BALL_MILL_D8（铣刀 - 球头铣）"，并设定"重叠距离"为"1"。

需要切除的残余材料在型芯模型顶部的平坦区域，应设定非陡峭区域的驱动参数。在"非陡峭切削"选项组中，如图 5 - 65 所示，将"非陡峭切削模式"已设置为"往复"、"切削方向"为"混合"、"顺序"为"由外向内交替"，并设定"步距"为"0.1"。其他参数接受默认设置，单击 确定，退回到"固定轮廓铣"对话框。

图 5 -64　选择参考刀具并设定重叠距离　　　　　图 5 -65　设定非陡峭切削的参数

知识点

◆驱动方法：清根

"清根"驱动方法将产生仅沿着部件几何体中的内凹形状切削的刀轨，以切除那些残余材料。"清根"驱动方法不需要直接指定驱动几何体，系统基于双切点原理和凹角来确定在何处将会产生清根刀轨。要产生清根刀轨，首先，部件几何体曲面必须形成一个内凹角，其次，刀具必须与部件几何体面同时存在两个不同的接触点，图 5 -66 所示列出了几种可能的情况。

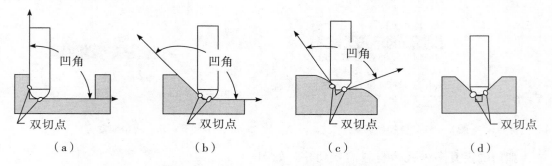

图 5 -66　刀具与部件几何体存在双切点的情况

◆清根类型：参考刀具偏置

"参考刀具偏置"清根类型将在满足清根条件的凹角处产生多个偏置切削刀路，如图 5 -67 所示，多应用于使用较小直径的刀具切除前一个工序加工后残余的材料。如图 5 -67 所示，清根区域的宽度主要由参考刀具和重叠距离测量而得。一般将前一个工序所使用的刀具定义为参考刀具。在计算刀路时，系统在清根区域的中心产生一条刀路，然后在两侧偏置相同数量和步距的刀路，从而产生一个"对称"的清根刀路，足以切除所有残余材料，"陡峭空间范围"允许设定一个陡角值将清根的区域划分为陡峭区域和非陡峭区域，然后使用不同的切削模式和参数计算切削刀轨。对于非陡峭区域，使用"非陡峭切削"选项组的参数产生切削刀轨，而对于陡峭区域，则使用"陡峭区域"选项组的参数产生切削刀轨。

对于某个清根区域，系统将整个清根刀路分为近似对称的两侧刀路，允许用户根据工艺确定这两侧刀路的加工顺序。总计有 6 种顺序方式，表 5 -11 是这些顺序方式的说明。

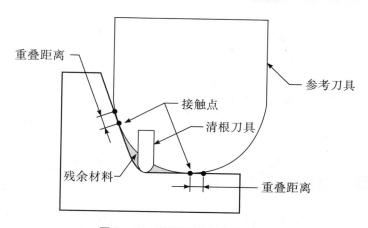

图 5 – 67　清根区域宽度的计算

表 5 – 11　非陡峭区域的清根刀路切削顺序

顺序名	图标	说　明
由内向外		该顺序方式将从中心刀路开始，先向外移动切削其中一侧，完成后，再提刀回到中心刀路，向外移动切削另一侧，直至结束
由内向外		该顺序方式将从其中一侧的最外一条刀路开始，先向内移动切削，完成后，再提刀到另一侧的最外一条刀路，向内切削直至中心刀路
后陡		该顺序方式将从非陡峭区域一侧的最外一条刀路开始，向着陡峭区域移动切削，直至结束
先陡		该顺序方式将从陡峭区域一侧的最外一条刀路开始，向着非陡峭区域移动切削，直至结束
由内向外交替		该顺序方式将从中心刀路开始，刀具连续向外交替在两侧进行切削。如果一侧有多条刀路，在完成两侧的交替后，刀具将切削这些刀路
由外向内交替		该顺序方式将从其中一侧的最外一条刀路开始，刀具连续向内交替在两侧进行切削。如果一侧有多条刀路，在完成两侧的交替后，刀具将切削这些刀路

步骤 5　设定主轴转速和进给

在"刀轨设置"选项组中，单击进给率和速度图标，弹出"进给率和速度"对话框。在"主轴速度"选项组中，设定"主轴速度"为"8 500"rpm。在"进给率"选项组中，设定"切削"为"2 200"mmpm。完成设定后，单击，退回到"固定轮廓铣"对话框。

步骤6　生成和确认刀轨

在"操作"选项组中，单击生成图标 ，系统即生成切除型芯曲面倒圆角处残余材料的刀轨路径，如图5-68所示。旋转、局部放大模型，观察刀轨路径的特点。当确定刀轨路径正确后，单击 确定 退出"固定轮廓铣"对话框，即完成了工序的编辑。

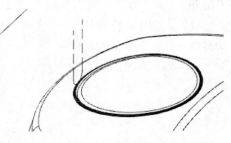

图5-68　生成型芯曲面清根的刀轨路径

5.6　面板型芯镶件的加工仿真

面板型芯镶件的加工仿真操作可参见1.6，完成切削仿真动画后，模拟切削情况如图5-69所示。

图5-69　面板型芯镶件的加工仿真结果

5.7　面板型芯镶件的刀轨后处理

面板型芯镶件的刀轨后处理操作可参见1.7。

5.8　课外作业

5.8.1　思考题

（1）安全平面的作用是什么？安全平面必须是平面吗？

（2）有人认为"型腔铣"工序子类型仅适用于加工凹槽型的工件，你认为这种说法对吗？谈谈你的看法。

（3）有人认为"底壁加工"工序子类型仅适用于加工侧壁面与刀轴平行的工件，你认为这种说法对么？谈谈你的看法。

（4）"跟随周边"切削模式所产生的加工刀轨有什么特点？它适用于什么加工场合？

（5）在"深度轮廓加工"工序子类型中，"合并距离"参数有什么实际加工作用？

（6）在"深度轮廓加工"工序子类型中，"陡角"参数是如何计算的？如果设定

"陡角"为"70"°，则刀具将加工工件的哪些区域？

（7）"固定轮廓铣"工序子类型产生的加工路径有什么特点？它适用于什么加工场合？

（8）根据固定轮廓铣工序子类型的刀轨产生原理，应用"区域铣削"驱动方法时必须指定驱动几何体和投影方向，否则不能产生加工刀轨，为什么？

（9）"清根"驱动方法能在工件中产生加工刀轨切除残余材料的条件是什么？

（10）对于任意一个工件模型，你会打算用哪一个工序子类型来编写其粗加工和精加工的刀轨路径？请谈谈你的想法。

5.8.2　上机题

（1）请从目录"…\mill_parts\exercise"中打开工件模型文件"prj_5_exercise_1.prt"，如图 5-70 所示，仔细理解模型结构，然后应用 NX 软件程序创建加工此零件的加工刀轨。

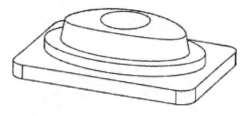

图 5-70　练习题 1

（2）请从目录"…\mill_parts\exercise"中打开工件模型文件"prj_5_exercise_2.prt"，如图 5-71 所示，仔细理解模型结构，然后应用 NX 软件程序创建加工此零件的加工刀轨。

（3）请从目录"…\mill_parts\exercise"中打开工件模型文件"prj_5_exercise_3.prt"，如图 5-72 所示，仔细理解模型结构，然后应用 NX 软件程序创建加工此零件的加工刀轨。

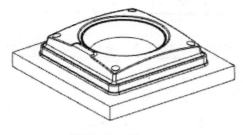

图 5-71　练习题 2

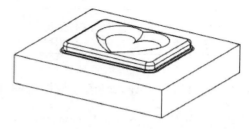

图 5-72　练习题 3

项目6
轮毂下模镶件加工编程

6.1 轮毂下模镶件的加工项目

6.1.1 轮毂下模镶件的加工任务

图 6-1 是一个轮毂下模镶件的三维模型，零件材料为 H13 模具钢。镶件在完成了第一次加工后，其成型表面有 0.50 mm 厚的残余材料，现经热处理后需对其进行第二次加工，以获得最后的设计尺寸。表 6-1 是轮毂下模镶件的加工条件。请分析轮毂下模镶件的形状结构，并根据零件加工条件，制定合理的加工工艺，然后使用 NX 软件编写此零件的数控加工 NC 程序。

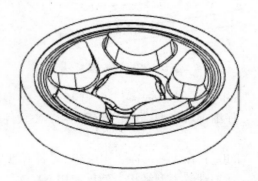

图 6-1 轮毂下模镶件三维模型

表 6-1 轮毂下模镶件的加工条件

零件名称	生产批量	材料	坯料
轮毂下模镶件	单件	H13 模具钢	在镶件的成型工作表面有 0.50 mm 厚的材料

6.1.2 项目实施：导入轮毂下模镶件的几何模型

首先，从目录 "… \mill_parts \start \" 中打开文件 "prj_6_start. prt"，这就是轮毂下模镶件的三维模型，本项目将编写此模型的数控加工 NC 程序。

然后，将模型另存至目录 "… \mill_parts \finish \" 中，新文件取名为 "***_prj_6_finish. prt"。其中，"***"表示学生学号，例如 "20161001"。

6.2　轮毂下模镶件的加工工艺

6.2.1　轮毂下模镶件的图样分析

　　轮毂下模镶件主要由平面、圆柱面和曲面构成，形状结构较复杂，属于典型的曲面类工件。在加工前，需要对镶件进行几何分析，了解模型的结构和几何信息，包括零件的外圆直径和高度、型腔的深度和曲面最小曲率半径等，这些信息用来确定加工工艺的各种参数，尤其是确定刀具尺寸参数。

　　轮毂下模镶件具有以下几个形状特点：

　　（1）下模镶件整体呈圆柱体，零件实际尺寸为直径490.00 mm、高度97.38 mm，它的成型面全部位于圆柱体的一端。总体上看，镶件的成型面为回转体曲面，在成型面中有5个异形柱体，柱体的顶面也是曲面，这增加了编程的复杂性。当前工件主要由曲面构成，并且各曲面之间使用了圆角过渡连接，因此，需用曲面加工的工艺编写加工路径。

　　（2）如图6-2所示，镶件圆柱体的一端有一个尺寸较大的圆环状平面，圆环平面的外径为490.00 mm、宽度为31.00 mm，因圆环平面的外径尺寸较大，实际加工时需用较大尺寸的平底或圆角铣刀，以提高加工效率。

　　（3）镶件成型面为凹形的回转曲面，回转面的最大直径为428.00 mm，回转面的底部与异形柱体的顶部最大高度为54.81 mm。由于工件尺寸较大，在精加工时尽量使用较大尺寸的球刀，以获得更好的表面加工质量。

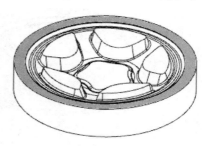

图6-2　轮毂下模镶件的圆环平面

　　（4）如图6-3（a）所示，在回转成型面的底部有一个梅花状凸起面，凸起面与回转面之间使用半径为5.00 mm的圆角过渡连接。如图6-3（b）所示，在异形柱体与回转曲面之间使用半径为4.00 mm的圆角过渡连接。综合考虑这两个倒圆角半径尺寸和刀具数量，可以使用直径为6 mm的同一把球刀进行清根以切除残余材料。

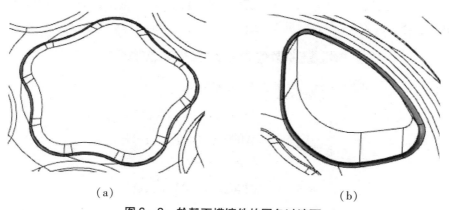

(a)　　　　　　　　　　　(b)

图6-3　轮毂下模镶件的圆角过渡面

6.2.2 项目实施：分析轮毂下模镶件的几何信息

1. 指定加工环境

操作步骤参见从主菜单中选择【应用模块→加工】，进入加工应用模块，此时会弹出"加工环境"对话框。从"CAM 会话配置"列表中选择"cam_general"，从"要创建的 CAM 设置"列表中选择"mill_contour"，然后单击 [确定]，完成加工环境的初始化。

2. 模型几何分析

步骤 1　测量轮毂下模镶件模型的外形直径尺寸

从"分析"选项卡功能区的"测量"工具组中，单击【更多→⊖简单直径】，将弹出"简单直径"对话框。如图 6 - 4（a）所示，选择镶件圆环平面的外圆弧，可以查看到镶件的最大外形直径为 490.00 mm。如图 6 - 4（b）所示，选择镶件圆环平面的内圆弧，可以查看到圆环面内直径为 428.00 mm。圆环平面内外圆弧直径差的一半就是圆环平面的宽度尺寸，即（490.00 - 428.00）/2 = 31.00（mm）。

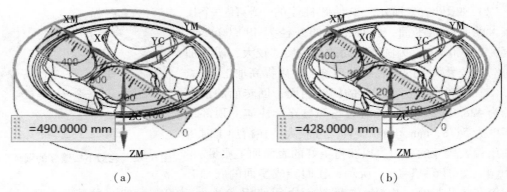

（a）　　　　　　　　　　　　　　　（b）

图 6 - 4　测量轮毂下模镶件模型的外形直径尺寸

步骤 2　测量轮毂下模镶件模型的成型面最大高度尺寸

从"分析"选项卡功能区的"测量"工具组中，单击图标 [测量距离]，将弹出"测量距离"对话框。如图 6 - 5 所示，将测量"类型"设置为"投影距离"，然后在"矢量"选项组中，选择" + ZC"作为测量方向。

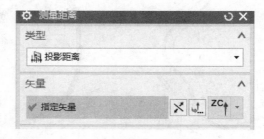

图 6 - 5　指定测量类型和测量矢量

在"起点"选项组中,选择如图6-6(a)所示的异形柱体顶部的圆弧圆心,在"终点"选项组中,选择如图6-6(b)所示镶件成型面底部的倒圆角面。

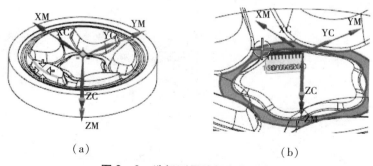

图6-6 选择测量的起点和终点

如图6-7所示,在"测量"选项组中,将"距离"设置为"最大值",此时在图形窗口中将会显示所选对象在测量方向上的最大距离约为54.81 mm,这就是镶件成型面之间的最大高度尺寸。

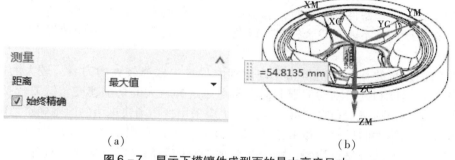

图6-7 显示下模镶件成型面的最大高度尺寸

步骤3 测量轮毂下模镶件模型曲面的最小半径尺寸

从"分析"选项卡功能区的"测量"工具组中,单击【更多→ 最小半径 】,将弹出"最小半径"对话框。选择如图6-8(a)所示的成型面底部的内凹倒圆角面,再单击 确定 ,弹出"信息"对话框,对话框列出了此倒圆角面的最小半径值为5.00 mm,如图6-8(b)所示。

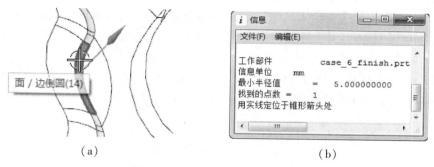

图6-8 测量底部梅花状凸起处倒圆面的最小半径尺寸

239

先关闭"信息"对话框，如图6-9（a）所示，选择异形柱体与回转面连接的倒圆角面，再单击 ▢ ，弹出"信息"对话框，对话框列出了此倒圆角面的最小半径值为4.00 mm，如图6-9（b）所示。

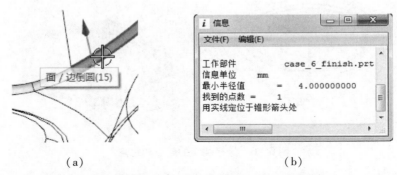

（a）　　　　　　　　　　（b）

图6-9　测量异形柱体侧面根部倒圆面的最小半径尺寸

6.2.3　轮毂下模镶件的加工方法

在加工轮毂下模镶件的形状时，应确保轮毂镶件侧壁面和底平面的加工精度和表面粗糙度，在侧壁面上不能有残余材料，以及在刀具有合理使用寿命的前提下，使生产率最高。

确定铣削用量的基本原则是在允许范围内尽量先选择较大的刀具、较大的进给量，当受到表面粗糙度和铣刀刚性的限制时，再考虑选择较大的切削速度。铣刀较长、较小时，则取较小的切削速度和吃刀量。高速加工应采用少切削快进给的原则确定切削用量。

为确保轮毂镶件的尺寸精度和表面光洁度，应先进行粗加工以切除大部分材料后，再进行半精加工使残余材料均匀，避免在精加工时因局部材料过大而导致弹刀过切，最后再进行精加工。根据经验，铣刀加工侧壁时容易过切，因此在粗加工时应在侧壁留较大的余量、在底平面留较小的加工余量。粗加工时，径向切削宽度为刀具直径的40%～60%，加工具有拔模锥度的侧壁面时，切削层深度可按粗加工、半精加工和精加工依次适当减小，以确保表面加工的光洁度。在粗加工时采用螺旋方式切入工件，既可以使切削更稳定，保护刀具，又避免预先钻下刀孔。

轮毂镶件的工件材料为H13模具钢，常见硬度在HB220～230之间，其硬度较高，较难切削，一般需用硬质合金刀具进行加工。经查资料可知，当加工H13模具钢时，如使用硬质合金刀具（刀片），则切削速度为110～185 mpm、每齿进给量为0.13～0.5 mmpz。如使用硬质合金刀具（整体），则切削速度为100～450 mpm、每齿进给量为0.02～0.12 mmpz。因此，铣刀的转速和铣刀的进给率可由公式计算求得。实际的刀具转速和进给率需要考虑机床刚性、刀具直径、刀具材料、工件材料和刀具品牌等诸多因素而选择经验值。

6.2.4 项目实施：设定轮毂下模镶件的加工方法参数

步骤 1 将工序导航器切换到加工方法视图

在图形窗口顶部的上边框条中单击加工方法视图图标 ，将工序导航器切换到加工方法视图。由于轮毂下模镶件在第一次加工后，其成型表面只有 0.50 mm 厚的残余材料，在第二次加工时不再需要进行粗加工，因此只设定半精加工和精加工的加工余量和精度公差即可。

步骤 2 设定半精加工方法参数

双击半精加工方法节点名 "SEMI_MILL_FINISH"，就弹出 "铣削半精加工" 对话框。在 "余量" 选项组中，设定 "部件余量" 为 "0.15"。其他参数均接受默认设置，单击 确定 退出。

步骤 3 设定精加工方法参数

双击精加工方法节点名 "MILL_FINISH"，就弹出 "铣削精加工" 对话框。在 "余量" 选项组中，设定 "部件余量" 为 "0"。在 "公差" 选项组中，分别设定 "内公差" 为 "0.01"、"外公差" 为 "0.01"。其他参数均接受默认设置，单击 确定 退出。

6.3 轮毂下模镶件的工件安装

6.3.1 轮毂下模镶件的工件装夹

工件在加工中心进行加工时，应根据工件的形状和尺寸选用正确的夹具，以获得可靠的定位和足够的夹紧力。工件装夹前，一定要先将工作台和夹具清理干净。夹具或工件安装在工作台上时，要先使用量表对夹具或工件找正找平后，再用螺钉或压板将夹具或工件压紧在工作台上。

轮毂下模镶件已经完成了第一次加工，其成型工作面有 0.50 mm 厚的材料需要切除。由于下模镶件为圆柱体，其中一端的圆环平面也需要刀具切削加工，因此无法直接使用夹板的方式对其进行夹紧。另外，由于下模镶件的尺寸较大，也无法使用虎钳进行夹紧。因此，可以使用螺栓先将下模镶件安装在下模板的安装槽后，再与下模板一起放在工作台上，使用夹板压紧下模板进行装夹。

如果将下模板直接放置在工作台面上，可能会存在杂质导致不稳，给加工带来误差。为确保工件在工作台上保持水平状态，可先在工作台上放置两个等高的长方形垫块，然后将下模板放于垫块之上，再用夹板和螺栓压紧下模板。在夹紧前，需对下模板的基准面在 X 方向进行拖表找正，误差不得超过 0.01 mm。夹紧后，需对下模板的顶平面进行 X 和 Y 方向拖表找正，误差不得超过 0.01 mm，以验证其是否保持水平。

对于立式加工中心的数控加工编程，一般情况，应将机床坐标系原点设定在工件模型最高位置的中心，并且坐标系的 +ZM 轴指向向上、X 轴与工件长度方向一致。轮毂下模镶件所有需要加工的面都在同一侧，只需要一次装夹即可完成加工，因此可设置 1 个编程坐标系。编程原点（即机床坐标系原点）设在轮毂下模镶件中异形柱体顶部圆弧的圆心位置，编程坐标系的 X 轴正向指向右侧、Z 轴正向指向向上，如图 6 – 10 所示。

6.3.2 项目实施：指定轮毂下模镶件的加工几何体

步骤 1 将工序导航器切换到几何视图

需要在工序导航器的几何视图中指定加工的几何体。在图形窗口顶部的上边框条中单击几何视图图标，将工序导航器切换到几何视图。单击机床坐标系节点"MCS_ MILL"前的"+"号，以扩展显示工件几何体节点"WORKPIECE"。

步骤 2 设定机床坐标系

在工序导航器的几何视图中，双击机床坐标系节点名"MCS_ MILL"，即弹出"MCS 铣削"对话框。如图 6 – 11（a）所示，选择模型中任意一个异形柱体顶部的圆弧，将定义了如图 6 – 11（b）所示的机床坐标系：ZM 轴正向指向向上、XM 轴正向指向右侧。

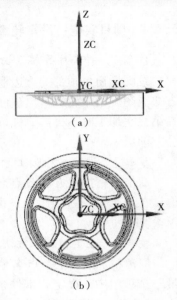

图 6 – 10 轮毂下模镶件加工的机床坐标系方位

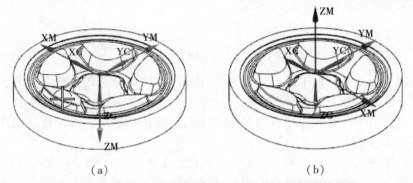

（a）　　　　　　　　　　（b）

图 6 – 11 选择异形柱体顶部圆弧定义机床坐标系的方位

在"安全设置"选项组中，安全设置选项已经默认设置为"自动平面"，并且"安全距离"为"10"，它使得刀具将会抬起到这个高度进行横越运动。单击 [确定] 退出"MCS 铣削"对话框，即完成了机床坐标系和安全平面的设定。

步骤 3 指定工件几何体

在工序导航器的几何视图中，双击工件节点名"WORKPIECE"，将弹出"工件"对话框。单击选择或编辑部件几何体图标，弹出"部件几何体"对话框。默认几何类型设置为实体，当提示选择部件几何体时，如图 6 – 12 所示，在图形窗口中选择轮毂下模镶件模型作为部件几何体。单击 [确定]，退回到"工件"对话框。

单击选择或编辑毛坯几何体图标，弹出"毛坯几何体"对话框。如图 6 – 13 所示，先将毛坯"类型"设置为"部件的偏置"，并设定"偏置"为"0.5"。单击 [确定]，退回到"工件"对话框。

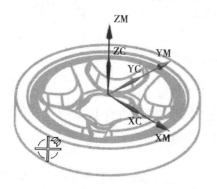

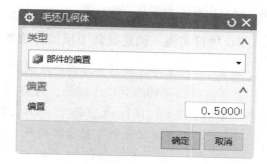

图6-12 选择轮毂镶件模型作为部件几何体

图6-13 设定毛坯类型

当前项目加工任务不需要指定检查几何体，另外，工件材料只与主轴转速和进给值的计算有关，不会影响加工路径，因此为加快编程效率，可接受默认设定的工件材料。单击 确定 退出"工件"对话框，即完成了工件几何体和毛坯几何体的指定。

6.4 轮毂下模镶件的加工刀具

6.4.1 轮毂下模镶件加工的刀具选择

轮毂下模镶件的材料是H13模具钢，材料硬度较高，难于切削，因此应使用硬质合金刀具加工。综合考虑各种实际因素，表6-2列出了加工轮毂下模镶件时所使用刀具的规格和数量。

表6-2 加工轮毂下模镶件的刀具规格和数量

序号	刀具材料	数量	刀具直径/mm	刀尖半径/mm	刀具用途说明
1	硬质合金铣刀（刀杆刀粒）	2	32	5	分别用于半精加工和精加工轮毂下模镶件中的圆环平面
2	硬质合金铣刀	2	12	6	分别用于半精加工和精加工轮毂下模镶件中的成型曲面
3	硬质合金铣刀	1	8	4	用于半精加工轮毂下模镶件成型面中的内凹圆角面
4	硬质合金铣刀	1	6	3	用于轮毂下模镶件的清根，以切除残余材料

在加工一个工件时，经常需要使用多把相同尺寸的刀具，分别用于粗加工、半精加工或精加工。在创建刀具时，既可以创建2把以上刀具，也可以仅创建1把刀具，在工序中设定不同的刀具号以实现自动换刀。在实际加工时，为确保加工质量则应准备2把

以上刀具，分别用于粗加工和精加工，并安装在机床刀库中对应的刀槽上，刀槽编号与编程时设定的刀具号应保持一致。

6.4.2 项目实施：创建轮毂下模镶件的加工刀具

步骤1 将工序导航器切换到机床视图

将工序导航器切换到机床视图，可方便查看所创建的刀具。在图形窗口顶部的上边框条中单击机床视图图标 ，将工序导航器切换到机床视图。

步骤2 创建加工轮毂下模镶件的所有刀具

在"主页"选项卡功能区的"插入"工具组中，单击创建刀具图标 ，即弹出"创建刀具"对话框。根据表6-3列出的主要刀具尺寸参数要求，指定刀具的类型，输入刀具名称，单击 确定 弹出刀具参数对话框后，再设定刀具的直径、刀尖半径、刀具锥角和刀具号，其他参数均接受默认设置。完成参数设定后，单击 确定 即完成加工所需刀具的创建。

表6-3 加工轮毂下模镶件的刀具类型和尺寸参数

序号	刀具类型	刀具子类型	刀具名称	刀具直径/mm	刀尖半径/mm	刀具锥角/°	刀具号和补偿寄存器
1	mill_contour		MILL_D32R5	32	5	0	1
2	mill_contour		BALL_MILL_D12	12	6	0	2
3	mill_contour		BALL_MILL_D8	8	4	0	3
4	mill_contour		BALL_MILL_D6	6	3	0	4

当完成所有刀具的创建后，它们将按创建时间的先后顺序，列出于工序导航器机床视图中，如图6-14所示。刀具的创建顺序和列出顺序对加工效果没有影响。

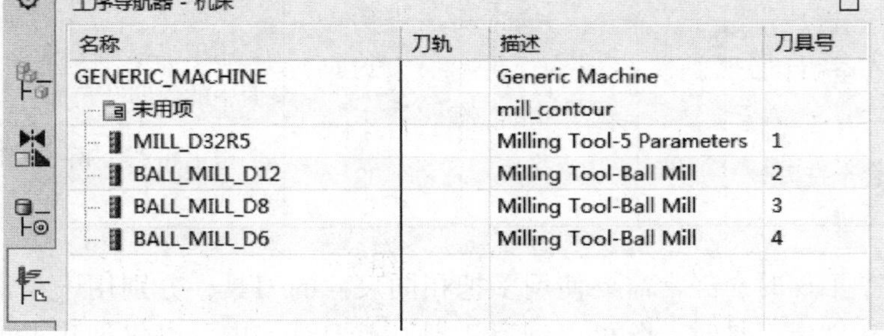

名称	刀轨	描述	刀具号
GENERIC_MACHINE		Generic Machine	
未用项		mill_contour	
MILL_D32R5		Milling Tool-5 Parameters	1
BALL_MILL_D12		Milling Tool-Ball Mill	2
BALL_MILL_D8		Milling Tool-Ball Mill	3
BALL_MILL_D6		Milling Tool-Ball Mill	4

图6-14 已创建加工轮毂下模镶件的所有刀具

6.5 轮毂下模镶件的加工编程

6.5.1 轮毂下模镶件的加工顺序

为确保加工质量，在数控加工编程时，加工工序的安排应遵循常规基本原则，详细可查看 5.5.1 内容。

轮毂下模镶件已经完成了第一次加工，本项目的加工任务是要切除成型面上的 0.50 mm 厚度材料，直接进行半精加工和精加工即可，表 6-4 列出了轮毂下模镶件加工的工序顺序。

表 6-4 轮毂下模镶件加工的工序顺序

加工顺序		说　　明
第 1 次装夹	1	用直径为 32 mm 的圆角刀半精加工镶件模型中的圆环平面，底面余量为 0.15
	2	用直径为 12 mm 的球刀半精加工镶件模型中的成型曲面，侧面余量为 0.15
	3	用直径为 8 mm 的球刀半精加工镶件成型面中的内凹角，加工余量为 0.15
	4	用直径为 32 mm 的圆角刀精加工镶件模型中的圆环平面，加工余量为 0
	5	用直径为 6 mm 的球刀对镶件模型的内凹角进行清根，彻底切除残余材料，加工余量为 0
	6	用直径为 12 mm 的球刀精加工镶件模型中心部位的轮辐面，加工余量为 0
	7	用直径为 12 mm 的球刀精加工镶件模型周边部位的轮辐面，加工余量为 0
	8	用直径为 12 mm 的球刀精加工镶件模型中异形柱体的顶部曲面，加工余量为 0
	9	用直径为 12 mm 的球刀精加工镶件模型中异形柱体的侧面，加工余量为 0

6.5.2 项目实施：创建轮毂下模镶件的加工工序

在程序顺序视图中，工序将按创建时间的先后顺序由上到下进行排列，这个排列顺序也是工序实际执行加工的先后顺序。在图形窗口顶部的上边框条中单击程序顺序视图图标 ，将工序导航器切换到程序顺序视图。

1. 创建半精加工圆环平面的工序

步骤 1　新建工序

在"主页"选项卡功能区的"插入"工具组中，单击创建工序图标 ，弹出"创建工序"对话框。按表 6-5 的要求，选择工序类型、工序子类型，并设定工序的位置，输入工序名称。完成设定后，单击 确定 ，弹出"型腔铣"对话框。

表 6 – 5　创建半精加工圆环平面的工序

选项		选项值
工序类型		mill_contour
工序子类型		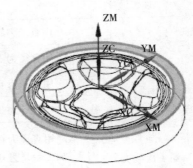
工序位置	程　序	PROGRAM
	刀　具	MILL_D32R5
	几何体	WORKPIECE
	方　法	MILL_SEMI_FINISH
工序名称		SEMI_FLOOR

步骤 2　指定加工几何体

当前工序仅用于切削圆环平面上的材料，需要指定刀具的切削范围。在"几何体"选项组中，单击选择或编辑切削区域几何体图标 🐾，即弹出"切削区域"对话框。如图 6 – 15 所示，选择轮毂下模镶件模型中的圆环平面定义切削区域，以定义刀具切削区域。完成选择后，单击 确定 ，退回到"型腔铣"对话框。

在圆环平面的内圆弧内部已经没有材料需要切削，需要限制刀具在内圆弧内部进行切削，以减少刀具空切移动。在"几何体"选项组中，单击选择或编辑修剪边界图标 🖼，即弹出"修剪边界"对话框。如图 6 – 16（a）所示，先将"边界"选项组的"选择方法"设置为"曲线"、"修剪侧"设置为"内部"，然后如图 6 – 16（b）所示，选择模型中圆环平面的内圆弧定义修剪边界，以修剪超过内圆弧的刀轨路径。完成选择后，单击 确定 ，退回到"型腔铣"对话框。

图 6 – 15　选择模型中的圆环平面定义切削区域

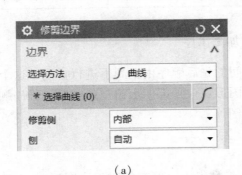

（a）

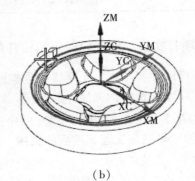

（b）

图 6 – 16　选择圆弧平面的内圆弧定义修剪边界

知识点

◆修剪边界

"修剪边界"用于指定曲线边界以进一步约束切削区域，如图6-17所示，修剪边界修剪了边界内部的所有加工区域。可以选取任意曲线/边缘定义修剪边界，曲线将按刀轴矢量方向投影到部件几何体上形成封闭的区域。如果曲线没有封闭，则会相切延伸直至相邻曲线相交为止。在计算加工刀轨时，刀具中心始终位于边界上。要定义刀具与修剪边界的距离，则可在"修剪边界"对话框中设定"余量"值或在"切削参数"对话框中的"余量"选项卡设定"修剪余量"值。

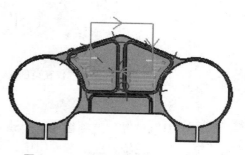

图6-17 修剪边界限制切削区域

步骤3 设定切削模式和步距

模型中圆环平面的宽度较大，需要多个路径才能完全切除材料。如图6-18所示，在"刀轨设置"选项组中，将"切削模式"设置为"跟随部件"、"步距"设置为"刀具平直百分比"，并设定"平面直径百分比"为"70"。

步骤4 设定切削层参数

轮毂下模镶件经过第一次加工后，在圆环平面上仅有0.50 mm的材料厚度，当前工序仅对该平面进行半精加工，加工余量为0.15 mm，实际要切除0.35 mm的材料厚度，因此不需要进行分层切削，仅使用一个切削层即可。

在"刀轨设置"选项组中，单击切削层图标 ▤ ，即弹出"切削层"对话框。如图6-19所示，在"范围"选项组中，将"切削层"设置为"仅在范围底部"。其他参数接受默认设置，单击 确定 ，退回到"型腔铣"对话框。

图6-18 设定切削模式和步距

图6-19 设定切削层的类型

知识点

◆切削层：仅在范围底部

"仅在范围底部"选项将不会使用切削层去分割一个切削范围，仅仅在各个切削范围的底部产生一个切削层的加工刀轨，如图6-20所示。

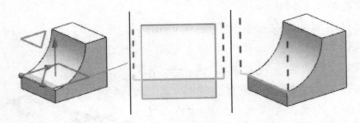

图 6-20 "仅在范围底部"选项仅在范围底部产生一层切削刀轨

步骤 5 设定主轴转速和进给

在"刀轨设置"选项组中,单击进给率和速度图标 🛞,将弹出"进给率和速度"对话框。在"主轴速度"选项组中,单击开启"主轴速度"选项检查符,并设定"主轴速度"为"900"rpm。在"进给率"选项组中,设定"切削"为"200"mmpm。其他参数接受默认设置,完成设定后,单击 确定 ,退回到"型腔铣"对话框。

步骤 6 生成和确认刀轨

在"操作"选项组中,单击生成图标 💽,系统即生成了半精加工圆环平面的刀轨路径,如图 6-21 所示。在图形窗口中,旋转、局部放大模型,仔细观察刀轨路径特点。当确认刀轨路径正确后,单击 确定 退出"型腔铣"对话框,即完成了新工序的创建。

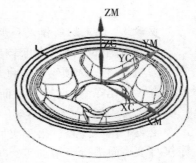

图 6-21 生成半精加工圆环平面的刀轨路径

2.创建半精加工成型曲面的工序

步骤 1 新建工序

在"主页"选项卡功能区的"插入"工具组中,单击创建工序图标 💽,弹出"创建工序"对话框。按表6-6的要求,选择工序类型、工序子类型,并设定工序的位置,输入工序名称。完成设定后,单击 确定 ,弹出"型腔铣"对话框。

表6-6 创建半精加工成型曲面的工序

选项		选项值
工序类型		mill_contour
工序子类型		🔧
工序位置	程 序	PROGRAM
	刀 具	BALL_MILL_D12
	几何体	WORKPIECE
	方 法	MILL_SEMI_FINISH
工序名称		SEMI_CAVITY

步骤 2   指定加工几何体

当前工序已自动继承了父级几何体组"WORKPIECE"所指定的部件几何体和毛坯几何体。当前工序用于切削镶件模型中成型曲面上的材料，需要指定刀具的切削范围。

在"几何体"选项组中，单击选择或编辑切削区域几何体图标 🔲，即弹出"切削区域"对话框。如图 6 – 22 所示，选择轮毂下模镶件模型中的所有成型曲面，以定义刀具切削区域。完成选择后，单击 确定，退回到"型腔铣"对话框。

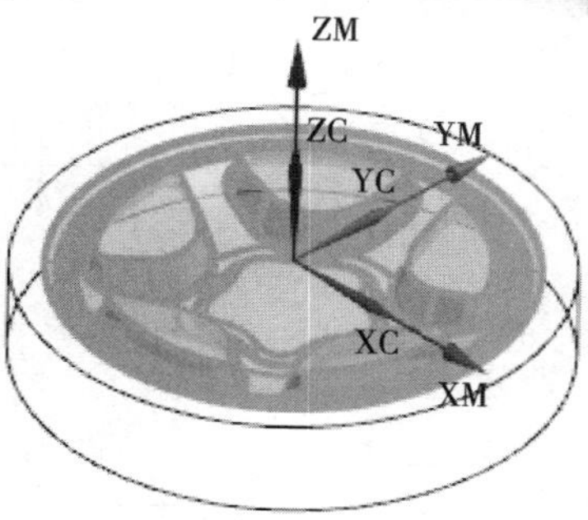

图 6 – 22   选择所有成型曲面定义切削区域

步骤 3   设定切削模式和步距

在成型曲面的表面上仅有 0.5 mm 厚的材料，并且当前刀具为球刀，需要设定较小的切削步距。如图 6 – 23 所示，在"刀轨设置"选项组中，默认"切削模式"设置为"跟随部件"、"步距"设置为"刀具平直百分比"，并设定"平面直径百分比"为"15"。

步骤 4   设定切削层参数

当前工序用于对整个成型曲面进行切削，需要进行分层切削，并使用较小的切削层深度，以使残余材料尽可能均匀。如图 6 – 23 所示，在"刀轨设置"选项组中，将"公共每刀切削深度"设置为"恒定"，并设定"最大距离"为"0.4"mm。

步骤 5   设定切削移动参数

在"刀轨设置"选项组中，单击切削参数图标 🔲，即弹出"切削参数"对话框。在切削区域的边缘处，避免刀具直接在工件材料中进刀切削，应让刀具从工件材料的外部切入。选择"策略"选项卡，如图 6 – 24 所示，在"延伸路径"选项组中，设定"在边上延伸"为"0.5"mm。

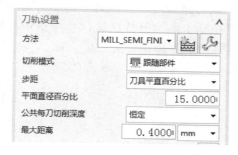

图 6 – 23   设定切削模式和步距

图 6 – 24   设定导轨延伸长度

🔩 知识点

◆ **在边上延伸**

"在边上延伸"用于设定在切削区域边缘处切削刀路延伸的长度，以充分切除多余材料。如图 6 – 25 所示，当设定了延伸的长度后，在刀路的起点和终点会沿切矢方向延长，使刀具平顺地进入和退出切削区域，这对加工表面具有一定余量的零件，如铸件很有作用。

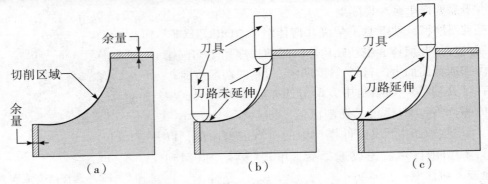

（a）　　　　　　　　　　　（b）　　　　　　　　　　　（c）

图6-25　"在边上延伸"的应用

对于开放的切削刀路，应尽量减少刀具往复折返次数，减少刀具空切时间。选择"连接"选项卡，如图6-26所示，在"开放刀路"选项组中，将"开放刀路"设置为"变换切削方向"。其他参数均接受默认设置，单击 **确定**，退回到"型腔铣"对话框。

图6-26　设定开放刀路的刀具移动方式

步骤6　设定非切削移动参数

在"刀轨设置"选项组中，单击非切削移动图标 📄，弹出"非切削移动"对话框。在成型曲面中的较平坦区域，在同一个切削层需要多个刀轨路径才能切除材料，应使刀具以螺旋方式均匀切入。选择"进刀"选项卡，在"封闭区域"选项组中，如图6-27所示，默认"进刀类型"设置为"螺旋"，并设定"斜坡角"为"3"、"高度"为"1"mm。

在某些较陡峭的区域，同一个切削层只需要一个刀路就可切除材料，应以圆弧进刀方式切入，以避免急转弯而带来冲击。在"进刀"选项卡的"开放区域"选项组中，如图6-28所示，将"进刀类型"设置为"圆弧"，并设定"半径"为"6"mm、"高度"为"1"mm、"最小安全距离"为刀具直径的30%。

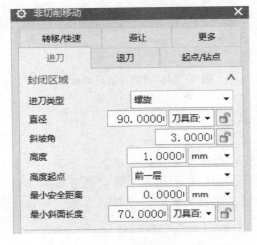

图6-27　设定封闭区域的进刀参数

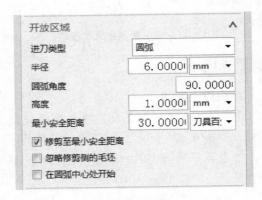

图6-28　设定开放区域的进刀参数

由于需要产生多个切削层，应尽量减少刀具提刀空走的高度，以节省加工时间。选择"转移/快速"选项卡，在"区域内"选项组中，将"转移类型"设置为"前一平面"，并设定"安全距离"为"3"。其他参数接受默认设置，单击 [确定]，退回到"型腔铣"对话框。

步骤 7　设定主轴转速和进给

在"刀轨设置"选项组中，单击进给率和速度图标 ![icon]，弹出"进给率和速度"对话框。在"主轴速度"选项组中，单击开启"主轴速度"选项检查符，并设定"主轴速度"为"1 800"rpm。在"进给率"选项组中，设定"切削"为"350"mmpm。其他参数接受默认设置，完成设定后，单击 [确定]，退回到"型腔铣"对话框。

步骤 8　生成和确认刀轨

在"操作"选项组中，单击生成图标 ![icon]，系统就生成了半精加工镶件模型中成型曲面的刀轨路径，如图 6 - 29 所示。旋转、局部放大模型，观察刀轨路径的特点。当确定刀轨路径正确后，单击 [确定] 退出"型腔铣"对话框，就完成了新工序的创建。

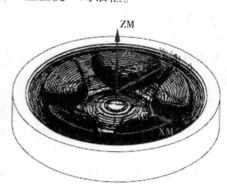

图 6 - 29　生成半精加工成型曲面的刀轨路径

3. 创建半精加工模型曲面凹角的工序

步骤 1　新建工序

在"主页"选项卡功能区的"插入"工具组中，单击创建工序图标 ![icon]，即弹出"创建工序"对话框。按表 6 - 7 的要求，选择工序类型、工序子类型，并设定工序的位置，输入工序名称。完成设定后，单击 [确定]，弹出"固定轮廓铣"对话框。

表 6 - 7　创建半精加工模型凹角的工序

选项		选项值
工序类型		mill_contour
工序子类型		![icon]（清根参考刀具）
工序位置	程　序	PROGRAM
	刀　具	BALL_MILL_D8
	几何体	WORKPIECE
	方　法	MILL_SEMI_FINISH
工序名称		SEMI_CLEANUP

步骤 2　指定切削区域

需要指定加工那些曲面形成的凹角，在"几何体"选项组中，单击选择或编辑切削

区域几何体图标 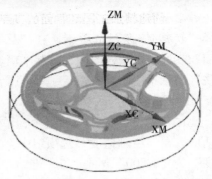，即弹出"切削区域"对话框。如图 6-30 所示，选择镶件模型中形成了内凹角的所有曲面，以定义切削区域。完成选择后，单击 确定，退回到"固定轮廓铣"对话框。

步骤 3　设定驱动方法及参数

需要设定驱动参数，以产生合理的刀轨路径。如图 6-31 所示，在"驱动方法"选项组中，单击编辑图标，将弹出"清根驱动方法"对话框。

图 6-30　选择镶件模型曲面定义切削区域

由于前一个工序使用了直径为 12 mm 的球刀进行半精加工，应指定这把刀具作为参考刀具。如图 6-32 所示，在"参考刀具"选项组中，选择"参考刀具"为"BALL_MILL_D12"，并设定"重叠距离"为"1"。

图 6-31　编辑"清根"驱动方法参数

图 6-32　选择参考刀具并设定重叠距离

由于默认设定的陡角值为 65°，轮毂镶件曲面中的内凹角都处于这个陡角范围内，故应设定非陡峭区域的驱动参数。在"非陡峭切削"选项组中，如图 6-33 所示，将"非陡峭切削模式"设置为"往复"、"顺序"设置为"由外向内"，并设定"步距"为"0.35"。其他参数接受默认设置，单击 确定，退回到"固定轮廓铣"对话框。

图 6-33　设定非陡峭切削的切削模式和步距

步骤 4　设定主轴转速和进给

在"刀轨设置"选项组中，单击进给率和速度图标，弹出"进给率和速度"对话框。在"主轴速度"选项组中，单击开启"主轴速度"选项检查符，并设定"主轴速度"为"2 800"rpm。在"进给率"选项组中，设定"切削"为"550"mmpm。其他参数接受默认设置，完成设定后，单击 确定，退回到"固定轮廓铣"对话框。

步骤 5　生成和确认刀轨

在"操作"选项组中，单击生成图标，系统即生成了半精加工模型中曲面凹角处残余材料的刀轨路径，如图 6-34 所示。旋转、局部放大模型，观察刀轨路径的特点。当确定刀轨路径正确后，单击 确定 退出"固定轮廓铣"对话框，即完成了新工序的创建。

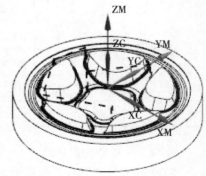

图 6-34　生成半精加工模型曲面凹角的刀轨路径

4．创建精加工圆环平面的工序

步骤1　复制工序

在程序顺序视图中，复制半精加工圆环平面的工序"SEMI_FLOOR"，并将复制的工序排列在工序"SEMI_ CLEANUP"的后面，再将复制的工序更名为"FINISH_FLOOR"，如6-35所示。

图6-35　复制半精加工圆环平面的工序并更名

步骤2　编辑复制的工序

复制的工序与原工序具有相同的参数，并且不会自动生成刀轨路径。下面将编辑复制的工序，改变一些加工参数，使其成为精加工圆环平面的工序并生成刀轨路径。双击工序名"FINISH_FLOOR"，弹出"型腔铣"对话框。

步骤3　更换加工刀具

当前工序用于精加工工件，因此需要使用新刀具才能确保尺寸精度和加工质量。先单击"刀具"选项组，再单击"输出"选项组以扩展显示，如图6-36所示，将"刀具号""补偿寄存器"和"刀具补偿寄存器"均设定为"5"，这表示将更换为刀库中的第5号刀具。

步骤4　更改加工方法

当前工序用于精加工圆环平面，需要更改为精加工方法。如图6-37所示，在"刀轨设置"选项组中，将加工"方法"设置为"MILL_FINISH"，并接受原来工序所设定的切削模式和切削步距。

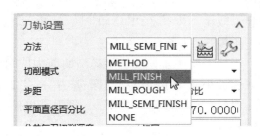

图6-36　设定刀具号更换新刀具　　　图6-37　更改为精加工方法

步骤 5　设定主轴转速和进给

在"刀轨设置"选项组中，单击进给率和速度图标 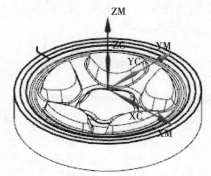，弹出"进给率和速度"对话框。在"主轴速度"选项组中，设定"主轴速度"为"1 100"rpm。在"进给率"选项组中，设定"切削"为"180"mmpm。完成设定后，单击 确定，退回到"型腔铣"对话框。

步骤 6　生成和确认刀轨

在"操作"选项组中，单击生成图标 ，系统即生成了精加工镶件模型中圆环平面的刀轨路径，如图 6 - 38 所示。在图形窗口中，旋转、局部放大模型，仔细观察刀轨路径特点。当确认刀轨路径正确后，单击 确定 退出"型腔铣"对话框，即完成了工序的编辑。

图 6 - 38　生成精加工圆环平面的刀轨路径

5. 创建模型曲面凹角清根的工序

步骤 1　复制工序

在程序顺序视图中，复制半精加工曲面凹角的工序"SEMI_CLEANUP"，并将复制的工序排列在工序"FINISH_FLOOR"的后面，再将复制的工序更名为"CLEANUP"，如图 6 - 39 所示。

名称	换刀	刀轨	刀具	刀具号	时间
NC_PROGRAM					1:01:
未用项					00:00
PROGRAM					1:01:
SEMI_FLOOR		✔	MILL_D32R5	1	00:17
SEMI_CAVITY		✔	BALL_MILL_D12	2	21:02
SEMI_CLEANUP		✔	BALL_MILL_D8	3	03:22
FINISH_FLOOR		✔	MILL_D32R5	5	00:17
CLEANUP		✗	BALL_MILL_D8	3	00:00

图 6 - 39　复制半精加工曲面凹角的工序并更名

步骤 2　编辑复制的工序

复制的工序与原工序具有相同的参数，并且不会自动生成刀轨路径。下面将编辑复制的工序，改变一些加工参数，使其成为切除模型曲面凹角残余材料的工序并生成刀轨路径。双击工序名"CLEANUP"，弹出"固定轮廓铣"对话框。

步骤 3　更换加工刀具

当前工序用于彻底切除模型曲面中凹角的残余材料，因此，需要使用刀具半径比凹角曲面最小曲率半径更小的球刀。单击"工具"选项组使其展开显示，如图 6 - 40 所示，单击刀具下拉列表符号"▼"，将刀具更换为 6 mm 的球刀"BALL_MILL_D6（铣刀 - 球头铣）"。

步骤4　更改加工方法

当前工序用于对曲面凹角进行精加工，以彻底切除模型曲面中凹角的残余材料。如图6-41所示，在"刀轨设置"选项组中，将加工"方法"设置为"MILL_FINISH"。

图6-40　更换为直径为6 mm的球刀

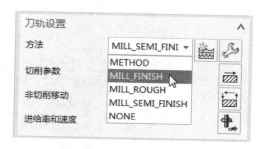

图6-41　更改为精加工方法

步骤5　更改驱动参数

在精加工时应使用更小的切削步距，以获得更好的加工质量。在"驱动方法"选项组中，单击编辑图标，将弹出"清根驱动方法"对话框。在"非陡峭切削"选项组中，如图6-42所示，设定"步距"为"0.2"mm。其他参数接受默认设置，单击 确定 ，退回到"固定轮廓铣"对话框。

图6-42　设定更小的切削步距

步骤6　设定主轴转速和进给

在"刀轨设置"选项组中，单击进给率和速度图标，弹出"进给率和速度"对话框。在"主轴速度"选项组中，设定"主轴速度"为"3 800"rpm。在"进给率"选项组中，设定"切削"为"500"mmpm。完成设定后，单击 确定 ，退回到"固定轮廓铣"对话框。

步骤7　生成和确认刀轨

在"操作"选项组中，单击生成图标，系统即生成了切除模型曲面凹角处残余材料的刀轨路径，如图

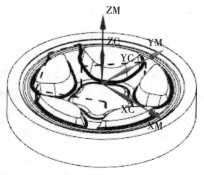

图6-43　生成模型曲面清根的刀轨路径

6-43所示。旋转、局部放大模型，观察刀轨路径的特点。当确定刀轨路径正确后，单击 确定 退出"固定轮廓铣"对话框，即完成了工序的编辑。

6. 创建精加工中心部位轮辐曲面的工序

步骤1　新建工序

在"主页"选项卡功能区的"插入"工具组中，单击创建工序图标，弹出"创建工序"对话框。按表6-8的要求，选择工序类型、工序子类型，并设定工序的位置，输入工序名称。完成设定后，单击 确定 ，弹出"固定轮廓铣"对话框。

表6-8 创建精加工中心部位轮辐曲面的工序

选项		选项值
工序类型		mill_contour
工序子类型		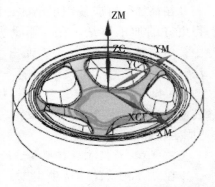
工序位置	程 序	PROGRAM
	刀 具	BALL_MILL_D12
	几何体	WORKPIECE
	方 法	MILL_FINISH
工序名称		SPOKE_DOWN

步骤2 指定切削区域

在"几何体"选项组中,单击选择或编辑切削区域几何体图标 ❁,弹出"切削区域"对话框。如图6-44所示,选择镶件模型中心部位较平坦的轮辐曲面,以定义刀具的切削区域。完成选择后,单击 确定,退回到"固定轮廓铣"对话框。

步骤3 设定驱动方法

区域铣削驱动方法提供了多种切削模式,具有较大的灵活性,应优先使用此驱动方法生成曲面精加工的刀轨路径。如图6-45所示,将驱动"方法"设置为"区域铣削",并在弹出的"驱动方法"对话框中,单击 确定,将弹出"区域铣削驱动方法"对话框。

图6-44 选择中心部位的轮辐曲面定义切削区域

镶件模型中心部位的轮辐面为回转曲面,应使用与曲面轮廓形状的切削模式生成加工刀路。在"非陡峭切削"选项组中,如图6-46所示,将"非陡峭切削模式"设置为"同心往复"、"刀路方向"设置为"向外"、"步距"设置为"残余高度",并设定"最大残余高度"为"0.005"。完成设定后,单击 确定,退回到"固定轮廓铣"对话框。

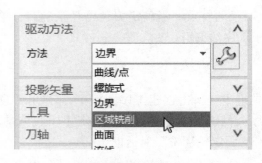

图6-45 设定驱动方法为"区域铣削"

图6-46 设定非陡峭切削的驱动参数

⚙ 知识点

◆ 非陡峭切削模式：同心往复

切削模式用于定义刀具从一个切削刀路到下一个切削刀路的移动方式。"同心往复"切削模式将产生一系列同心圆的切削刀路，每一个刀路轨迹都呈现圆弧形状。完成一个刀路后就作步进移动到下一个同心圆。

当使用"同心往复"切削模式时，用户可以设置"阵列中心"选项来确定同心刀路的圆心位置。"自动"选项将由切削区域的形状和大小自动确定圆心位置，而"指定"选项则允许使用点功能指定一个圆心位置。

◆ 刀路方向

"刀路方向"提供了"向外"和"向内"这两个选项，用以定义刀具是从区域的外部向中心还是从区域的中心向外进行切削，如图6-47所示。

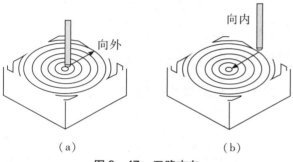

图6-47 刀路方向

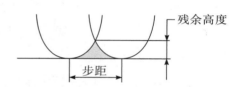

图6-48 使用残余材料高度计算步距值

◆ 步距：残余高度

"步距"用来定义相邻连续刀路之间的距离，步距值是在垂直于刀轴的平面上进行测量计算的。"残余高度"选项允许设定刀具切削后在相邻刀路之间最大残余材料的高度来定义步距值，如图6-48所示。不管设定了多大的残余高度值，系统会将实际步距尺寸限制为略小于刀具直径的2/3。

步骤4 设定主轴转速和进给

在"刀轨设置"选项组中，单击进给率和速度图标 ⚒ ，弹出"进给率和速度"对话框。在"主轴速度"选项组中，设定"主轴速度"为"2 000"rpm。在"进给率"选项组中，设定"切削"为"400"mmpm。完成设定后，单击 确定 ，退回到"固定轮廓铣"对话框。

步骤5 生成和确认刀轨

在"操作"选项组中，单击生成图标 ⚒ ，系统即生成了精加工镶件模型中心部位轮辐曲面的刀轨路径，如图6-49所示。旋转、局部放大模型，观察刀轨路径

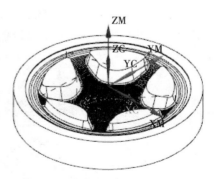

图6-49 生成精加工中心部位轮辐曲面的刀轨路径

的特点。当确定刀轨路径正确后，单击 **确定** 退出"固定轮廓铣"对话框，即完成了新工序的创建。

7. 创建精加工周边部位轮辐曲面的工序

步骤1 复制工序

在程序顺序视图中，复制精加工中心部位轮辐曲面的工序"SPOKE_ DOWN"，并将复制的工序排列到所有工序的最后面，再将复制的工序更名为"SPOKE_TOP"，如图6-50所示。

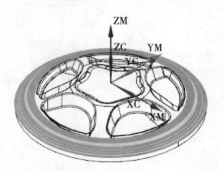

图6-50 复制精加工中心部位轮辐曲面的工序并更名

步骤2 编辑复制的工序

复制的工序与原工序具有相同的参数，并且不会自动生成刀轨路径。下面将编辑复制的工序，改变一些加工参数，使其成为精加工镶件模型周边部位轮辐曲面的工序并生成刀轨路径。双击工序名"SPOKE_TOP"，弹出"固定轮廓铣"对话框。

步骤3 重新指定加工几何体

在"几何体"选项组中，单击选择或编辑切削区域几何体图标 ，就弹出"切削区域"对话框。如图6-51所示，选择镶件模型周边部位的轮辐曲面，以定义刀具的切削范围。完成选择后，单击 **确定** ，退回到"固定轮廓铣"对话框。

步骤4 更改驱动方法

如图6-52所示，将驱动"方法"设置为"流线"，并在弹出的"驱动方法"对话框中，单击 **确定** ，将弹出"流线驱动方法"对话框。

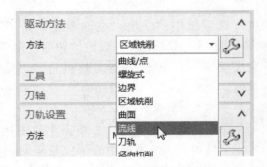

图6-51 选择周边部位轮辐曲面定义切削区域　　　图6-52 更改为"流线"驱动方法

知识点

◆驱动方法：流线

"流线"驱动方法允许使用驱动曲线建立隐含的曲面来定义驱动几何体，以产生按曲面 UV 方向分布的驱动点，再按投影方向进行投影而产生刀轨路径。驱动曲线包括流曲线和交叉曲线，系统可根据部件几何体或切削区域的形状，自动由几何体边缘来定义流曲线和交叉曲线，也可以人为指定边缘或曲线定义流曲线和交叉曲线。指定驱动曲线时，既可以同时指定流曲线和交叉曲线，也可以只指定流曲线或交叉曲线。如果指定了流曲线和交叉曲线，则系统近似构建一个网格曲面；如果只指定了流曲线或交叉曲线，则系统近似构建一个通过曲线组的曲面。

可以选择任意点、曲线和边缘来指定流曲线和交叉曲线，流曲线和交叉曲线的空间位置和形状不同，将构成不同形状的隐含驱动面。在实际中，必须正确选择流曲线和交叉曲线，否则将无法构建驱动面产生驱动点。以下几种组合情况是允许的：

（1）选择了不封闭的流曲线和交叉曲线构成四边形。当仅选择 2 条流曲线和 2 条交叉曲线时则形成一个最简单的四边形，如图 6-53（a）所示，也可以选择超过 2 条以上的流曲线和交叉曲线，如图 6-51（b）所示。

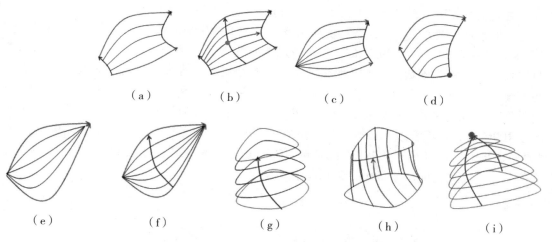

（a）　　　　　（b）　　　　　（c）　　　　　（d）

（e）　　　　　（f）　　　　　（g）　　　　　（h）　　　　　（i）

图 6-53　几种常见的流曲线和交叉曲线的组合形状

（2）四边形的其中一条流曲线收敛于一点，如图 6-53（c）所示，或者是当其中一条交叉曲线收敛于一点，如图 6-53（d）所示，这种情况构成了一个三边形的形状。

（3）四边形的 2 条流曲线或交叉曲线都收敛于一点，如图 6-53（e）所示，或者是在内部选择多条流曲线或者交叉曲线，如图 6-53（f）所示，这种情况构成了一个二边形的形状。

（4）所有流曲线是封闭的，但交叉曲线不封闭，如图 6-53（g）所示，或者是所有交叉曲线是封闭的，但流曲线不封闭，如图 6-53（h）所示，或者是流曲线或者交叉曲线收敛于一点，如图 6-53（i）所示，这三种情况构成了一个环状封闭的锥形。

在流线驱动方法中，系统允许指定切削起点和切削方向。在默认情况下，刀具首先是在第一条交叉曲线上开始，并沿第一条流曲线移动切削，到达最后一条交叉曲线后，作步进移动并开始下一次切削，依此重复，直至完成整个区域的切削，如图 6-54 所示。单击指定切削方向图标 ⌊↦，在驱动曲面的四个拐角处会显示两个近似互相垂直的箭头，用鼠标单击其中一个箭头，就指定了切削起点和切削方向，与切削方向垂直的另一个方向就是步进方向。

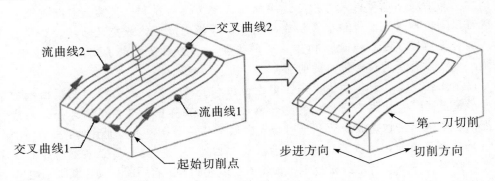

图 6-54　刀轨的切削方向

在默认情况下，由流曲线和交叉曲线的整个长度构建驱动面产生驱动点以生成刀轨路径，但系统也允许设定流曲线和交叉曲线的长度百分比来限制产生驱动点的区域范围。"开始切削%"和"结束切削%"参数沿流曲线方向计算百分比值，而"起始步长%"和"结束步长%"参数则沿交叉曲线方向计算百分比值。当设定一定百分比值时，系统会沿流曲线或交叉曲线的切矢方向延长或缩短，从而扩大或缩小区域范围。如果"开始切削%"或者"起始步长%"的值大于 0 时、"结束切削%"或者"结束步长%"的值小于 100% 时，这都会缩小区域范围，如图 6-55（a）所示。如果"开始切削%"或者"起始步长%"的值小于 0 时、"结束切削%"或者"结束步长%"的值大于 100% 时，这都会加大区域范围，如图 6-55（b）所示。

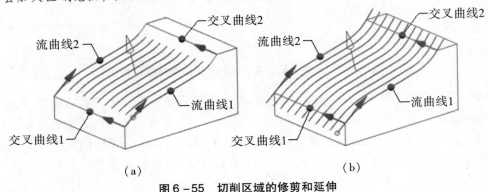

（a）　　　　　　　　　　　　（b）

图 6-55　切削区域的修剪和延伸

如图 6-56（a）所示，在"流曲线"选项组中，单击"列表"以展开显示，系统自动由切削区域的起始和终止边缘线产生了 2 条流曲线。现在需要增加一条流曲线，以产生更接近切削区域的驱动面,获得质量更好的驱动点。先在列表中选择"流曲线1",再单击添加新集图标 ✦ ,然后在图形窗口中,如图6－56(b)所示,选择倒圆角的边缘,这样就添加了一条新的流曲线,原来的"流曲线2"就成了"流曲线3"。注意选择圆弧时的鼠标位置,应使所有流曲线的起点和方向保持一致。如需要反转方向,则可以单击反向图标 ✕ 。

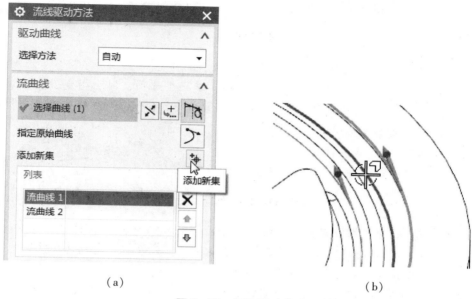

（a） （b）

图6－56 添加驱动曲线

为确保刀具从上部边缘开始沿圆周方向切削加工,需要指定切削起点和方向。在"切削方向"选项组中,如图6－57(a)所示单击指定切削方向图标 ▮→ ,此时在图形窗口中,在切削区域的起点和终点均会显示两组箭头。如图6－57(b)所示,在起点或终点的箭头处,移动鼠标到上部一组水平方向的箭头附近,单击鼠标左键,这样就确定了刀具切削的方向为圆周方向。

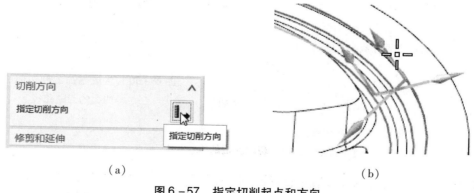

（a） （b）

图6－57 指定切削起点和方向

在"驱动设置"选项组中，如图6-58所示，将"刀具位置"设置为"接触"、"切削模式"设置为"螺旋或螺旋式"、"步距"设置为"残余高度"，并设定"最大残余高度"为"0.005"。其他参数均接受默认设置，单击 确定 ，退回到"固定轮廓铣"对话框。

图6-58 设置流线驱动参数

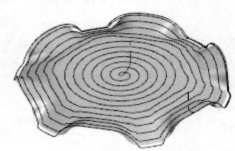

知识点

◆ 刀具位置

刀具位置提供了"对中""相切"和"接触"这三个选项，用于指定刀具相对于驱动曲线的位置。"对中"选项使刀尖定位在每个驱动点上，"相切"选项使刀尖定位在驱动点上时刀具与驱动面保持相切状态，而"接触"选项则根据流动/交叉边缘创建刀尖偏置曲线，然后根据偏置曲线创建驱动曲面。如果必须过切部件才能加工选中的边缘，系统会自动将偏置曲线移至最近的出现两侧相切的位置。

◆ 切削模式：螺旋或螺旋式

"螺旋或螺旋式"切削模式将产生没有步进移动的光顺刀路，如图6-59所示，一般适用于加工圆形或圆柱形封闭的切削区域。

图6-59 螺旋或螺旋式切削模式

步骤5 生成和确认刀轨

在"操作"选项组中，单击生成图标 ，系统即生成了精加工镶件模型周边部位轮辐曲面的刀轨路径，如图6-60所示。旋转、局部放大模型，观察刀轨路径的特点。当确定刀轨路径正确后，单击 确定 退出"固定轮廓铣"对话框，即完成了工序的编辑。

8. 创建精加工异形柱体顶面的工序

步骤1 复制工序

在程序顺序视图中，复制精加工中心部位轮辐曲面的工序"SPOKE_DOWN"，并将复制的工序排列到所有工序的最后面，再将复制的工序更名为"POST_TOP"，如图6-61所示。

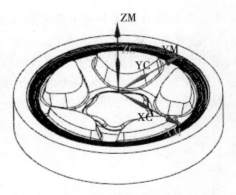

图6-60 生成精加工周边部位轮辐曲面的刀轨路径

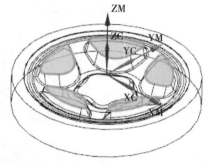

图 6 -61　复制精加工中心部位轮辐曲面的工序并更名

步骤 2　编辑复制的工序

复制的工序与原工序具有相同的参数，并且不会自动生成刀轨路径。下面将编辑复制的工序，改变一些加工参数，使其成为精加工异形柱体顶部曲面的工序并生成刀轨路径。双击工序名"POST_TOP"，弹出"固定轮廓铣"对话框。

步骤 3　重新指定加工几何体

在"几何体"选项组中，单击选择或编辑切削区域几何体图标，即弹出"切削区域"对话框。如图 6 -62 所示，选择模型中 5 个异形柱体的顶部曲面，以定义刀具的切削区域。完成选择后，单击 <u>确定</u>，退回到"固定轮廓铣"对话框。

步骤 4　更改驱动参数

原工序使用了同心圆切削模式，并且自动默认切削区域的中心为圆心，由于当前切削区域为多个独立的区域，因此需要指定所有区域都使用同一个圆心以产生更合理的加工刀轨。在"驱动方法"选项组中，单击编辑图标，将弹出"区域铣削驱动方法"对话框。

图 6 -62　选择异形柱体顶部曲面定义切削区域

在"驱动设置"选项组中，如图 6 -63（a）所示，先将"阵列中心"设置为"指定"，再选择圆环平面的外圆弧圆心，如图 6 -63（b）所示。其他参数接受默认设定，单击 <u>确定</u>，退回到"固定轮廓铣"对话框。

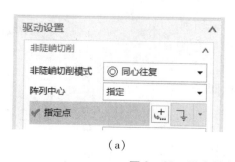

（a）

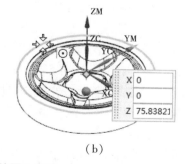

（b）

图 6 -63　设定同心圆的圆心位置

步骤5　生成和确认刀轨

在"操作"选项组中，单击生成图标 ⚞ ，系统即生成了精加工异形柱体顶部曲面的刀轨路径，如图 6-64 所示。旋转、局部放大模型，观察刀轨路径的特点。当确定刀轨路径正确后，单击 确定 退出"固定轮廓铣"对话框，即完成了工序的编辑。

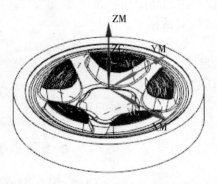

图6-64　生成精加工异形柱体顶部曲面的刀轨路径

9. 创建精加工异形柱体侧面的工序

步骤1　复制工序

在程序顺序视图中，复制精加工周边部位轮辐曲面的工序"SPOKE_TOP"，并将复制的工序排列到所有工序的最后面，再将复制的工序更名为"POST_SIDE"，如图 6-65 所示。

名称	换刀	刀轨	刀具	刀具号	时间
NC_PROGRAM					2:01:
📄 未用项					00:00
⊖ 📄 PROGRAM					2:01:
SEMI_FLOOR	🔳	✔	MILL_D32R5	1	00:17
SEMI_CAVITY	🔳	✔	BALL_MILL_D12	2	21:02
SEMI_CLEANUP	🔳	✔	BALL_MILL_D8	3	03:22
FINISH_FLOOR	🔳	✔	MILL_D32R5	5	00:17
CLEANUP	🔳	✔	BALL_MILL_D6	4	07:43
SPOKE_DOWN	🔳	✔	BALL_MILL_D12	6	06:18
SPOKE_TOP		✔	BALL_MILL_D12	6	05:31
POST_TOP		✔	BALL_MILL_D12	6	05:15
⊘ POST_SIDE		✘	BALL_MILL_D12	6	00:00

图6-65　复制精加工周边部位轮辐曲面的工序并更名

步骤2　编辑复制的工序

复制的工序与原工序具有相同的参数，并且不会自动生成刀轨路径。下面将编辑复制的工序，改变一些加工参数，使其成为精加工异形柱体侧面的工序并生成刀轨路径。双击工序名"POST_SIDE"，弹出"固定轮廓铣"对话框。

步骤3　重新指定切削区域

在"几何体"选项组中，单击选择或编辑切削区域几何体图标 ⬛ ，就弹出"切削区域"对话框。如图 6-66 所示，选择模型任意一个异形柱体的侧面，以定义刀具的切削范围。完成选择后，单击 确定 ，退回到"固定轮廓铣"对话框。

步骤4　更改驱动参数

由于切削区域已经不同，因此需要重新指定流曲线

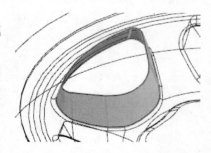

图6-66　选择异形柱体侧面定义切削区域

以产生刀轨路径。在"驱动方法"选项组中，单击编辑图标 ♨，将弹出"流线驱动方法"对话框。

如图6－67（a）所示，在"驱动曲线"选项组中，将"选择方法"设置为"自动"。在"流曲线"选项组中，单击"列表"以展开显示，此时可查看到：系统自动将切削区域的上部边缘定义为"流曲线2"、下部边缘定义为"流曲线1"。在列表中选择"流曲线2"，然后单击上移图标 ⬆，将调整流曲线的顺序，如图6－67（b）所示，以产生"从上到下"切削顺序的刀轨路径。其他参数均接受默认设置，单击 确定 ，退回到"固定轮廓铣"对话框。

（a）

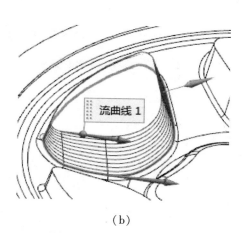

（b）

图6－67　指定驱动曲线

步骤5　生成和确认刀轨

在"操作"选项组中，单击生成图标 ⊫，系统就生成了精加工模型其中一个异形柱体侧面的刀轨路径，如图6－68所示。旋转、局部放大模型，观察刀轨路径的特点。当确定刀轨路径正确后，单击 确定 退出"固定轮廓铣"对话框，即完成了工序的编辑。

步骤6　加工工序的变换

现在只生成了其中一个异形柱体侧面的刀轨路径，轮毂下模镶件模型中总共有5个相同的异形柱体，下面将使用工序的旋转变换功能，生成加工其他异形柱体侧面的刀轨路径。

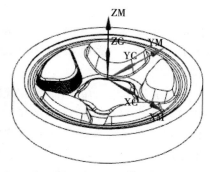

图6－68　生成精加工异形柱体侧面的刀轨路径

如图6－69所示，在工序导航器的程序顺序视图中，选择工序"POST_SIDE"，按【鼠标右键→对象→变换】，将弹出"变换"对话框。

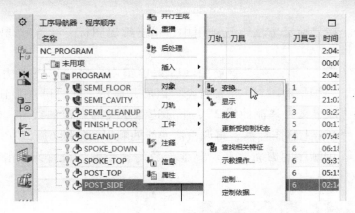

图 6-69　对工序进行变换操作

如图 6-70 所示，先将变换"类型"设置为"绕直线旋转"，再将"直线方法"设置为"点和矢量"。当"指定点"项高亮显示时，选择镶件模型底部圆弧圆心，当"指定矢量"项高亮显示时，从矢量下拉列表中选择"+ZC"。

（a）

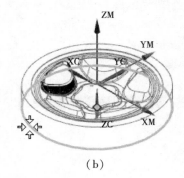

（b）

图 6-70　指定变换类型

如图 6-71 所示，在"变换参数"选项组中，设定"角度"为"72"°。在"结果"选项组中，先单击"实例"单项按钮，再设定"实例数"为"4"。

完成设定后，单击 确定 ，此时系统将会生成加工另外 4 个异形柱体侧面的工序和刀轨路径，它们列出于工序导航器中，如图 6-72 所示。由于阵列结果使用了实例，因此在新工序名称后面会自动添加字符"_INSTANCE"，如果有多个实例时，则在每个实例名称后面会自动添加字符"_1"。修改原工序或任意一个实例的加工参数，其他实例的加工参数也将会自动改变。

图 6-71　设定变换参数

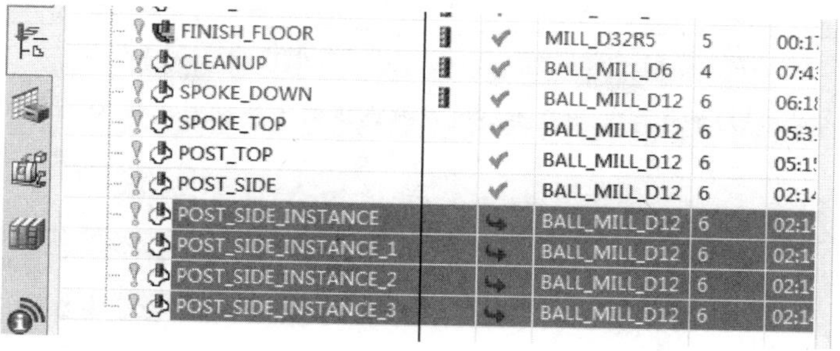

图6-72 生成工序的变换实例

知识点

使用"变换"功能，可以将刀轨复制到工件中的其他区域或者调整原先的刀轨。工序变换后，既可以保留原先刀轨，也可以复制原先刀轨，还可以创建原先刀轨的实例。变换后的刀轨与原先刀轨具有相同的参数，如果是实例刀轨，则实例刀轨与原先刀轨保持关联性。

◆ **变换类型**

变换功能提供了多种变换类型，表6-9是这些变换类型的简单说明。

表6-9 各种变换类型说明

变换类型	类型说明
平移	"平移"变换类型将选定的工序按指定的方向和距离进行移动，它提供了2种定义运动的方法："增量"和"至一点"
缩放	"缩放"变换类型将选定的工序基于参考点按一定比例进行放大或缩小。如果比例因子大于1，则刀轨点的XC、YC和ZC坐标值就放大，反之，刀轨点的坐标值就缩小
绕点旋转	"绕点旋转"变换类型将选定的工序绕过参考点并平行ZC轴的直线旋转，它提供了2种定义旋转角度的方法："指定"和"两点"
绕直线旋转	"绕直线旋转"变换类型将选定的工序绕任意直线旋转，它提供了3种定义旋转直线的方法："选择""两点"和"点和矢量"
通过一直线镜像	"通过一直线镜像"变换类型在直线的另一侧创建选定工序的镜像图像，它提供了3种定义镜像直线的方法："选择""两点"和"点和矢量"
通过一平面镜像	"通过一平面镜像"变换类型相对平面创建选定工序的镜像图像。应用此变换类型时，可以使用平面工具指定一个平面作为镜像平面
圆形阵列	"圆形阵列"变换类型将创建选定工序的圆周图样。系统将阵列的第一个成员的参考点置于阵列原点上，每个成员与目标点的关系和每个成员与参考点的关系相同

续上表

变换类型	类型说明
矩形阵列	"矩形阵列"变换类型将复制选定的工序以创建与 XC 和 YC 轴平行的列。系统将阵列的第一个成员的参考点置于阵列原点上，每个成员与目标点的关系和每个成员与参考点的关系相同
CSYS 到 CSYS	"CSYS 到 CSYS"变换类型将选定的工序从参考坐标系移动或复制到目标坐标系。变换后的工序或刀轨相对于目标坐标系的位置与相对于参考坐标系的位置相同

◆变换结果

在"变换"对话框的"结果"选项组中，提供了"移动""复制"和"实例"这 3 个选项用以控制工序的变换结果，下面是它们的简单说明。

"移动"选项将选定工序或刀轨从其原位置移到新位置，工序名称与原来的相同。

"复制"选项将根据原工序参数创建新工序，并保持选定刀轨的原位置。新刀轨与原刀轨不关联，新工序名称将在原工序名称的基础上附加"_COPY"字符。

"实例"选项将创建与原工序相关联的链接实例。新工序名称将在原工序名称的基础上附加"_INSTANCE"字符。新工序与原工序保持关联性，当编辑原工序或任意一个实例工序时，所有实例都会更改。当任一实例工序重新生成刀轨时，则所有实例工序都将更新。

6.6 轮毂下模镶件的加工仿真

用户可以对某一个或多个工序的加工刀轨进行模拟切削仿真，以检查加工刀轨是否存在过切或碰撞现象。下面将对底座的所有孔加工刀轨进行加工仿真，以验证加工是否正确。

在程序顺序视图中，选取程序组节点"PROGRAM"，然后从"主页"选项卡的"工序"工具组中，单击确认刀轨图标，将弹出"刀轨可视化"对话框。

完成切削仿真动画后，模拟切削情况如图 6 - 73 所示。当确认正确后，单击 确定 或 取消 退出，完成加工刀轨的切削仿真。

图 6 - 73　轮毂下模镶件的加工仿真结果

下面将单独检查半精加工成型曲面工序的加工刀轨是否存在过切情况。如图 6 - 74 所示，在程序顺序视图中，选取工序节点"SEMI_CAVITY"，然后从"主页"选项卡的"工序"选项组中，单击【更多→过切检查】，将弹出"过切和碰撞检查"对话框。

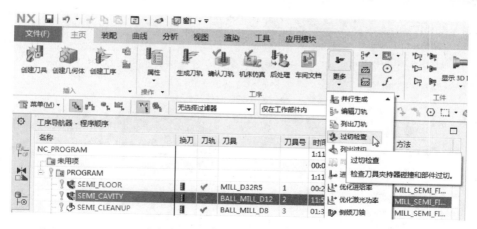

图6-74 选择工序检查过切情况

如图6-75所示，在"过切和碰撞设置"选项组中，点击开启"第一次过切或碰撞时暂停"选项检查符，其他选项参数均接受默认设置，然后按 确定 ，此时系统将对该工序的加工刀轨进行过切检查。

完成过切检查后，将会弹出如图6-76所示的信息窗口，显示加工刀轨的检查结果。从检查结果得知，半精加工成型曲面的加工刀轨不存在过切现象。按同样的操作步骤，检查其他工序的加工刀轨，看看是否存在过切现象。

图6-75 开启"第一次过切或碰撞暂停"
选项检查符

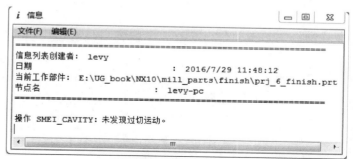

图6-76 过切检查结果

知识点

◆ 过切检查

用户可以在刀轨可视化时对刀轨进行过切检查，也可以单独对刀轨进行过切检查。当使用"过切检查"时，会弹出如图6-77（a）所示的"过切和碰撞检查"对话框，它允许用户控制检查刀具和刀具夹持器是否与工件或夹具存在过切和碰撞现象。用户可以控制检查过切时所使用的余量值，也可以控制当出现过切和碰撞时是否暂停，以观察和检查碰撞位置。

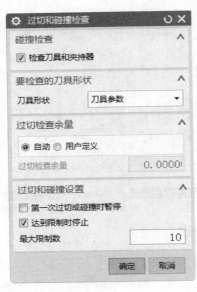

（a）　　　　　　　　　　（b）

图 6 - 77　刀轨过切和碰撞检查

在刀轨过切检查过程中，刀轨会在图形窗口中进行播放。如果存在刀轨过切现象，则会停止刀轨的播放，并弹出如图 6 - 77（b）所示的"过切警告"对话框，列出刀具过切或碰撞的位置。

◆**列出过切**

当完成刀轨过切检查后，或者使用"列出过切"选项，就会弹出"信息"对话框，汇报刀轨的过切或碰撞检查情况。如果刀轨存在过切或碰撞，就会列出过切或碰撞的刀轨运动类型，以及过切或碰撞的起点和终点的坐标位置，如图 6 - 78 所示。

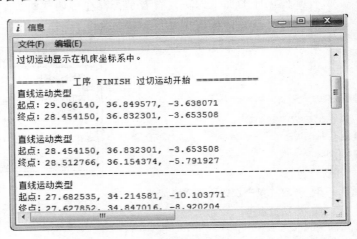

图 6 - 78　刀轨的过切检查汇报

6.7　轮毂下模镶件的刀轨后处理

轮毂下模镶件的刀轨后处理操作可参见 1.7。

6.8　课外作业

6.8.1　思考题

（1）如果要获取工件模型中曲面的曲率半径尺寸，有哪几种方法？

（2）哪种几何体可用来描述加工前的工件形状？这种几何体有哪几种类型？

（3）部件材料对所产生的加工刀轨有什么影响？在哪里可以指定工件材料为 H13？

（4）小李已经在几何视图的工件节点组"WORKPIECE"中指定了部件几何体和毛坯几何体，为什么在工序中生成加工刀轨时系统仍然提示"未指定部件几何体和毛坯几何体"的警告？

（5）"修剪边界"几何体的作用是什么？它可以替代切削区域几何体吗？

（6）"流线"驱动方法产生的刀轨路径有什么特点？它适用于哪些加工场合？

（7）想一想，"流线"驱动方法的驱动几何体有哪些可能的形状？

（8）小李在编写某工件的加工刀轨时，想要使用"清根"驱动方法切除残余在较小曲率半径部位的残余材料，但却没有生成任何加工刀路，请你帮小李分析可能的原因是什么。

（9）有人说，在创建一个"型腔铣"工序子类型用于粗加工切除槽的大部分材料后，再复制该粗加工工序用来精加工槽的底平面，这样就可以减少重新创建新工序浪费的时间。这个想法是否可行？如果可行，应怎样操作？

（10）NX 软件程序提供了哪几种工序变换类型？如何识别工序是由变换所生成的？如果编辑变换的工序参数，会发生什么？

6.8.2　上机题

（1）请从目录"…\mill_parts\exercise"中打开工件模型文件"prj_6_exercise_1. prt"，如图 6 – 79 所示，仔细理解模型结构，然后应用 NX 软件程序创建加工此零件的加工刀轨。

（2）请从目录"…\mill_parts\exercise"中打开工件模型文件"prj_6_exercise_2. prt"，如图 6 – 80 所示，仔细理解模型结构，然后应用 NX 软件程序创建加工此零件的加工刀轨。

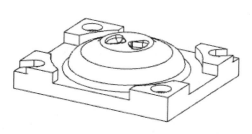

图 6 – 79　练习题 1

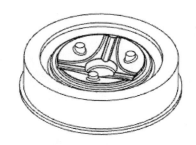

图 6 – 80　练习题 2

（3）请从目录"…\mill_parts\exercise"中打开工件模型文件"prj_6_exercise_3.prt"，如图6-81所示，仔细理解模型结构，然后应用 NX 软件程序创建加工此零件的加工刀轨。

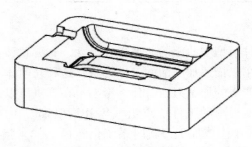

图6-81　练习题3

项目 7
电极零件加工编程

7.1　电极零件的加工项目

7.1.1　电极零件的加工任务

图 7 - 1 是一个电极零件三维模型，零件材料为黄铜，表 7 - 1 是电极零件的加工条件。请分析电极零件的形状结构，根据零件加工条件，制定合理的加工工艺，然后使用 NX 软件编写此零件的数控加工 NC 程序。

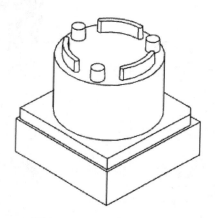

图 7 - 1　电极零件三维模型

表 7 - 1　电极零件的加工条件

零件名称	生产批量	材料	坯料
电极	单件	黄铜	坯料是 47.00 mm × 47.00 mm × 52.00 mm 的长方体

7.1.2　项目实施：导入电极零件的几何模型

首先，从目录 "… \ mill_parts \ start \" 中打开文件 "prj_7_e1_start. prt"，这就是电极零件的三维模型，本项目将编写此模型的数控加工 NC 程序。

然后，将模型另存至目录 "… \ mill_parts \ finish \" 中，新文件取名为 "***_prj_7_ e1_finish. prt"。其中，"***" 表示学生学号，例如 "20161001"。

7.2 电极零件的加工工艺

7.2.1 电极零件的图样分析

电极零件主要由平面和圆柱面构成，形状结构简单，由于电极的放电区域为倾斜面，从数控加工工艺考虑，可将电极归属于曲面类工件。在加工前，需要对电极零件进行分析，了解零件模型的结构和几何信息，包括零件的长宽高尺寸等，这些信息用来确定加工工艺的各种参数，尤其是确定刀具尺寸参数。

型腔电极模型的结构分为：电极头、过渡段、基准座和夹持段 4 部分，其具体结构特点如下：

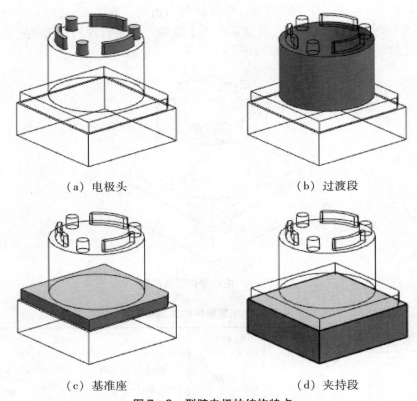

（a）电极头　　　　　　　　　　　（b）过渡段

（c）基准座　　　　　　　　　　　（d）夹持段

图 7 - 2　型腔电极的结构特点

（1）如图 7 - 2（a）所示，电极头由 3 个均布的圆柱体和环形拉伸体构成，圆柱体和拉伸体的侧面拔模角为 2°，相邻圆柱体和拉伸体的距离为 5.277 7 mm，在精加工时需要使用直径小于 5 mm 的刀具。在设计时，电极头的形状和尺寸通常与被加工零件的形状是一致的，但在实际放电加工时，电极头的尺寸与被加工零件的尺寸相比，应相差放电加工时要求的间隙值，这可以在数控加工时通过设定负值的加工余量来达到电极尺寸要求。

（2）如图 7 – 2（b）所示，过渡段形状是一个 40.00 mm（直径）×25.15 mm 的圆柱体，用于连接基准座和电极头。过渡段形状通常是一个拉伸体，大多数情况下都不会与被加工零件直接接触，但有时也会根据需要设计与被加工零件表面一致的斜面或曲面。过渡段中的表面如果在放电加工时需与被加工件接触的，则该表面在精加工时应预留电火花间隙值。有时候，过渡段的表面可不用精加工，只要确保其尺寸不与被加工零件接触就可以了。本项目任务的圆柱体过渡段不需要与被加工零件接触，因此在加工时不需要进行精加工。

（3）如图 7 – 2（c）所示，基准座形状是一个 45.00 mm×45.00 mm×5.00 mm 的长方体，长方体的一个拐角设计了一个倒斜角，在放电加工时作为碰数基准。基准座的侧面为竖直平面，由于侧面在放电加工时要作为基准使用，因此在数控加工时需对其进行精加工，并且要确保其尺寸精度和表面光洁度。

（4）如图 7 – 2（d）所示，夹持段形状是一个 47.00 mm×47.00 mm×15.00 mm 的长方体，在数控加工和放电加工时主要用于电极的夹紧和固定。夹持段的形状和尺寸一般由电极开料时保证，不用编写数控加工的刀轨路径。

7.2.2　项目实施：分析电极零件的几何信息

1.　指定加工环境

从"应用模块"选项卡的功能区中单击加工图标 ![图标]，就进入加工应用模块，此时会弹出"加工环境"对话框。从"CAM 会话配置"列表中选择"cam_general"，从"要创建的 CAM 设置"列表中选择"mill_contour"，然后单击 ![确定]，完成加工环境的初始化。

2.　模型几何分析

步骤 1　测量电极模型的外形尺寸

从"分析"选项卡功能区的"测量"工具组中，单击【更多→ ![简单长度]】，将弹出"简单长度"对话框。如图 7 – 3 所示，分别选择电极模型的夹持段中沿 X、Y 和 Z 方向的边缘，可以查看到夹持段的长度为 47.00 mm、宽度为 47.00 mm 和高度为 15.00 mm。

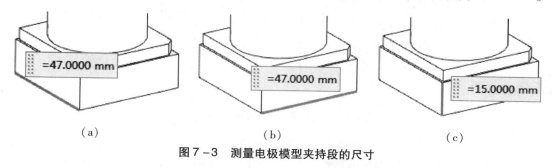

（a）　　　　　　　　　　　（b）　　　　　　　　　　　（c）

图 7 – 3　测量电极模型夹持段的尺寸

如图 7 – 4 所示，分别选择电极模型的基准座中沿 X、Y 和 Z 方向的边缘，可以查看到基准座的长度为 45.00 mm、宽度为 45.00 mm 和高度为 5.00 mm。

（a）   （b）   （c）

图 7 - 4   测量电极模型基准座的尺寸

步骤 2   测量电极头侧面之间的距离

从"分析"选项卡功能区的"测量"工具组中，单击简单距离图标 ✎，将弹出"简单距离"对话框。如图 7 - 5 所示，选择圆柱体和环形拉伸体的 端侧面，可查看到它们之间的距离为 5.277 mm。

步骤 3   测量电极模型中过渡段与顶部的距离

从"分析"选项卡功能区的"测量"工具组中，单击简单距离图标 ✎，将弹出"简单距离"

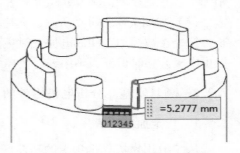

图 7 - 5   测量电极头侧面之间的最小距离

对话框。如图 7 - 6（a）所示，当提示选择起点时，选择电极模型顶平面圆环体的圆心。当提示选择终点时，选择过渡段顶部圆弧圆心，则可查看到过渡段顶部与电极头顶部的距离为 5.012 mm，如图 7 - 6（b）所示。不要退出"简单距离"对话框，下面要继续测量过渡段的高度尺寸。

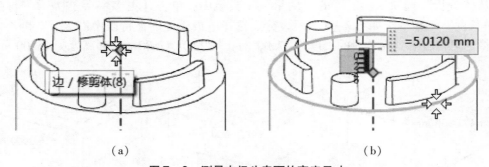

（a）   （b）

图 7 - 6   测量电极头表面的高度尺寸

在"起点"选项组中，仍然选中了电极头顶部圆环拉伸体的圆心，在"终点"选项组中，如图 7 - 7 所示，选择过渡段底部的圆弧圆心，则可查看到过渡段底部圆心与电极头的顶部的距离为 30.162 mm。前面测量到基准座的高度为 5.00 mm，因此基准座底平面与电极头顶部的距离为 35.162 mm。因此在选择加工刀具时，刀具长度应足够长，以确保刀具能够加工到基准座的底平面。

步骤4 测量电极模型过渡段的圆弧直径尺寸

从"分析"选项卡功能区的"测量"工具组中，单击【更多→⊖简单直径】，将弹出"简单直径"对话框。如图7-8所示，选择电极模型中过渡段的圆柱侧面，可测量得到圆弧直径为40.00 mm。

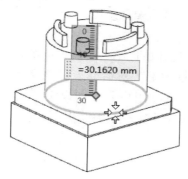 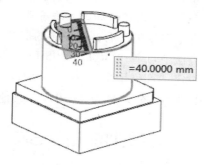

图7-7 测量过渡段底部与电极头顶部的距离　　　图7-8 测量过渡段圆弧的直径尺寸

7.2.3 电极零件的加工方法

在加工电极零件时，应确保电极放电部位和基准部位的加工精度和表面光洁度，以及在刀具有合理使用寿命的前提下，使生产率最高。

为确保电极各部位的尺寸精度和表面光洁度，把电极的加工划分为粗加工、半精加工和精加工。电极在放电加工时需要有火花间隙，通常会在 NC 加工时通过设定负余量来实现。因此，电极的粗加工余量可以在 0.1~0.3 mm 之间取值，精加工时的加工余量等于火花间隙值。在精加工时，为提高电极表面光洁度，应使用较高的转速、较小的切削量。

电极的工件材料为黄铜，常见硬度在 HB75~170 之间，其硬度不高，利于切削加工。经查资料可知，当使用高速钢刀具加工黄铜时，切削速度为 30~50 mpm、每齿进给量为 0.03~0.07 mmpz，则铣刀的转速和铣刀的进给率可由公式计算求得。实际的刀具转速和进给率需要考虑机床刚性、刀具直径、刀具材料、工件材料和刀具品牌等诸多因素而选择经验值。

7.2.4 项目实施：设定电极零件的加工方法参数

步骤1 将工序导航器切换到加工方法视图

需要在工序导航器的加工方法视图中设定加工的常用参数。在图形窗口顶部的上边框条中单击加工方法视图，将工序导航器切换到加工方法视图。

步骤2 设定粗加工方法参数

电极的材料为黄铜，具有良好的切削性能，不容易产生过切现象，另外，在精加工时，电极还需要设定负值余量，因此可以预留较小的粗加工余量值。双击粗加工方法节点名"MILL_ROUGH"，即弹出"铣削粗加工"对话框。在"余量"选项组中，设定"部件余量"为"0.3"。其他参数均接受默认设置，按 确定 退出。

步骤 3　设定半精加工方法参数

由于精加工时需要设定等于放电间隙值的负余量，即 – 0.08 mm，因此即使设定加工余量值为0，在电极表面仍有厚度等于放电间隙值的残余材料。双击半精加工方法节点名"SEMI_MILL_FINISH"，即弹出"铣削半精加工"对话框。在"余量"选项组中，设定"部件余量"为"0"。其他参数均接受默认设置，按 确定 退出。

步骤 4　设定精加工方法参数

在电极精加工后，电极头的形状尺寸应比设计尺寸单边小一个放电间隙值。双击精加工方法节点名"MILL_FINISH"，即弹出"铣削精加工"对话框。在"余量"选项组中，设定"部件余量"为" – 0.08"。在"公差"选项组中，分别设定"内公差"为"0.01"、"外公差"为"0.01"。其他参数均接受默认设置，按 确定 退出。

7.3　电极零件的工件安装

7.3.1　电极零件的工件装夹

在加工前，电极零件的坯料为一个长方体，如图 7 – 9 所示，坯料尺寸为 47.0 mm × 47.0 mm × 51.0 mm。在编程时，可设计这样的长方体并定义作为毛坯几何体。

电极零件的坯料尺寸较小，又是单件加工，因此可采用虎钳装夹。在装夹前，坯料中与虎钳钳口板接触的两个面应确保具有较好的表面质量并保持相互平行，以确保具有足够的夹紧力，坯料的底面也应该平整。否则，就先用刀具进行平整，再进行夹紧。装夹坯料时，将坯料中较平整的表面紧靠固定钳口板，在坯料的底部放置一个垫块以防止坯料在加工时倾斜。

型腔电极中所有需要加工的面都在同一侧，只需要一次装夹，即可完成加工，因此可设置 1 个编程坐标系。编程原点（即机床坐标系原点）设在电极零件顶平面的中心位置，编程坐标系的 X 轴正向指向右侧、Z 轴正向指向向上，如图 7 – 10 所示。

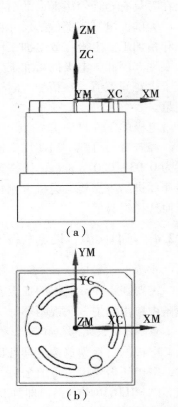

（a）

（b）

图 7 – 10　型腔电极加工的机床坐标系方位

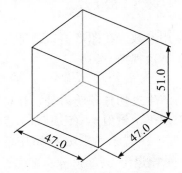

图 7 – 9　电极零件的长方体坯料

7.3.2 项目实施：指定电极零件的加工几何体

步骤1 将工序导航器切换到几何视图

需要在工序导航器的几何视图中指定加工的几何体。在图形窗口顶部的上边框条中单击几何视图图标 🖳，将工序导航器切换到几何视图。单击机床坐标系节点 "MCS_MILL" 前的 "＋" 号，以扩展显示工件几何体节点 "WORKPIECE"。

步骤2 设定机床坐标系

在工序导航器的几何视图中双击机床坐标系节点名 "MCS_MILL"，即弹出 "MCS 铣削" 对话框。目前机床坐标系的原点位于电极右下角的绝对坐标系原点处，并且其 ZM 轴的指向相反。首先从 MCS 下拉列表中选择 "自动判断" 图标 ✕ 以定义机床坐标系，如图7-11（a）所示，其次选择电极模型中过渡段圆柱体的顶部平面，此时将定义了一个 X 轴指向右侧、Z 轴指向向上的坐标系，如图7-10（b）所示，然后从 MCS 下拉列表中选择动态图标 ✕ 以定义机床坐标系，如图7-10（c）所示，最后选择电极模型中顶部圆环拉伸体的圆弧圆心，此时就将机床坐标系的原点移动到了电极顶部平面的中心位置。

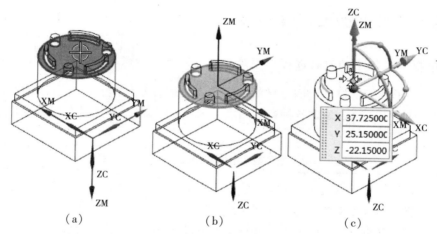

（a）　　　　　　　　　（b）　　　　　　　　　（c）

图7-11　将机床坐标系原点设定到模型顶部平面的中心位置

在 "安全设置" 选项组中，安全设置选项已经默认设置为 "自动平面"，并且 "安全距离" 为 "10"，它使得刀具将会抬起到这个高度进行横越运动。单击 <kbd>确定</kbd> 退出 "MCS 铣削" 对话框，就完成了机床坐标系和安全平面的设定。

步骤3 指定工件几何体

继续在工序导航器的几何视图中，双击工件节点名 "WORKPIECE"，将弹出 "工件" 对话框。单击选择或编辑部件几何体图标 🖳，弹出 "部件几何体" 对话框。如图7-12 所示，在图形窗口中选择电极模型，把它定义为部件几何体。单击 <kbd>确定</kbd>，退回到 "工件" 对话框。

单击选择或编辑毛坯几何体 🖳，弹出 "毛坯几何体" 对话框。由于电极零件的坯料为长方体，因此将毛坯类型设置为 "包容块"。实际电极坯料的高度尺寸比电极模型的总高度略高，因此设定"ZM＋"为"1"，此时系统会自动计算一个方块体来定义毛坯几何体，如图 7 – 13 所示。连续单击 确定 退出，即完成了工件几何体和毛坯几何体的指定。

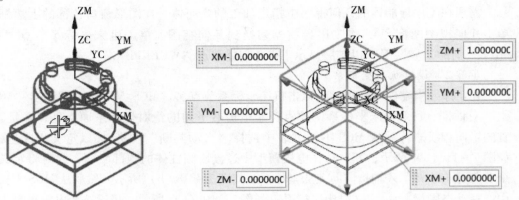

图 7 – 12　选择电极模型定义部件几何体　　　　图 7 – 13　使用自动包容块定义毛坯几何体

7.4　电极零件的加工刀具

7.4.1　电极零件加工的刀具选择

　　型腔电极零件的材料是黄铜，材料硬度不高，较容易切削，因此可以使用高速钢或硬质合金刀具加工。综合考虑各种实际因素，表 7 – 2 列出了加工型腔电极零件时所使用刀具的规格和数量。

表 7 – 2　加工型腔电极零件的刀具规格和数量

序号	刀具材料	数量	刀具直径/mm	刀尖半径/mm	刀具用途说明
1	高速钢铣刀	1	10	0.5	用于粗加工电极
2	高速钢铣刀	1	10	0	用于精加工基准座
3	高速钢铣刀	1	5	0.5	用于半精加工电极头表面
4	高速钢铣刀	1	5	0.5	用于精加工电极头表面

　　在加工一个工件时，经常需要使用多把相同尺寸的刀具，分别用于粗加工、半精加工或精加工。在创建刀具时，既可以创建 2 把以上刀具，也可以仅创建 1 把刀具，而在工序中设定不同的刀具号以实现自动换刀。在实际加工时，为确保加工质量则应准备 2 把刀具，并安装在机床刀库中对应的刀槽上，刀槽编号与编程时设定的刀具号应保持一致。

7.4.2　项目实施：创建电极零件的加工刀具

　　步骤 1　将工序导航器切换到机床视图

　　将工序导航器切换到机床视图，可方便查看所创建的刀具。在图形窗口顶部的上边框条中单击机床视图图标 📇，将工序导航器切换到机床视图。

步骤2　创建加工电极零件的所有刀具

在"主页"选项卡功能区的"插入"工具组中，单击创建刀具图标 📇，就弹出"创建刀具"对话框。根据表7-3列出的刀具类型、刀具直径、刀尖半径和刀具号等参数要求，其他参数均接受默认设置，创建加工电极零件的3把刀具。

表7-3　加工型腔电极的刀具参数

序号	刀具类型	刀具子类型	刀具名称	刀具直径/mm	刀尖半径/mm	刀具锥角/°	刀具号和补偿寄存器
1	mill_contour	📇	MILL_D10R0.5	10	0.5	0	1
2	mill_contour	📇	MILL_D10R0	10	0	0	2
3	mill_contour	📇	MILL_D5R0.5	5	0.5	0	3

当完成刀具的创建后，它们将按创建时间的先后顺序，列出于工序导航器机床视图中，如图7-14所示。刀具的创建顺序和列出顺序对加工效果没有影响。

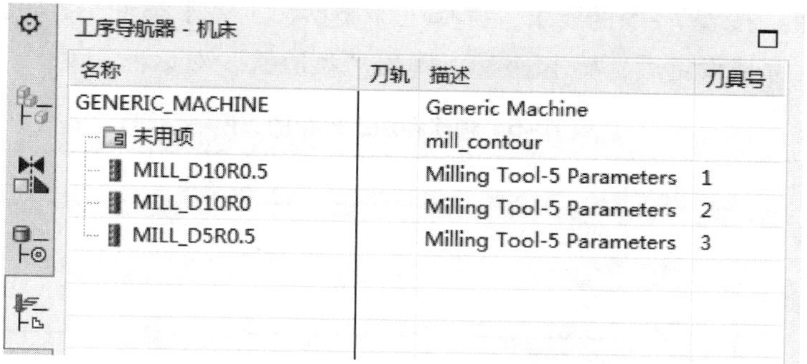

图7-14　已创建加工电极零件的所有刀具

7.5　电极零件的加工编程

7.5.1　电极零件的加工顺序

型腔电极零件的加工包括电极头表面、过渡段和基准座的加工。按粗加工→半精加工→精加工的原则安排加工顺序。在最后精加工前，安排半精加工工序，尽量确保精加工时的残余材料均匀，既保护刀具寿命，又确保加工质量。表7-4列出了加工型腔电极零件的工序顺序。

表 7 - 4   加工型腔电极零件的工序顺序

加工顺序		说　　明
第 1 次装夹	1	用直径 10 mm 的圆角刀粗加工电极，侧面余量为 0.3、底面余量为 0
	2	用直径 5 mm 的圆角刀半精加工电极头侧面，侧面余量为 0
	3	用直径 10 mm 的平底铣刀精加工电极的顶平面，底面余量为 - 0.08
	4	用直径 10 mm 的平底铣刀精加工电极基准座的顶平面，底面余量为 0
	5	用直径 10 mm 的平底铣刀精加工电极基准座的侧面，侧面余量和底面余量均为 0
	6	用直径 5 mm 的圆角刀精加工电极头侧面，侧面余量为 - 0.08

7.5.2　项目实施：创建电极零件的加工工序

在程序顺序视图中，工序将按创建时间的先后顺序由上到下进行排列，这个排列顺序也是工序实际执行加工的先后顺序。在图形窗口顶部的上边框条中单击程序顺序视图图标 ，将工序导航器切换到程序顺序视图。

1. 创建粗加工电极的工序

步骤 1　新建工序

在"主页"选项卡功能区的"插入"工具组中，单击创建工序图标 ，弹出"创建工序"对话框。按表 7 - 5 的要求，选择工序类型、工序子类型，并设定工序的位置，输入工序名称。完成设定后，单击 ，弹出"型腔铣"对话框。

表 7 - 5   创建粗加工电极的工序

选项		选项值
工序类型		mill_contour
工序子类型		
工序位置	程　序	PROGRAM
	刀　具	MILL_D10R0.5
	几何体	WORKPIECE
	方　法	MILL_ROUGH
工序名称		ROUGH

步骤 2　指定加工几何体

由于在创建工序时已将当前工序指派到父级几何体组"WORKPIECE"，可观察到"指定部件"项右侧的图标 和"指定毛坯"右侧的图标 均呈灰色显示，这说明当前工序自动继承了父级几何体组"WORKPIECE"所指定的部件几何体和毛坯几何体，无须再重复指定。

步骤3 设定切削模式和步距

如图7-15所示，在"刀轨设置"选项组中，将"切削模式"设置为"跟随部件"、"步距"设置为"刀具平直百分比"，并设定"平面直径百分比"为"50"。

步骤4 设定切削层参数

在"刀轨设置"选项组中，单击切削层 ▤ ，将弹出"切削层"对话框。在"范围"选项组中，默认"切削层"设置为"恒定"，并设定"最大距离"为"0.6"mm。

刀具切削基准座的顶平面和底平面时需预留0.1 mm余量。在"范围定义"选项组中，如图7-16所示，单击"列表"以扩展显示切削范围列表，可以查看到当前有5个切削范围。单击"范围3"，并设定"范围深度"为"31.062"。同样方法，先单击"范围4"，再设定"范围深度"为"36.162"。

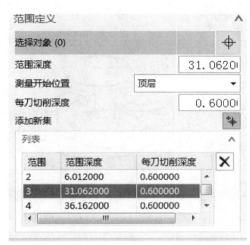

图7-15 设定切削模式和步距　　　　图7-16 改变切削范围的深度

在深度方向，刀具只需要加工到基准座底面即可。继续在"范围定义"选项组的范围列表中，如图7-17所示，先选中"范围5"，再单击移除图标 ☒ ，这样就移除了最后一个切削范围。

一旦修改了切削范围深度或移除了某个切削范围，则切削"范围类型"将自动改变为"用户定义"，如图7-18所示。此时，接受其他切削层参数，单击 确定 ，退回到"型腔铣"对话框。

图7-17 移除切削范围　　　　　　　图7-18 设定切削层的深度

⚙ 知识点

系统提供了"自动""用户定义"和"单个"这三种切削范围类型,用于对整个切削量在深度方向进行范围划分。默认情况下,系统使用"自动"类型定义切削层的范围深度。

◆**自动**

"自动"类型将自动侦测部件几何体中的水平面(方向与刀轴方向一致的平面),并把上下相邻的两个平面之间定义为一个切削范围,然后在每个切削范围内均分为若干个切削层,如图 7-19(a)所示。切削范围与模型相关联,当水平面高度位置改变时,切削范围自动做相应改变。当模型中水平面增加或减少时,切削范围也会自动增加或减少。一旦增加、删除或编辑了切削范围,则将从"自动"类型自动切换到"用户定义"类型。

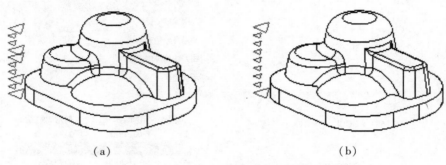

（a）　　　　　　　　　　　　　　　（b）

图 7-19　切削范围类型

◆**用户定义**

"用户定义"类型允许用户指定几何对象(包括点或面)或设定坐标值来定义切削范围,并且在每个切削范围内均分为若干个切削层。切削范围与选择的几何对象相关联,当点和平面的位置改变后,切削范围也会随着变化,但当模型增加或减少水平面时,切削范围不会自动增加或减少。

◆**单个**

"单个"类型仅由部件几何体和毛坯几何体两者之间的最高和最低位置定义一个切削范围,并且在该切削范围内均分为若干个切削层,如图 7-19(b)所示。如果毛坯和部件几何体的高度发生了变化,则切削范围也会随着变化。

步骤 5　设定切削移动参数

在"刀轨设置"选项组中,单击"切削参数"项右侧的切削参数图标 ▦,弹出"切削参数"对话框。在"策略"选项卡的"切削"选项组中,如图 7-20 所示,将"切削顺序"设置为"深度优先",使刀具先完成加工一个区域后再提刀移动到下一个区域加工。

放电区域的平面不需要留余量,而基准座的平面余量已通过调整切削范围深度进行了设定。选择"余量"选项卡，如图7-21所示，在"余量"选项组中，单击关闭"使底面余量与侧面余量一致"选项检查符，"部件侧面余量"已自动继承了父级加工方法"MILL_ROUGH"的余量值，设定"部件底面余量"为"0"。

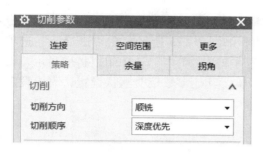

图7-20　设定切削顺序

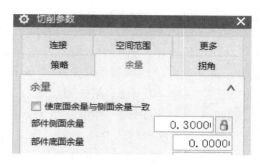

图7-21　设定加工余量

选择"连接"选项卡，如图7-22所示，在"开放刀路"选项组中，将"开放刀路"设置为"变换切削方向"，使刀具在没有侧壁处所产生的刀路做往复移动，尽量减少提刀次数。其他参数接受默认设置，单击 确定 ，退回到"型腔铣"对话框。

图7-22　设定开放刀路的方式

步骤6　设定非切削移动参数

在"刀轨设置"选项组中，单击非切削移动图标 🔄 ，弹出"非切削移动"对话框。选择"进刀"选项卡，如图7-23所示，在"封闭区域"选项组中，将"进刀类型"设置为"螺旋"，并设定"斜坡角"为"3"、"高度"为"1"。

选择"转移/快速"选项卡，如图7-24所示，在"区域内"选项组中，将"转移类型"设置为"前一平面"，并设定"安全距离"为"3"mm，使刀具在完成一个切削层后提升到之前一个切削层上面一定距离做移刀。其他参数均接受默认设置，单击 确定 ，退回到"型腔铣"对话框。

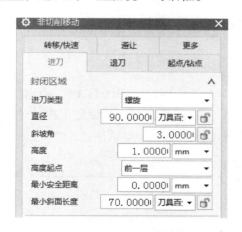

图7-23　设定封闭区域的进刀类型及参数

图7-24　设定区域内的转移类型及参数

步骤 7　设定主轴转速和进给

在"刀轨设置"选项组中，单击进给率和速度图标 🐾，将弹出"进给率和速度"对话框。单击开启"主轴速度"选项检查符，并设定"主轴速度"为"6 000"rpm，如图 7-25 所示。

当前工序用于粗加工，由于刀具在材料内部进刀，进刀和第一刀切削的移动进给应比正常切削值要小，这对刀具有更好的保护作用。如图 7-25 所示，在"进给率"选项组中，首先设定"切削"为"1 800"mmpm。然后单击"更多"选项组以扩展显示，设定"进刀"为"60"%、"第一刀切削"为"90"%。其他参数接受默认设置，完成设定后，单击 确定，退回到"型腔铣"对话框。

步骤 8　生成和确认刀轨

在"操作"选项组中，单击生成图标 🏳，系统即生成了粗加工电极的刀轨路径，如图 7-26 所示。在图形窗口中，旋转、局部放大模型，仔细观察刀轨路径特点。当确认刀轨路径正确后，连续单击 确定 退出，即完成了新工序的创建。

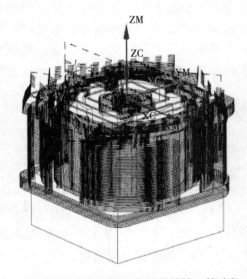

图 7-25　设定各种移动进给率　　　图 7-26　生成粗加工电极零件的刀轨路径

2. 创建半精加工电极头侧面的工序

步骤 1　新建工序

在"主页"选项卡功能区的"插入"工具组中，单击创建工序图标 🎯，弹出"创建工序"对话框。按表 7-6 的要求，选择工序类型、工序子类型，并设定工序的位置，输入工序名称。完成设定后，单击 确定，弹出"深度轮廓加工"对话框。

表 7-6　创建半精加工放电区域侧面的工序

选项	选项值
工序类型	mill_contour

续上表

选项		选项值
工序子类型		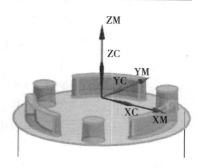
工序位置	程 序	PROGRAM
	刀 具	MILL_D5R0.5
	几何体	WORKPIECE
	方 法	MILL_SEMI_FINISH
工序名称		SEMI_SPARK_SIDE

步骤2 指定切削区域

单击"指定切削区域"项右侧的图标，即弹出"切削区域"对话框。选择方法已默认设置为"面"，如图7-27所示，选择电极顶部的放电区域部分表面。完成选择后，单击 确定，退回到"深度轮廓加工"对话框。

步骤3 设定切削层参数

如图7-28所示，在"刀轨设置"选项组中，默认"公共每刀切削深度"设置为"恒定"，并设定"最大距离"为"0.3"mm。

步骤4 设定切削移动参数

在"刀轨设置"选项组中，单击切削参数图标，弹出"切削参数"对话框。如图7-29所示，选择"策略"选项卡，在"切削"选项组中，将"切削顺序"设置为"始终深度优先"。其他参数均接受默认设置，单击 确定，退回到"深度轮廓加工"对话框。

图7-27 选择放电区域表面定义切削区域

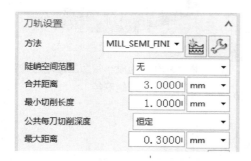

图7-28 设定切削层参数

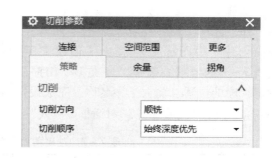

图7-29 设定切削顺序

知识点

◆始终深度优先

"始终深度优先"选项使刀具先加工完成一个区域的切削深度后，再移动到下一个切削区域进行切削，而不管相邻切削区域的距离影响。一般适用于具有多个切削区域，并且这些切削区域相距较近的情况。

步骤5 设定非切削移动参数

在"刀轨设置"选项组中，单击非切削移动图标 ，弹出"非切削移动"对话框。选择"进刀"选项卡，在"开放区域"选项组中，如图7-30所示，默认"进刀类型"设置为"圆弧"，并设定"高度"为"0"。

选择"转移/快速"选项卡，在"区域内"选项组中，将"转移类型"设置为"直接"。其他参数接受默认设置，单击 确定 ，退回到"深度轮廓加工"对话框。

图7-30 设定开放区域的进刀类型和参数

步骤6 设定主轴转速和进给

在"刀轨设置"选项组中，单击进给率和速度图标 🔩，弹出"进给率和速度"对话框。在"主轴速度"选项组中，单击开启"主轴速度"选项检查符，并设定"主轴速度"为"9 000"rpm。在"进给率"选项组中，设定"切削"为"2 000"mmpm。其他参数接受默认设置，完成设定后，单击 确定 ，退回到"深度轮廓加工"对话框。

步骤7 生成和确认刀轨

在"操作"选项组中，单击生成图标 ⊯，系统即生成了半精加工放电区域的刀轨路径，如图7-31所示。旋转、局部放大模型，观察刀轨路径的特点。当确定刀轨路径正确后，单击 确定 退出"深度轮廓加工"对话框，即完成了新工序的创建。

3. 创建精加工电极头顶平面的工序

步骤1 新建工序

在"主页"选项卡功能区的"插入"工具组中，单击创建工序图标 🖉，弹出"创建工序"对话框。按表7-7的要求，选择工序类型、工序子类型，并设定工序的位置，输入工序名称。完成设定后，单击 确定 ，弹出"底壁加工"对话框。

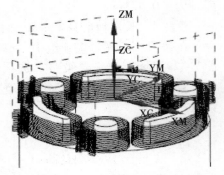

图7-31 生成半精加工放电区域的刀轨路径

表7-7 创建精加工电极头顶平面的工序

选项	选项值
工序类型	mill_planar
工序子类型	🔲

续上表

选项		选项值
工序位置	程　序	PROGRAM
	刀　具	MILL_D10R0
	几何体	WORKPIECE
	方　法	MILL_FINISH
工序名称		SPARK_TOPFACE

步骤 2　指定加工几何体

在"几何体"选项组中，单击"指定切削区底面"项右侧的图标 ⬢，弹出"切削区域"对话框。"选择方法"已默认设置为"面"，如图 7 – 32 所示，选择电极模型中顶部的 3 个平面。完成选择后，单击 确定 ，退回到"底壁加工"对话框。

步骤 3　设定切削模式和步距

如图 7 – 33 所示，在"刀轨设置"选项组中，将"切削区域空间范围"设置为"底面"、"切削模式"设置为"跟随部件"、"步距"设置为"刀具平直百分比"，并设定"平面直径百分比"为"200"。

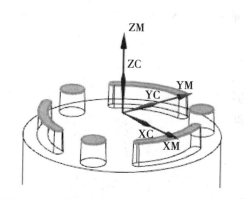

图 7 –32　选择放电区域的顶平面定义切削区域

图 7 –33　设定切削模式和步距

步骤 4　设定切削层参数

当粗加工后，在电极的顶面仅余 0.08 mm 厚的残余材料，仅使用一个切削层就可以切除这些材料，因此无须进行分层切削。如图 7 – 33 所示，在"刀轨设置"选项组中，设定"每刀切削深度"为"0"，假设底面残余材料厚度为 3 mm，这不影响加工刀轨的计算。

步骤 5　设定切削移动参数

在"刀轨设置"选项组中，单击切削参数图标 🔳，弹出"切削参数"对话框。由于电极的顶平面为放电区域，需要设定放电加工的火花间隙，可以通过设定加工余量来实现。选择"余量"选项卡，如图 7 – 34 所示，在"余量"选项组中，"最终底面余量"为" – 0.08"，部件余量已自动继承了父级加工方法的加工余量值。

　　选择"空间范围"选项卡，如图7-35所示，在"切削区域"选项组中，将"简化形状"设置为"凸包"，设定"刀具延展量"为刀具直径的"45"%。其他切削参数均接受默认设置，单击 [确定]，退回到"底壁加工"对话框。

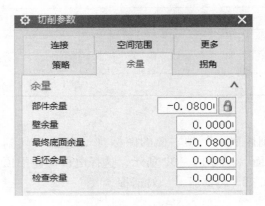

图7-34　设定加工余量

图7-35　指定简化形状和设定刀具延展量

知识点

◆ **简化形状**

　　"简化形状"提供了3个选项："无""凸包"和"最小包围盒"，用以简化复杂的切削区域形状而产生简单的刀轨，从而减少不必要的刀具移动以节省加工时间。

　　如果使用"无"选项，则表示不对切削区域形状进行简化，如图7-36（a）所示。如果使用"凸包"选项，则系统将保留切削区域中凸起的部分，而移除内凹的部分，如图7-36（b）所示。如果使用"最小包围盒"选项，则系统将生成一个包裹原切削区域的最小方形区域，如图7-36（c）所示。

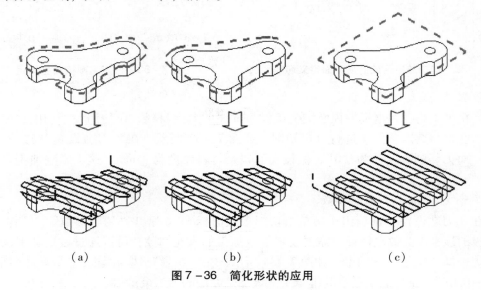

（a）　　　　　　　　　　（b）　　　　　　　　　　（c）

图7-36　简化形状的应用

步骤 6　设定非切削移动参数

在"刀轨设置"选项组中,单击非切削移动图标 ,弹出"非切削移动"对话框。选择"进刀"选项卡,如图 7 – 37 所示,在"开放区域"选项组中,接受默认的进刀类型,设定"高度"为"1"mm。其他参数均接受默认设置,单击 确定 ,退回到"底壁加工"对话框。

步骤 7　设定主轴转速和进给

在"刀轨设置"选项组中,单击进给率和速度图标 ,弹出"进给率和速度"对话框。在"主轴速度"选项组中,单击开启"主轴速度"选项检查符,并设定"主轴速度"为"2 800"rpm。在"进给率"选项组中,设定"切削"为"500"mmpm。其他参数接受默认设置值,完成设定后,单击 确定 ,退回到"底壁加工"对话框。

步骤 8　生成和确认刀轨

在"操作"选项组中,单击生成图标 ,系统生成了精加工电极头顶平面的刀轨路径,如图 7 – 38 所示。旋转、局部放大模型,观察刀轨路径的特点。当确定刀轨路径正确后,单击 确定 退出"底壁加工"对话框,即完成了新工序的创建。

图 7 – 37　设定开放区域的进刀类型和参数

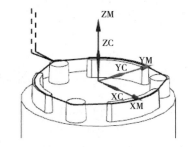

图 7 – 38　生成精加工电极顶平面的刀轨路径

4．创建精加工基准座顶平面的工序

步骤 1　新建工序

在"主页"选项卡功能区的"插入"工具组中,单击创建工序图标 ,弹出"创建工序"对话框。按表 7 – 8 的要求,选择工序类型、工序子类型,并设定工序的位置,输入工序名称。完成设定后,单击 确定 ,弹出"底壁加工"对话框。

表 7 – 8　创建精加工基准座顶平面的工序

选项		选项值
工序类型		mill_planar
工序子类型		
工序位置	程　序	PROGRAM
	刀　具	MILL_D10R0
	几何体	WORKPIECE
	方　法	MILL_FINISH
工序名称		DATUM_TOPFACE

步骤2　指定切削区域

在"几何体"选项组中，单击"指定切削区底面"项右侧的图标 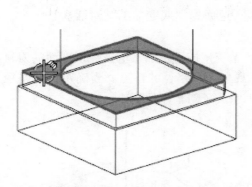，弹出"切削区域"对话框。选择方法已默认设置为"面"，如图7-39所示，选择电极模型中基准座的顶平面。完成选择后，单击 确定 ，退回到"底壁加工"对话框。

步骤3　设定切削模式和步距

如图7-40所示，在"刀轨设置"选项组中，将"切削区域空间范围"设置为"底面"、"切削模式"设置为"跟随部件"、"步距"设置为"刀具平直百分比"，并设定"平面直径百分比"为"70"。

图7-39　选择基准座的顶平面定义切削区域

图7-40　设定切削模式和步距

步骤4　设定切削层参数

当粗加工后，在电极基准座的顶平面仅余0.1 mm厚的残余材料，仅使用一个切削层就可以切除这些材料，因此无须进行分层切削。如图7-40所示，在"刀轨设置"选项组中，设定"每刀切削深度"为"0"，这里假设底面残余材料厚度为3 mm。

步骤5　设定切削移动参数

在"刀轨设置"选项组中，单击切削参数图标 ，弹出"切削参数"对话框。在粗加工后，电极模型中的过渡部分的侧壁面还有0.3 mm厚的残余材料，为了避免刀具切削到过渡段的侧壁面，应设定稍大的加工余量值。选择"余量"选项卡，如图7-41所示，在"余量"选项组中，设定"部件余量"为"0.4"。

选择"空间范围"选项卡，在"切削区域"选项组中，设定"刀具延展量"为刀具直

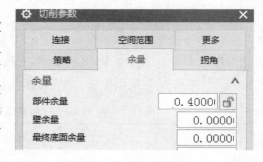

图7-41　设定加工余量

径的100%。其他切削参数均接受默认设置，单击 确定 ，退回到"底壁加工"对话框。

步骤6　设定主轴转速和进给

在"刀轨设置"选项组中，单击进给率和速度图标 ，弹出"进给率和速度"对话框。在"主轴速度"选项组中，单击开启"主轴速度"选项检查符，并设定"主轴速

度”为“2 800”rpm。在“进给率”选项组中，设定“切削”为“500”mmpm。其他参数接受默认设置值，完成设定后，单击确定，退回到“底壁加工”对话框。

步骤7 生成和确认刀轨

在“操作”选项组中，单击生成图标，系统即生成精加工基准座顶平面的刀轨路径，如图7－42所示。旋转、局部放大模型，观察刀轨路径的特点。当确定刀轨路径正确后，单击确定退出“底壁加工”对话框，即完成了工序的创建。

5. 创建精加工基准座侧壁的工序

步骤1 复制精加工基准顶平面的工序

在程序顺序视图中，复制精加工基准座顶平面的工序“DATUM_TOPFACE”，并将复制的工序排列到所有工序的最后面，再将复制的工序更名为“DATUM_WALL”，如图7－43所示。

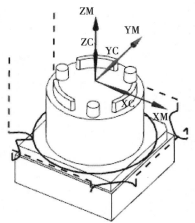

图7－42 生成精加工基准座顶平面的刀轨路径

名称	换刀	刀轨	刀具	刀具号	时间
NC_PROGRAM					02:22:14
未用项					00:00:00
PROGRAM					02:22:14
ROUGH		✔	MILL_D10R0.5	1	01:59:37
SEMI_SPARK_SIDE		✔	MILL_D5R0.5	3	00:20:24
SPARK_TOPFACE		✔	MILL_D10R0	2	00:00:30
DATUM_TOPFACE		✔	MILL_D10R0	2	00:01:07
DATUM_WALL		✕	MILL_D10R0	2	00:00:00

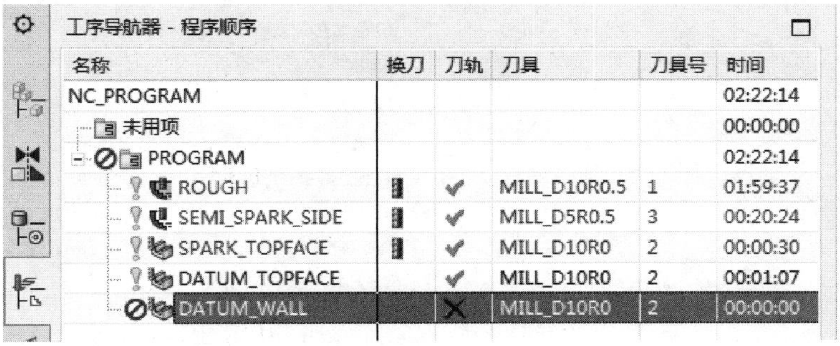

图7－43 复制精加工基准座顶平面的工序并更名

步骤2 编辑复制的工序

复制的工序与原工序具有相同的参数，并且不会自动生成刀轨路径。下面将编辑复制的工序，改变一些加工参数，使其成为精加工基准座侧壁面的工序并生成刀轨路径。双击工序名“DATUM_WALL”，弹出“底壁加工”对话框。

步骤3 重新指定加工几何体

在“几何体”选项组中，单击“指定切削区域”项右侧的图标，就弹出“切削区域”对话框。如图7－44（a）所示在切削区域的列表中，选中“集1”，再单击移除图标，将之前工序所指定的面移除，然后如图7－44（b）所示，选择基准座的底平面。完成选择后，单击确定，退回到“底壁加工”对话框。

步骤4 更改切削模式

如图7－45所示，在“刀轨设置”选项组中，将“切削模式”设置为“轮廓”、“步距”设置为“恒定”，并设定“最大距离”为“0.1”mm、“附加刀路”为“1”。

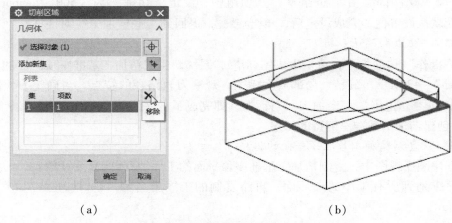

（a）　　　　　　　　　　　　　　　（b）

图 7 - 44　选择基准座底平面定义切削区域

图 7 - 45　设定切削模式和步距

知识点

◆附加刀路

　　"附加刀路" 参数仅适用于 "轮廓" 切削模式，用于在原有沿轮廓移动的一条刀路上再增加指定的刀路数，以逐步切除侧壁的材料，如图 7 - 46 所示。增加的刀路轨迹与原有刀路具有等距偏置的关系，刀路之间的距离由 "步距" 参数确定。

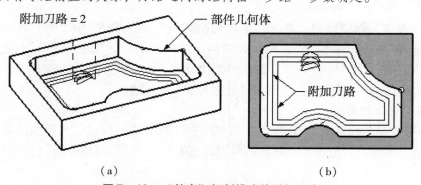

（a）　　　　　　　　　　　　　　　（b）

图 7 - 46　"轮廓" 切削模式的附加刀路

步骤 5　更改切削移动参数

在"刀轨设置"选项组中，单击切削参数图标 🖾，弹出"切削参数"对话框。由于当前工序指派到父级加工方法"MILL_FINISH"，而精加工方法的部件余量为电极的顶平面为放电区域，需要设定放电加工的火花间隙，这可以通过设定加工余量来实现。

选择"余量"选项卡，如图 7－47 所示，在"余量"选项组中，"最终底面余量"为"－0.08"，部件余量已自动继承了父级加工方法的加工余量值。

步骤 6　生成和确认刀轨

在"操作"选项组中，单击生成图标 ⬛，系统即生成了精加工基准座侧壁面的刀轨路径，如图 7－48 所示。旋转、局部放大模型，观察刀轨路径的特点。当确定刀轨路径正确后，单击 确定 退出"底壁加工"对话框，即完成了工序的编辑。

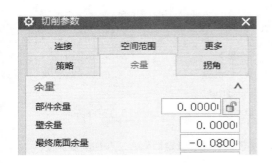

图 7－47　设定加工余量

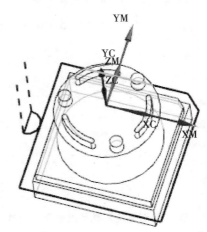

图 7－48　生成精加工基准座侧壁面的刀轨路径

6. 创建精加工电极头侧面的工序

步骤 1　复制半精加工电极头侧面的工序

在程序顺序视图中，复制半精加工电极头侧面的工序"SEMI_SPARK_SIDE"，并将复制的工序排列到所有工序的最后面，再将复制的工序更名为"SPARK_SIDE"，如图 7－49 所示。

名称	换刀	刀轨	刀具	刀具号	时间
NC_PROGRAM					02:24:21
📄 未用项					00:00:00
⊘ 📄 PROGRAM					02:24:21
🔧 ROUGH	▮	✔	MILL_D10R0.5	1	01:59:37
🔧 SEMI_SPARK_SIDE	▮	✔	MILL_D5R0.5	3	00:20:24
🔧 SPARK_TOPFACE	▮	✔	MILL_D10R0	2	00:00:30
🔧 DATUM_TOPFACE		✔	MILL_D10R0	2	00:01:07
🔧 DATUM_WALL		✔	MILL_D10R0	2	00:01:55
⊘🔧 SPARK_SIDE	▮	✘	MILL_D5R0.5	3	00:00:00

图 7－49　复制半精加工放电区域侧面的工序并更名

步骤2　编辑复制的工序

复制的工序与原工序具有相同的参数，并且不会自动生成刀轨路径。下面将编辑复制的工序，改变一些加工参数，使其成为精加工电极头侧面的工序并生成刀轨路径。双击工序名"SPARK_SIDE"，弹出"深度轮廓加工"对话框。

步骤3　更换加工刀具

先单击"刀具"选项组，再单击"输出"选项组以扩展显示，如图7-50所示，将"刀具号""补偿寄存器"和"刀具补偿寄存器"均设定为"5"，这表示将更换为刀库中的第5号刀具。

步骤4　更改切削层参数

当前工序用于精加工电极头的侧面，为提高表面加工质量，需要减小切削层的深度。如图7-51所示，在"刀轨设置"选项组中，先将"方法"设置为"MILL_FINISH"，再设定"最大距离"为"0.15"mm。

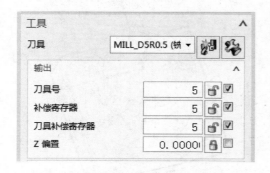

图7-50　重新设定刀具号以更换新刀具

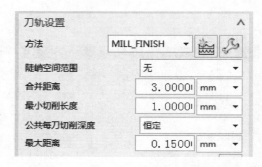

图7-51　设定切削方法和切削层深度

步骤5　更改切削移动参数

在"刀轨设置"选项组中，单击切削参数图标 ⊞，弹出"切削参数"对话框。选择"余量"选项卡，由于当前工序已经指派到精加工方法"MILL_FINISH"，因此可看到"部件余量"自动继承了该方法的部件余量值"-0.08"mm，这个值相当于放电间隙。

选中"连接"选项卡，如图7-52所示，将"层到层"设置为"沿部件斜进刀"，并设定"斜坡角"为"10"，使刀具在完成一个切削层的加工后沿部件表面倾斜移动到下一个切削层进行切削。其他切削参数均接受默认设置，单击 确定，退回到"深度加工拐角"对话框。

步骤6　更改非切削移动参数

在"刀轨设置"选项组中，单击非切削移动图标 ⊞，弹出"非切削移动"对话框。选择"进刀"选项卡，如图7-53所示，在"开放区域"选项组中，设定"高度"为"1"mm。

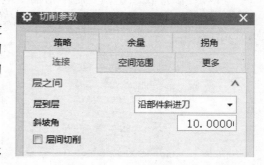

图7-52　设定连接进刀类型及参数

选择"转移/快速"选项卡，如图7-54所示，在"区域内"选项组，将"转移类型"设置为"安全距离-刀轴"。其他参数接受默认设置，单击 确定 ，退回到"深度轮廓加工"对话框。

图7-53 设定开放区域的进刀高度

图7-54 设定区域内的刀具转移类型

知识点

◆安全距离-刀轴

转移类型用于控制刀具从一个切削区域（切削层）到下一个切削区域（切削层）的移动方式。"安全距离-刀轴"类型用于控制刀具沿刀轴方向（+ZM）提升到安全平面，再移动到下一个切削区域（切削层），如图7-55所示。

步骤7 更改主轴转速和进给

在"刀轨设置"选项组中，单击进给率和速度图标 ，弹出"进给率和速度"对话框。在"主轴速度"选项组中，设定"主轴速度"为"9 500"rpm。完成设定后，单击 确定 ，退回到"深度轮廓加工"对话框。

步骤8 生成和确认刀轨

在"操作"选项组中，单击生成图标 ，系统即生成了精加工电极头侧面的刀轨路径，如图7-56所示。旋转、局部放大模型，观察刀轨路径的特点。当确定刀轨路径正确后，单击 确定 退出"深度加工轮廓"对话框，即完成了新工序的创建。

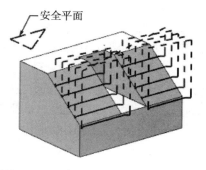

图7-55 "安全距离-刀轴"转移类型

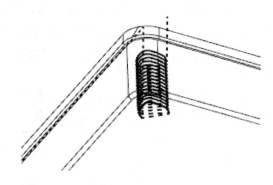

图7-56 生成精加工电极头侧面刀轨路径

7.6　电极零件的加工仿真

电极零件的加工仿真操作可参见 1.6。

完成切削仿真动画后，模拟切削情况如图 7 – 57 所示。

7.7　电极零件的刀轨后处理

电极零件的刀轨后处理操作可参见 1.7。

图 7 –57　电极零件的加工仿真结果

7.8　课外作业

7.8.1　思考题

（1）在"底壁加工"工序子类型中，"简化形状"参数选项提供了哪几种简化加工区域的方法？分别适用于哪些场合？

（2）在编写电极的加工刀轨时，电极中用于拖表和碰数作用的基准部位的表面是否也需要放火花间隙？电极中过渡部位的表面呢？

（3）已知某电极的火花间隙为 0.08 mm，小李使用"深度轮廓加工"工序子类型创建了一个工序，用于精加工电极中放电区域的侧壁面，其中设定了"部件余量"为"– 0.08"、刀具为 10 mm 平底立铣刀，你认为小李能顺利生成正确的加工刀轨吗？为什么？

（4）小李认为，只要设定"部件余量"为负值（绝对值等于火花间隙），则在完成加工后电极中放电部位的所有表面包括侧面和底平面都会具有正确的火花间隙，小李的想法正确吗？如果不正确，错在什么地方？

（5）想一想，如要使电极获得正确的火花间隙，除了本项目任务所介绍通过设定部件负余量的方法外，还有其他方法吗？如有，请简述其基本思路。

7.8.2　上机题

（1）请从目录"…\mill_parts\exercise"中打开工件模型文件"prj_7_exercise_1.prt"，如图 7 – 58 所示，仔细理解模型结构，然后应用 NX 软件程序创建加工此零件的加工刀轨。

（2）请从目录"…\mill_parts\exercise"中打开工件模型文件"prj_7_exercise_2.prt"，如图 7 – 59 所示，仔细理解模型结构，然后应用 NX 软件程序创建加工此零件的加工刀轨。

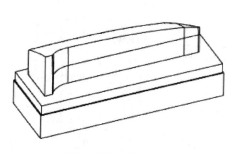

图 7 - 58 练习题 1

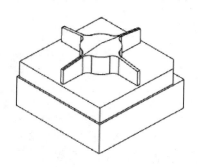

图 7 - 59 练习题 2

（3）请从目录"…\ mill _ parts \ exercise"中打开工件模型文件"prj_7_exercise_ 3. prt"，如图 7 - 60 所示，仔细理解模型结构，然后应用 NX 软件程序创建加工此零件的加工刀轨。

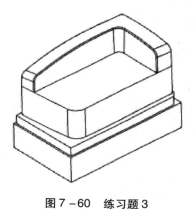

图 7 - 60 练习题 3

参 考 文 献

［1］Siemens NX 10.0 帮助文档.

［2］李维. UG NX 7.5 数控编程工艺师基础与范例标准教程［M］. 北京：电子工业出版社，2011.

［3］程俊兰，赵先仲. 数控加工工艺与编程［M］. 北京：电子工业出版社，2015.